U0589558

我们一起解决问题

智能制造专业群课程思政体系构建与实践创新

周淑芳
赵鑫鑫
杜友威
◎
著

人民邮电出版社
北　京

图书在版编目（CIP）数据

智能制造专业群课程思政体系构建与实践创新 / 周淑芳，赵鑫鑫，杜友威著. -- 北京：人民邮电出版社，2025. -- ISBN 978-7-115-67944-4

Ⅰ．G641

中国国家版本馆 CIP 数据核字第 20253SC470 号

内 容 提 要

　　智能制造专业群涵盖机械、电气、电子信息、机器人等多个领域，其技术复杂性与社会影响力决定了课程思政的特殊使命：既要扎根专业实践，又要融入社会主义核心价值观，引导学生树立科技报国的理想信念。编写本书的初衷，正是响应国家新工科建设与课程思政深度融合的号召，聚焦智能制造领域课程思政的创新实践，探索技术教育与价值引领的深度融合路径，为智能制造领域的人才培养提供理论与实践支持。

　　本书共 7 章，遵循"理论—实践—评价—展望"的逻辑主线，探讨智能制造时代的思政育人新范式。第 1 章至第 3 章为理论奠基，从课程思政的内涵、工科教育使命出发，提出智能制造专业群课程思政的核心要素与体系构建原则。第 4 章至第 5 章为实践创新，分专业呈现了 40 多个课程思政典型教学设计与典型案例，涵盖理论课及实践课，展现了思政元素与专业知识的深度融合，可以为高校教育工作者提供全面而深入的指导。第 6 章至第 7 章为评价与展望，介绍了课程思政教学评价与质量保障，以及对未来的展望。

　　本书既注重理论深度，又强调实践导向，适合作为高校智能制造相关专业课程思政建设的参考书，也可为其他工科领域的课程思政改革提供借鉴。

◆　　著　　周淑芳　赵鑫鑫　杜友威
　　　　责任编辑　贾淑艳
　　　　责任印制　彭志环

◆人民邮电出版社出版发行　　北京市丰台区成寿寺路 11 号
　邮编 100164　　电子邮件 315@ptpress.com.cn
　网址 https://www.ptpress.com.cn
　涿州市般润文化传播有限公司印刷

◆开本：720×960　1/16

　印张：25.5　　　　　　　　　2025 年 9 月第 1 版

　字数：426 千字　　　　　　　2025 年 10 月河北第 2 次印刷

定　价：98.00 元

读者服务热线：（010）81055656　印装质量热线：（010）81055316
反盗版热线：（010）81055315

前　言

当前，全球制造业正经历以智能化、数字化为核心的深刻变革。我国作为全球制造业大国，将智能制造列为国家战略重点，旨在通过技术创新和产业升级实现从"制造大国"向"制造强国"的转变。在这一进程中，高素质工程技术人才的培养成为关键支撑。然而，新时代的工科教育不仅要注重学生专业技能的提升，还需强化价值观引领，培养兼具家国情怀、科学精神和工匠精神的复合型人才。

课程思政作为高等教育立德树人的重要抓手，为工科教育改革提供了新路径。智能制造专业群涵盖机械、电气、电子信息、机器人等多个领域，其技术复杂性与社会影响力决定了课程思政的特殊使命：既要扎根专业实践，又要融入社会主义核心价值观，引导学生树立科技报国的理想信念。编写本书的初衷，正是响应国家新工科建设与课程思政深度融合的号召，聚焦智能制造领域课程思政的创新实践，探索技术教育与价值引领的深度融合路径，为智能制造领域的人才培养提供理论与实践支持。

本书共 7 章，遵循"理论—实践—评价—展望"的逻辑主线，探讨智能制造时代的思政育人新范式。第 1 章至第 3 章为理论奠基，从课程思政的内涵、工科教育使命出发，提出智能制造专业群课程思政的核心要素与体系构建原则。第 4 章至第 5 章为实践创新，分专业呈现了 40 多个课程思政典型教学设计与典型案例，涵

1

盖理论课及实践课，展现了思政元素与专业知识的深度融合，可以为高校教育工作者提供全面而深入的指导。第 6 章至第 7 章为评价与展望，介绍了课程思政教学评价与质量保障，以及对未来的展望。

本书既注重理论深度，又强调实践导向，适合作为高校智能制造相关专业课程思政建设的参考书，也可为其他工科领域的课程思政改革提供借鉴。期待本书能为智能制造领域课程思政的深化改革提供有益参考，为培养更多德技并修的时代新人贡献力量。

本书在编写过程中，得到了陈玉杰、孙维丽、葛伟伟、李媛媛、陈会伟、刘娜、李丹、田玉芹、牛海春、秦富贞、宋海燕、李晓琳、宋娟、冯开林、罗雅娜、朱海蓉等老师的大力支持和帮助，在此深表感谢。

本书系山东省本科教学改革重点研究项目——应用型高校"融合协同、多元驱动、全链植入"智能制造人才培养模式探索与实践（项目编号：Z2022315），山东省本科教学改革重点研究项目——海洋强国背景下智能制造专业集群建设研究与实践（项目编号：Z2023126），山东省高等学校课程思政教学改革研究项目——"三全育人"视域下工科专业"双域、三段、四维"课程思政育人体系研究与实践（项目编号：SZ2023057）的研究成果。

目 录

第 3 章　智能制造专业群课程思政体系构建

第 4 章　智能制造专业群课程思政典型教学设计集

第 5 章　智能制造专业群课程思政典型案例集

第 6 章   课程思政教学评价与质量保障

第 7 章   课程思政的未来发展与展望

第1章

课程思政的内涵与工科教育使命

1.1　课程思政的时代价值与政策要求

在新时代教育发展的壮阔征程中，"立德树人"作为教育的根本任务，始终引领着教育事业的前进方向。为深入贯彻落实习近平总书记关于教育的重要论述和全国教育大会精神，教育部于 2020 年 5 月 28 日印发了《高等学校课程思政建设指导纲要》（以下简称《纲要》）。《纲要》的颁布实施，为高校落实立德树人根本任务提供了关键的行动指南，是推动高等教育高质量发展、培养全面发展的社会主义建设者和接班人的重要举措。

"立德树人"这一理念源远流长，在我国教育史上占据着核心地位。古代教育强调品德修养与学识培养的统一，"修身、齐家、治国、平天下"，将个人品德修养视为成就大业的根基。在现代社会，随着全球化进程加速和多元文化的冲击，对人才的要求早已超越了单纯的知识技能范畴。培养具有坚定理想信念、高尚道德情操、强烈社会责任感的人才，成为教育应对时代挑战的必然选择。"立德树人"不仅关乎个人的成长成才，更关系到国家的繁荣昌盛和民族的未来发展，它是教育的出发点和落脚点，是贯穿教育全过程的核心使命。

进入新时代，高等教育面临着新的形势和任务，课程思政建设应运而生。《纲要》的出台有着深刻的时代背景和现实需求。从国际环境看，世界正处于百年未有之大变局，各种思想文化相互激荡，高校作为意识形态工作的前沿阵地，必须承担起抵御不良思潮侵蚀、筑牢青年学生思想防线的重任。课程思政正是高校坚守意识形态阵地的有力武器。高校通过将思想政治教育融入各类课程教学，在知识传授中强调价值引领，帮助学生树立正确的世界观、人生观、价值观，坚定道路自信、理论自信、制度自信、文化自信，成长为既具有国际视野，又能赓续民族精神的高素质人才。

从国内发展来看，我国正处于实现中华民族伟大复兴的关键时期，需要大批德才兼备的创新型人才。然而，传统的高校教育在一定程度上存在思想政治教育与专业教育"两张皮"的现象，部分课程过于注重知识技能传授，忽视育人功能，导致一些学生出现价值观偏差、社会责任感缺失等问题。

《纲要》对高校课程思政建设进行了全面系统的部署，我们可以从中总结出课程思政建设的总体目标、主要任务和实施路径。其总体目标是将价值塑造、知识传授和能力培养三者融为一体，构建全员全程全方位育人大格局，全面提高人才培养质量。为实现这一目标，各高校的主要任务是根据不同学科专业特点，分类推进课程思政建设。例如，理工科课程要注重强化学生的家国情怀和科学精神，培养学生的创新意识和社会责任感；文科课程则要发挥人文社会科学的独特育人优势，引导学生坚定文化自信，增强法治观念和社会担当；艺术体育类课程要注重提高学生的审美和人文素养，培养学生的团队协作精神和拼搏精神。在实施路径上，《纲要》从教师队伍建设、课程体系建设、教学方法改革等多个维度提出了具体要求。教师是课程思政的实施主体，高校要加强教师思想政治教育和师德师风建设，提升教师的课程思政意识和能力，使教师深刻认识到自身肩负的育人使命，自觉将思想政治教育元素融入课程教学。在课程体系建设方面，高校要深入挖掘各类课程的思政元素，修订课程教学大纲，优化课程内容，将思想政治教育有机融入专业课程教学。在教学方法改革方面，运用案例教学、实践教学、项目式教学等多样化教学方法，激发学生的学习兴趣和主动性，使思想政治教育入脑入心。

《纲要》作为课程思政建设的纲领性文件，其条款设计具有严密的体系性与实操性。以下我们从工科视角对关键条款进行深度剖析。《纲要》第五条强调，"工学类专业课程，要注重强化学生工程伦理教育，培养学生精益求精的大国工匠精神，激发学生科技报国的家国情怀和使命担当。"在知识图谱重构方面，哈尔滨工业大学在机械设计课程中增设了"中国标准制定"专题，通过 C919 大飞机起落架标准突破案例，使"技术自主权"概念具象化。在评价体系创新方面，北京航空航天大学将"解决卡脖子技术问题的创新方案"纳入毕业设计评分标准，权重占15%。在师资能力再造方面，同济大学建立"工程伦理教学能力认证"制度，要求专业教师每年完成 20 学时思政教学研修。《纲要》第五条"分类推进"原则，正是"具体问题具体分析"方法论在教育领域的创造性运用。在实践逻辑方面，针对"重技能轻价值"的工程教育异化现象，《纲要》第五条特别强调"培养学生精益求精的大国工匠精神"，直指工科人才培养的深层矛盾。清华大学教育学院的调查显示，2015—2020年工科生职业价值观呈现"三降三升"趋势：个人薪酬关注度下降12%，技术至上倾向下降9%，西方技术崇拜下降15%；国家战略意识提升21%，工程伦理认知提升18%，社会责任担当提升24%。这一转变与课程思政政策的推进呈现显著正相关。

《纲要》强调"强化学生工程伦理教育，培养学生精益求精的大国工匠精神"，这一要求在工科实践中体现为三个转变。

（1）从技术规范到价值规范：东南大学土木工程实训基地设置"工程质量追溯系统"，要求学生在材料检测环节同步提交工程伦理自检报告。

（2）从个体责任到系统责任：华中科技大学在人工智能导论课程中引入"算法偏见社会影响评估"训练，近三年累计发现并修正17个存在伦理风险的学生项目。

（3）从行业标准到人文关怀：天津大学化工专业设置"绿色工艺创新工作坊"，2022年学生设计的生物基材料制备方案已应用于雄安新区建设。

《纲要》的颁布，为高校落实立德树人根本任务提供了重要政策指引。站在"两个一百年"奋斗目标的历史交汇点，工科专业课程思政建设本质上是在回答"为谁培养工程师""培养什么样的工程师""怎样培养工程师"这些命题。《纲要》的深入实施，不仅需要政策执行的技术理性，更需要教育者的价值自觉。当每一门工科课程都能成为传播真理的阵地，每一位工科教师都能成为塑造灵魂的工程师时，我们培养的将不仅是技术精湛的"制造者"，更是心怀"国之大者"的"铸剑人"。在新时代的教育征程中，高校要深刻领会课程思政政策的精神实质，以高度的责任感和使命感，扎实推进课程思政建设，让思想政治教育与专业教育同频共振，为党育人、为国育才，培养出一代又一代德智体美劳全面发展的社会主义建设者和接班人，书写高等教育事业发展的崭新篇章。

1.2　工科专业课程思政的特殊性与必要性

1.2.1　工科专业课程思政的特殊性

工科教育以技术应用和工程实践为核心，其课程思政的实施需立足学科特点，凸显以下特殊性。通过与其他学科（如文科、理科）进行对比，可更清晰地揭示其独特逻辑。

（1）技术性与价值观的深度融合

文科课程（如哲学、社会学）体现显性思辨与价值批判的直接性，常通过思辨性讨论、历史事件分析直接探讨价值观问题，如伦理学课程可能围绕"正义与自由"展开辩论，思政目标明确且外显。理科课程体现科学精神与伦理探索的平衡，其思政元素常通过实验设计或理论推导体现，如生物化学课程讨论基因编辑的伦理边界。相比之下，工科课程体现隐性渗透与技术伦理的共生性，以解决实际问题为导向，知识体系强调逻辑性与可操作性，其思政教育需通过技术原理、工程案例自然融入价值观，而非显性说教。例如，在机械设计课程中，通过分析高铁轴承国产化案例，将自主创新精神融入技术标准讨论；在人工智能基础课程中，以算法公平性为切入点，探讨技术的社会责任。这种"技术为体、思政为魂"的融合方式，与文科课程（如文学、历史）通过文本批判或历史叙事直接传递价值观的显性模式形成鲜明对比。

（2）实践性与社会责任的直接关联

文科思政教育常通过社会现象分析、政策批判等理论化路径传递责任意识，是社会责任的理论化表达，如公共政策分析课程探讨扶贫政策的公平性。理科课程的社会责任多体现为科学伦理的普适性探讨（如核能利用的安全性），与社会责任间接关联，其技术应用链条较长，思政教育更侧重原理层面的价值观引导。而工科思政体现技术成果的即时社会影响，工科成果直接作用于生产生活（如智能制造系统、新能源技术），其应用可能引发环境、安全、伦理等问题。课程思政需引导学生从设计源头思考技术的社会责任。例如，在环境工程课程中，结合"双碳"目标优化污水处理工艺，将技术方案与国家战略需求绑定。这种"实践即责任"的特性，与文科课程通过理论探讨社会责任（如社会学课程分析贫富差距）、理科课程通过实验模拟社会影响（如生态学课程研究碳排放模型）的方式显然不同。

（3）跨学科协同与全球视野的复杂性

文科课程体现单一学科的深度思辨，其思政教育可深耕单一学科领域（如中国近代史课程通过历史事件解析爱国主义），无须应对多学科技术整合带来的价值观冲突。理科课程学科界限清晰，其思政教育通常围绕学科本身的科学精神与伦理争议展开（如量子力学），较少涉及跨学科协作中的责任分配问题。工科课程体现多学科整合中的价值观协同，智能制造、工业互联网等领域需融合机械、电子、信息等多学科知识，课程思政需在跨学科协作中培养全局意识。例如，在机器人系统集成课程中，学生分组完成产线自动化项目，需协调机械结构、控制算法与用户需求，思政教育可聚焦团队协作精神与技术普惠性（如服务老龄社会的机器人设计）。这种复杂性远超文科课程（如语言学）的单一学科属性，也不同于理科课程（如数学）的逻辑自洽性。

（4）伦理问题的现实紧迫性

文科思政教育常关注历史或文化长期形成的伦理问题（如种族歧视），其解决路径更依赖观念革新与社会运动，体现伦理议题的历时性；理科课程针对伦理问题，更多的是探讨具有假设性与未来性的问题；而工科课程则需直面当下技术落地的道德抉择，思政教育具有现实紧迫性，需在教学中即时引导。例如，在大数据分析课程中，引入"健康码数据安全"案例，探讨隐私保护与技术效率的平衡。这种"技术先行、伦理紧跟"的特点，与文科课程探讨的长期性社会议题（如性别平等）、理科课程关注的潜在科学风险（如人工智能奇点）形成对比。

1.2.2　工科专业课程思政的必要性

工科专业课程思政不仅是落实立德树人根本任务的必然要求，更是应对新时代挑战的战略选择，具有深刻的理论根基与现实意义。从多学科理论视角审视，其必要性越发凸显。

（1）国家战略需求：从"制造大国"到"制造强国"的转型支撑

在哲学层面，马克思主义强调人的主观能动性与社会发展的辩证关系。人才作为知识与技术的载体，其主观能动性的发挥对国家战略目标的实现至关重要。从"制造大国"迈向"制造强国"，关键领域如芯片、工业软件的自主创新，需要具备深厚技术能力与强烈家国情怀的人才。他们的主观能动性在科技报国志向的驱动下，能够突破技术封锁，推动产业升级。

在教育学理论中，课程目标应与国家宏观教育目标紧密相连。教育部新工科计划秉持价值塑造、知识传授、能力培养"三位一体"的教育理念，这与教育目的论中的全面发展理论相契合。课程思政教育作为实现这一目标的核心路径，通过将思想政治教育融入工科课程体系，促进学生知识、能力与价值观的协同发展，为国家培养全面发展的创新型工程人才，以满足国家战略转型对人才的需求。

(2)技术伦理责任：应对智能时代的道德挑战

随着智能制造技术在人工智能、大数据等领域的广泛应用，技术伦理问题日益凸显。从伦理学理论角度看，技术应用需遵循道德原则，确保行为的正当性与后果的有益性。例如，在人工智能与数据伦理方面，算法偏见、隐私泄露等问题违背了公平、正义与尊重他人隐私的道德准则。在大数据分析课程中引入"健康码数据安全"案例，正是基于伦理理论引导学生探讨技术应用的边界与责任，使学生在技术实践中坚守道德底线。

可持续发展理论强调经济、社会与环境的协调发展。工科教育融入绿色制造、循环经济理念，是对可持续发展理论的践行。在材料成型工艺课程中分析增材制造技术对资源节约的贡献，从理论高度强化学生的生态责任意识，促使工科学生在未来技术研发与应用中，以可持续发展理论为指导，平衡经济利益与环境效益。

(3)复合型人才培养：破解"重技轻德"的育人困境

社会学理论指出，个体在职业领域的成功不仅取决于专业技能，还与社会交往能力、职业道德等因素密切相关。企业反馈显示，工程师的沟通能力、团队协作精神与职业道德成为核心竞争力，这反映了社会对工科人才综合素质的要求。课程思政通过"工程伦理辩论赛""跨学科项目答辩"等形式，从实践层面培养学生软技能与硬实力并重，符合社会学中个体职业发展的多因素理论。

创新理论认为，创新不仅是技术的突破，更需要价值驱动。在创新创业实践课程中鼓励学生围绕"乡村振兴""人口老龄化"等社会痛点设计解决方案，将技术创新与社会价值相结合，体现了价值理性在创新过程中的引领作用。这种基于价值引领的创新教育模式，有助于培养学生的社会责任感与创新精神，促进其全面发展。

(4)全球化竞争中的文化自信与责任担当

文化认同理论强调文化在个体身份建构与民族凝聚力形成中的重要作用。在工程导论课程中解析中国高铁、特高压输电等"国家名片"，从文化理论层面增强学生的文化认同感，使学生在全球化竞争中坚定文化自信，传承与弘扬民族文化。

全球化理论指出，在国际合作中，不同国家和地区的文化差异与技术标准差异需要协调平衡。在国际工程管理课程中探讨"一带一路"倡议中技术标准与文化适应的平衡，是对全球化理论的实践应用。通过培养学生跨文化合作能力，使其具备国际视野，在国际工程实践中承担起文化交流与技术传播的责任，推动构建人类命运共同体。

综上所述，工科专业课程思政在国家战略、技术伦理、人才培养，以及全球化竞争等多个维度具有深厚的理论必要性，是培养满足新时代需求的高素质工科人才的关键举措。

1.3　智能制造领域人才培养的思政责任

1.3.1　智能制造领域的特点与思政责任的紧迫性

智能制造是新一代信息技术与制造业深度融合的产物，其核心在于通过智能感知、自主决策和协同控制，实现生产全流程的优化与革新。这一领域具有技术迭代快、学科交叉性强、社会影响深远等特点。例如，工业机器人、数字孪生、人工智能等技术的应用，不仅推动了生产效率的提升，也带来了数据安全、技术伦理、就业结构变化等社会问题。在此背景下，智能制造领域的人才培养必须超越单纯的技能传授，肩负起引导学生树立正确价值观、培养社会责任感的思政使命。

具体而言，思政责任的紧迫性体现在以下三个方面。

（1）技术伦理的挑战

智能制造技术可能引发隐私泄露、算法偏见、人机协作中的权责难界定等问题，需通过思政教育强化学生的伦理意识与规则意识。

（2）国家战略需求

我国正处于从"制造大国"迈向"制造强国"的关键阶段，亟须培养兼具创新能力与家国情怀的复合型人才，以突破"卡脖子"技术瓶颈。

（3）全球竞争与合作

智能制造技术具有全球化属性，需引导学生理解国际规则、尊重多元文化，在科技合作中坚守国家利益与文化自信。

1.3.2　课程思政的学理基础与智能制造教育的适配性

智能制造领域的课程思政需以多维度理论为支撑，构建价值塑造、能力培养、知识传授"三位一体"的育人框架。以下内容为其提供学理依据。

（1）社会主义核心价值观与工程伦理的融合理论

社会主义核心价值观是思政教育的核心，而工程伦理强调技术应用的社会责任。智能制造教育需将爱国、敬业、诚信、友善等价值观嵌入技术伦理教育中，引导学生理解技术背后的价值取向，实现"技术为善"。例如，在人工智能算法设计中强调公平性与透明度，避免算法歧视。

（2）建构主义学习理论在课程思政中的应用

建构主义认为学习是学生主动构建知识的过程。智能制造涉及复杂系统设计与跨学科协作，高校可基于建构主义设计"项目驱动＋思政反思"的教学模式，通过情境创设、协作学习等方式，让学生在解决实际工程问题的过程中内化价值观。例如，在工业机器人系统集成课程中，学生分组完成产线优化项目后，需撰写反思报告，分析技术选择对社会就业的影响。

（3）全人教育理念与工科人才培养的整合

全人教育理念强调培养"完整的人"，即兼具专业技能、人文素养与社会责任感的人才。智能制造人才需应对技术快速迭代与全球化竞争，打破"技术至上"思维，将工匠精神、家国情怀纳入能力评价体系。高校可基于全人教育理念，在课程设计中增设"科技史""创新文化"模块。例如，通过智能制造导论课程解析中国古代机械发明（如地动仪）中的智慧，增强文化自信。

（4）社会认知理论下的榜样示范机制

社会认知理论强调观察学习对价值观形成的影响，智能制造领域的技术突破往往依赖团队协作与长期坚守，引入"大国工匠""科技先锋"等榜样案例，可激发学生的职业认同与使命担当。例如，教学中可结合钱学森、黄旭华等科学家事迹，设计"科学家精神与技术创新"专题讨论，强化学生的科技报国意识。

1.3.3　智能制造领域思政责任的核心内涵

（1）弘扬科学精神，筑牢创新根基

科学精神强调求真务实、批判性思考与开放包容。在智能制造教学中，基于建构主义理论，通过"问题导向学习"（Problem-Based Learning，PBL）引导学生主动探索技术原理，同时嵌入科学史案例（如中国高铁技术从引进到自主创新的历程、芯片技术攻关、工业软件自主化），引导学生理解科学探索的艰辛与价值，激励其投身基础研究与原始创新。例如，在机器人技术基础课程中，通过对比国内外机器人核心部件的技术差距，激发学生突破技术封锁的责任感。

（2）厚植工匠精神，锤炼职业品格

工匠精神体现为精益求精、追求卓越的职业态度。智能制造涉及高精度制造与复杂系统集成，需结合社会认知理论，邀请行业工匠参与课程设计，通过"师徒制"实践教学，让学生在精密加工、故障诊断等环节中体验精益求精的职业态度，培养学生耐心、细致与专注的品格。

例如，在数控加工技术课程中引入"大国工匠进课堂"活动，邀请高铁领域技师分享重要轴类零件的加工经验，以真实故事诠释工匠精神的内涵。

（3）涵养家国情怀，服务国家需求

家国情怀是思政教育的灵魂。智能制造人才需深刻理解个人成长与国家发展的同频共振。以全人教育理念为指导，教学中可通过"课程＋项目＋竞赛"模式，引导学生关注国家重大需求。例如，在智能制造系统设计课程中增设"国家重大工程案例分析"模块（如北斗卫星导航系统、C919大飞机），要求学生从技术、经济、社会等多维度评估项目价值，具备全局视野与强化责任意识。又如，在智能制造系统设计课程中，要求学生结合"双碳"目标设计低碳生产线，将技术实践与国家战略紧密结合。

1.3.4　思政责任的实践路径与支撑体系

在工科专业课程思政建设中，实践路径与支撑体系的构建是确保思政教育有效融入的关键环节，其需遵循教育教学规律与学生成长规律，以达成全方位育人目标。

（1）基于 OBE 理念重构课程体系

课程体系重构需以成果导向教育（Outcome-Based Education，OBE）理念为指导，将思政目标与专业知识、技能培养目标紧密结合。在制定专业课程大纲时，依据专业毕业要求，反向设计思政融入方案，形成知识模块、思政目标、教学案例"三位一体"的有机整体。

以人工智能基础课程为例，在知识模块中增设"AI 伦理与法律"专题，其思政教育目标在于培养学生对智能技术应用的伦理敏感性与法律意识，使学生在技术研发与应用中坚守道德底线。从理论层面看，这契合了技术哲学中关于技术价值负载的观点，即技术并非价值中立，其设计、开发与使用都蕴含着人类的价值判断。在教学案例选取上，可引入谷歌"街景"项目引发的隐私争议案例，通过案例分析与讨论，引导学生思考智能算法在数据收集、处理与应用过程中的社会责任，实现知识传授与价值引领的协同。

同时，课程体系重构应注重跨学科融合。例如，在机械工程材料课程中，融入材料科学史与我国材料产业自主创新历程，从古代青铜器制造到现代航空航天材料研发，不仅传授材料性能、加工工艺等知识，还培养学生的民族自豪感与创新精神，体现科技史与工程伦理等多学科知识与思政教育的结合。

（2）构建产学研深度融合的协同创新模式

校企协同育人是工科专业课程思政的重要实践路径，其理论基础是教育与生产劳动相结合的马克思主义教育观。联合龙头企业、科研院所实行"思政 + 技术"双导师制，为学生提供理论与实践深度融合的学习环境。

在产学研项目（如工业互联网平台开发项目）中，企业导师负责指导学生解决实际技术难题，传授行业前沿知识与实践技能；思政导师则从项目的社会价值、行业责任等角度引导学生思考，强化学生的使命担当。从产业经济学理论来看，产学研合作有助于促进知识在高校、企业与科研机构间的流动与转化，提升产业创新能力。在这一过程中，学生通过参与解决实际行业问题，如在工业互联网平台优化中，考虑数据安全、企业间协作等问题，不仅可以提升专业能力，还可以深刻理解工程技术对社会经济发展的影响，增强社会责任感。

此外，校企双方可共同开发思政实践课程，将企业的文化理念、职业道德规范融入课程内容。例如，邀请企业专家参与工程职业道德与素养课程教学，分享企业在安全生产、质量控制等方面的实践经验，使学生在学习过程中更好地理解行业规范与职业操守，实现学校教育与企业需求的无缝对接。

（3）基于文化育人理论实施文化浸润工程

文化浸润工程以文化育人理论为指导，通过建设校园文化环境、开展主题活动等方式，以文化人、以文育人。

建设智能制造文化展厅，运用场景化、体验式的展示手段，将智能制造技术发展历程与我国制造业自主创新成就相结合，融入"两弹一星"精神、载人航天精神等时代力量。从心理学理论角度来看，环境对人的认知与情感具有潜移默化的影响。文化展厅作为一种物质文化环境，能激发学生对科技的兴趣与追求，培养学生的爱国主义情怀与民族自豪感。

举办"科技报国"主题讲座，邀请行业领军人物、科技工作者分享其科研经历与报国之志，为学生树立榜样。依据榜样学习理论，榜样的示范作用能够激发学生的学习动机与促进行为模仿，引导学生将个人理想与国家发展紧密结合。在讲座中，通过讲述科学家们在艰苦条件下攻克技术难题的故事，如袁隆平团队为实现粮食安全的不懈努力，使学生深刻领会科技报国的精神内涵，涵养理想信念。

同时，学校可利用新媒体平台，打造线上文化育人阵地，传播科技前沿资讯、科学家事迹等内容，拓宽文化浸润的渠道与扩大覆盖面，形成全方位、多层次的文化育人格局。

重构课程体系、校企协同育人、文化浸润工程等实践路径的实施与完善，可以构建起工科专业课程思政的有效支撑体系，为培养德才兼备的高素质工科人才奠定坚实基础。

第2章

工科专业课程思政建设
要求与实施路径

2.1 工科专业课程思政的核心要素

在当今的工科教育体系中，课程思政的深度融合已经成为一种必然趋势。这不仅有助于培养学生专业知识与技能，更能塑造与升华其内在精神世界，关乎学生未来在职业生涯与社会发展中的价值取向。而科学精神、工匠精神和家国情怀，作为工科专业课程思政的核心要素，宛如三颗璀璨的明珠，在工科教育的长河中熠熠生辉，照亮学生前行的道路。

科学精神是工科领域的基石，它的核心内涵在于批判性思维与实证精神。在科研的道路上，无数的成果都源于对既有理论的质疑与探索。以曾经轰动一时的韩国黄禹锡干细胞造假事件为例，黄禹锡团队伪造干细胞研究数据，宣称成功培育出世界上首例克隆人类胚胎干细胞，这一造假行为在当时引起全球科学界的震动。这一事件不仅让黄禹锡本人身败名裂，更严重的是误导了全球干细胞研究的方向，浪费了大量的科研资源。对工科学生而言，培养科学精神，就是要在面对复杂的专业知识和未知的研究领域时，不盲目跟从，敢于提出疑问，通过严谨的实验和数据去验证每一个假设。只有秉持这种科学精神，才能在工科领域不断开拓创新，推动科技的进步。

工匠精神是对品质的极致追求，是一种对工作全身心投入、精益求精的态度。高铁，作为中国走向世界的一张亮丽名片，其背后离不开无数工匠的默默付出。高铁轴承精度打磨是一项极其精细的工作，高铁在高速运行时，轴承要承受巨大的压力和摩擦力，哪怕是微米级别的误差，都可能影响高铁运行的稳定性和安全性。工匠们凭借着多年积累的经验和精湛的技艺，对每一个轴承进行反复打磨、检测，力求达到完美的精度。这种对工作的执着和对品质的追求，不仅体现了个人的职业素养，更是推动中国高铁技术走向世界领先水平的关键因素。对工科学生而言，培养工匠精神，就是要在学习和实践中养成严谨、细致、专注的习惯，为未来的职业生涯奠定坚实的基础。

家国情怀是工科人心中的一份责任与担当，它激励着工科人在科技领域为国家的发展贡献力量。华为，作为全球知名的科技企业，在芯片研发过程中面临着重重困难。美国的技术封锁，使得华为在芯片供应上遭遇瓶颈。然而，华为并没有退缩，而是凭借着深厚的家国情怀和自主创新精神，加大研发投入，组建顶尖的科研团队，攻坚克难。经过多年的努力，华为在芯片设计等领域取得了显著的成果，麒麟芯片的诞生就是华为自主创新的有力见证。在这一过程中，华为不仅突破了技术壁垒，更重要的是展现了中国企业在面对外部压力时的坚韧与担当。对工科学生而言，培养家国情怀，就是要在未来的工作中，将个人的发展与国家的需求紧密结合，以科技创新推动国家的进步。

综上，科学精神、工匠精神和家国情怀这三大核心要素，在工科专业课程思政中各自发挥着独特而又关键的作用。科学精神引导学生追求真理，工匠精神培养学生的专业素养，家国情怀激发学生的社会责任感。它们相互交融、相互促进，共同构建起工科学生完整的价值体系。在工科教育中，只有将这三大核心要素有机地融入课程教学的各个环节，才能培养出既有扎实专业知识，又有高尚道德品质和强烈社会责任感的新时代工科人才，为国家的科技进步和社会发展提供源源不断的动力。

2.2　智能制造专业群的思政建设原则

在智能制造专业群的教育教学体系中，思政建设肩负着塑造学生价值观与职业素养的重任，其对学生专业技能提升及未来职业发展的深远影响不言而喻。而这些积极成效的达成，以明确且科学合理的思政建设原则作为指引，这不仅是教育理念的升华，更是推动智能制造专业群教育质量提升的关键所在。

2.2.1　"三结合"原则的理论内涵与课程思政融合路径

在众多思政建设原则里，"三结合"原则处于核心地位，即强调通过学科交叉性、技术前沿性、实践导向性的深度融合，构建知识传授与价值引领的双向赋能机制，这为思政建设搭建起了坚实的框架。其中：学科交叉性即打破单一学科壁垒，在跨学科知识整合中培养学生的系统思维与创新意识；技术前沿性即立足科技发展动态，引导学生关注技术伦理与社会责任；实践导向性即通过真实场景的实践体验，强化职业素养与工匠精神。三者协同发力，为工科专业课程思政化提供理论支撑与实践路径。

以机械设计课程为例，其作为典型的多学科交叉课程，天然契合"三结合"原则的育人逻辑。机械设计是一门典型的多学科交叉课程，它融合了力学、材料学、机械原理、机械制图等多学科知识。在讲解机械零件的设计时，教师可以引导学生思考不同学科知识在其中的运用，如力学知识如何确保零件在受力情况下的安全性，材料学知识怎样帮助选择合适的材料以满足性能与成本要求。这样的教学不仅能让学生掌握专业知识，还能培养他们的综合思维能力、团队协作精神等，因为在实际的机械设计工作中，往往需要不同专业背景的人员共同协作。在技术前沿性方面，随着现代制造业的发展，机械设计也在不断引入新技术，如数字化设计、虚拟仿真技术等。在课程中，教师可以引入这些前沿技术的应用案例，同时引导学生思考技术发展带来的新问题，如虚拟设计中的数据安全、知识产权保护等，培养学生的创新意识和法律意识，让他们在掌握先进技术的同时，树立正确的技术价值观。实践导向性则体现在机械设计课程的实践环节，如课程设计、实习等。在课程设计中，学生需要根据给定的设计要求，完成从方案构思、计算分析到图纸绘制的全过程，这一过程能让学生深刻体会到具备严谨、认真的工作态度的重要性，培养他们的工匠精神和质量意识。在实习过程中，学生深入企业生产一线，了解企业的生产流程和管理模式，进一步增强职业素养和社会责任感。

机械设计课程的思政建设，通过学科交叉性实现知识融通与思维升级，依托技术前沿性激发创新动力与伦理自觉，借助实践导向性内化职业精神与社会担当，三者形成"理论－技术－行动"的育人闭环，为工程类课程思政提供了可复制、可推广的实践范式。

2.2.2 避免"贴标签"误区：以"化学反应"推动思政与技术深度融合

《纲要》明确指出，"落实立德树人根本任务，必须将价值塑造、知识传授和能力培养三者融为一体、不可割裂""坚决防止'贴标签''两张皮'"。根据《全面推进"大思政课"建设的工作方案》，要将思政元素与专业教学进行浸润式融合，形成协同育人的"化学反应"而非物理叠加。这种政策导向要求教师在教学设计中，必须遵循知识传授与价值引领的内在逻辑，使思政元素如同盐溶于水般自然渗透到专业教学全过程。

以 C 语言程序设计课程为例，在讲解循环结构编程时，若教师仅突兀插入"艰苦奋斗精神"的抽象说教，却未将其与循环结构背后的工程思维（如通过迭代优化算法提升效率、通过试错调试培养韧性）建立逻辑关联，学生会感到思政内容与专业知识割裂，感觉思政内容就像生硬添加的"外来物"。这种"贴标签"式的思想政治教育，既打断了学生对专业知识的学习思路，又无法让学生真正领悟思政内涵在专业学习中的价值，导致思想政治教育与专业教学"两张皮"，无法实现协同育人的目标。真正理想的思政建设，应当是让思政元素如同盐溶于水一般，与专业技术发生"反应"。例如，在讲解机械设计中的创新设计方法时，教师可以结合我国在机械领域的创新成果，如国产 C919 大飞机的设计研发过程，引导学生思考创新背后的精神动力，激发学生的民族自豪感和创新精神；在分析机械产品的质量问题时，引入质量问题导致的重大事故案例，让学生深刻认识到质量就是企业的生命线，培养学生的责任意识和职业道德。

课程思政的"化学反应"本质是建构主义学习理论的实践应用——通过创设"技术问题–价值观冲突"融合情境（如"效率优先还是隐私优先"），驱动学生在解决专业问题的过程中自主建构价值认知。唯有如此，才能实现"专业知识传授与价值引领同频共振"的目标，培养兼具技术能力与家国情怀的新工科人才。

综上所述，"三结合"原则为智能制造专业群的思政建设提供了清晰的方向和路径，而避免"贴标签"误区则是确保思想政治教育取得实效的关键。只有坚定不移地贯彻这些原则，将思想政治教育与机械设计等专业课程教学深度融合，才能培养出既有扎实专业技能，又具备良好思想政治素质的智能制造领域专业人才，为推动我国智能制造产业的高质量发展提供强有力的人才支撑。

2.3 课程思政融合策略

2.3.1 坚持显性教育和隐性教育相统一

在《纲要》政策框架下，"显性融合 + 隐性融合"双轨策略作为落实"三全育人"要求的创新实践，已形成系统的理论支撑与实施路径。该策略以习近平总书记关于"要坚持显性教育和隐性教育相统一"的重要论述为根本遵循，强调通过专业教育主渠道实现价值引领与知识传授的深度耦合，构建起"课程门门有思政、教师人人讲育人"的协同育人机制。《纲要》明确提出，课程思政建设需统筹推进"显性教育和隐性教育相统一"，既要发挥思政课程的旗帜引领作用，又要挖掘专业课程的隐性育人功能。显性融合侧重通过专题模块、案例教学等方式，将家国情怀、工匠精神等思政元素直接融入教学内容；隐性融合则强调将价值引导渗透于教学设计、实践环节和师生互动中，实现润物无声的育人效果。根据教育部《关于深化新时代学校思想政治理论课改革创新的若干意见》，要建立"思政课程 + 课程思政"同向同行的育人体系，通过学科交叉、产教融合等方式，推动思政元素与专业知识的有机结合。

在智能制造专业群的教学体系中，课程思政的融合策略是落实立德树人根本任务的关键环节。它致力于打破思想政治教育与专业教学之间的壁垒，使二者相互渗透、协同发展，培育出既具备扎实专业技能，又拥有坚定理想信念和高尚道德情操的高素质人才。在众多行之有效的融合策略中，"显性融合 + 隐性融合"以其独特优势，有力推动着课程思政的深入开展。

显性融合在课堂教学中发挥着旗帜引领的关键作用。以智能制造系统设计课程为例，显性融合通过"中国制造发展史"专题模块，系统梳理我国制造业从追赶型向引领型发展的历史脉络。课堂讲授时，教师借助多媒体资源，全方位展示我国制造业自中华人民共和国成立初期在技术匮乏、设备简陋条件下艰难起步，历经改革开放引进国外先进技术开启工业化进程，直至当下依托人工智能、大数据等前沿科技实现从"制造大国"向"制造强国"跨越的珍贵图文及影像资料。在阐述关键历史节点后，组织学生开展小组研讨，鼓励学生分享对我国制造业发展历程中印象深刻的事件或人物，引导其深度剖析背后蕴含的艰苦奋斗、自主创新精神。通过这种直观且深入的教学模式，学生得以深刻认识我国制造业辉煌成就的来之不易，进而极大激发其民族自豪感与爱国热忱，促使学生将个人学业发展目标与国家制造业发展紧密关联。

隐性融合即将课程思政巧妙融入专业教学各环节，以润物无声的形式塑造学生的思想与行为。以项目式学习在机械原理课程中的应用为例，教师布置设计新型机械传动装置的项目任务。学生以小组形式开展工作，首先进行理论层面的深度剖析，依据不同工作要求与性能指标，运用所学机械原理知识，确定传动装置的类型与基本结构。在这一过程中，小组成员需合理分工，部分成员负责资料查阅、数据收集，部分成员专注于力学计算与运动分析。在方案设计阶段，成员围坐共同研讨，针对传动装置具体参数设定、零件选型等关键问题各抒己见、热烈探讨。面对意见分歧，小组成员通过不断沟通、协调，逐步领会团队协作的重要意义，学会倾听并尊重不同观点，齐心协力推动项目目标的达成。后续模型制作与实验验证环节，学生自己动手实践，面对技术难题与突发状况，凭借团队成员间的相互支持共同攻坚，进一步强化团队凝聚力与责任感。经由这一项目式学习过程，学生在扎实掌握专业知识与技能的同时，自然而然地将团队协作、勇于担当等思政价值理念内化于心。

显性融合与隐性融合策略相辅相成，为智能制造专业课程思政赋予强大发展动力。显性融合为学生提供清晰明确的思想方向，隐性融合则在日常教学中潜移默化地培育学生的品格与价值观。二者的有机结合，能够为智能制造领域培育出更多兼具家国情怀、创新精神与团队协作能力的卓越人才，为我国制造业高质量发展筑牢坚实的人才根基。这种"显性强根基、隐性润心田"的融合模式，既响应了《纲要》中"结合专业特点分类推进课程思政建设"的要求，又通过"政策引导—教学设计—评价反馈"的闭环管理，实现思政教育从"物理叠加"到"化学融合"的质变。未来，可进一步借助人工智能技术构建"思政元素智能匹配系统"，为不同专业课程提供个性化融合方案，推动课程思政建设向更高质量发展。

2.3.2　基于"双域三段四维"架构的课程思政育人实践路径

（1）建设交叉融合教学团队，构建全员协同育人机制

高校应全面推进"三全育人"工作实施方案，建立一岗双责、齐抓共管的工作机制和全员协同参与的责任体系。专业课程发挥主讲教学团队主动性，联合学院党

总支书记、马克思主义学院优秀教师、辅导员及创新创业竞赛指导教师、企业导师等，成立多主体学科交叉的课程教学团队，确定各成员在课程建设中的任务与作用，以协同育人为目标，实现理念与行动、价值观念、文化认知的趋同，从而形成圈层，打破多主体之间协同育人的壁垒，实现各主体育人功能的累加。通过建立有效的管理机制、激励制度和沟通渠道，确保全员参与并有效开展工作，建立常态化教研机制，加强思政教学业务培训，形成圈层并建立圈层互动机制，明确各育人主体在课程思政建设方面的工作细则，并推动各项工作开展，实现各主体育人功能的累加。课程思政全员育人结构见图 2-1。

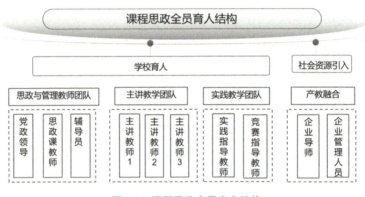

图 2-1　课程思政全员育人结构

（2）建设"点、线、面、体"思政知识框架，丰富思政教育资源

构建并形成以产业需求和工程问题为导向的知识内容体系，针对机械设计制造及其自动化专业，通过调研，分析产业对岗位的需求情况，明确具体职业岗位及所需的核心技术，设置对应课程，构建关键知识体系，挖掘相应的课程思政元素，形成工程、知识、思政关联图谱（见图 2-2）。

建立以点引线、以线带面、以面构体的扩张式思政知识框架，基于"善创新、强能力、高素质"人才培养目标，从学科发展、典型案例等挖掘思政点，提炼个人修养、理想信念、创新精神、工匠精神、科学思维、生态理念 6 个思政点，并基于此，设计马克思主义理论与方法、中国文化精神、创新思维、职业素养、科学逻辑等 11 条思政线，交织形成系统全面的 6 个思政面，进而形成思政元素体；制定课程思政内容关系矩阵，建设思政案例库，将思政元素有机融入教学大纲、教学设计、教学内容、教学环节、教学效果考核等教学的各个方面。"点、线、面、体"思政知识框架见图 2-3。

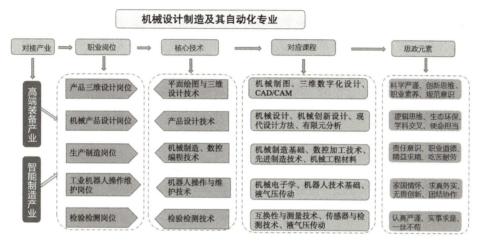

图 2-2　工程、知识、思政关联图谱

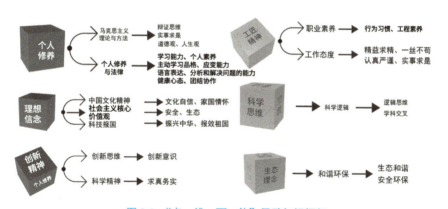

图 2-3　"点、线、面、体"思政知识框架

（3）实施"双轨双域"思政育人，形成全方位思政育人格局

实施线上线下"双轨道"思政育人。建设课程思政案例库，如大国工匠典型人物事迹、大国重器宣讲视频、我国古代及现代代表性学科研究成果、学生创新作品视频等，将思政案例如盐入水般融入课堂内外。在线上环节，通过课前观看教学视

频、参与课程相关热点主题讨论、完成自学任务等，提升学生的个人修养，培养自律、自立、自信、实事求是的优秀品质；通过课中小组合作、在线测验、典型人物事迹视频学习，培养学生的工匠精神和理想信念，提升小组合作能力；通过课后热点追踪、线上讨论与测验，培养学生的科学思维和辩证思维，树立安全、生态和谐的设计制造理念。在线下环节，课堂中介绍学科发展史，引入国之重器、大国工匠、安全事故、科技兴国、科技创新、社会热点等案例，进一步培养学生的文化素养、工匠精神、安全意识等，使学生具备家国情怀；课堂外，完成专题设计任务，参与大学生创新创业训练计划项目（以下简称大创项目）、学科竞赛等，培养学生的工程素养和创新能力。

实施理论实践"双场域"思政育人。理论教学通过采用任务驱动、案例研讨、小组探究等多种教学手段，按照六步法实施教学，将学科发展史、工匠事迹、政策方针、安全教育案例等融入课堂教学，潜移默化沁润学生，对学生进行价值塑造和科学精神、工匠精神等的培养。在实践教学设计实验与创新两个环节中实施以下策略：对于实验环节，针对每个实验项目，设计思政元素融入点，强化大工程观意识，建立合作观，进一步提升学生的团队合作、分析和解决问题与知识运用能力；针对创新环节，将学科竞赛、国家级大学生创新创业训练计划项目及横向课题等融入教学内容，依托科技创新工作室，指导学生利用课余时间参与科技创新活动与教师科研项目，培养学生的实践应用与创新能力，实现理论与实践"双场域"全方位思政育人。

（4）构建"三段联动"思政育人体系，实施全过程思政育人

依据课程思政知识框架，明确课前、课中及课后三个阶段的思政育人目标，设计育人策略，联合开展思政教育。

课前：教师发布任务单、自测题，开展基于课程内容的主题讨论；依托网络教学资源，学生完成自学任务，参与主题讨论，提升个人修养。

课中：学生观看视频完成弹题，参与讨论，撰写学习总结，完成在线测验；通过线下分组讨论、教师总结，解决线上自学难点；开展面向挑战的任务驱动式学习，学生分组探究，利用翻转课堂，获取任务解决方案。教师检测评价，总结任务完成情况，并进行知识点的拓展迁移；从时间维度，基于学科发展史，融入不同阶段的思政元素，对学生进行价值塑造和工程伦理、工匠精神等的培养。

课后：学生讨论学科前沿热点，完成作业；参与创新工作室设计任务与学科竞赛，承担大创项目研究，提升多学科思维融合能力；通过完成高阶性、创新性、高挑战度的设计题目、创新项目，培养科学思维和创新能力。

（5）建立综合性考核与评价方式，构建四维评价体系

建立知识、能力与素质考核并行的综合性考核与评价方式，提高过程性考核所占比例，对学生的个人修养、团结协作、工匠精神、创新能力等进行评价并计入过程性成绩，调动学生的积极性和主动性。针对工科专业理论、实践与创新要求并重的特点，构建理论、实验、专题设计与创新四维评价体系，通过多元化的评价形式与评价主体实施评价，完成知识能力与素质的综合考评。

建立融合教师（主讲教师、企业导师、辅导员）、学生、泛雅平台多元化的考核评价主体，从理论、实验、专题设计与创新四个维度，构建全过程评价体系，将教师评价、导员评价、学生自评、学生互评、学生组评与平台评价等融入教学全过程，确定各维度权重、评价形式并与课程目标相对应。四维评价体系如表 2-1 所示。

表 2-1　四维评价体系

评价维度		评价形式	评价主体	对应课程素质
理论环节 （权重 60%）	课前 学习	线上视频	泛雅平台	学习能力、个人素养
		主题讨论	主讲教师	科学精神、学习能力
		签到	泛雅平台	行为习惯
		课前测验	泛雅平台	自学能力
	课中 学习	选人、抢答	主讲教师	主动学习品格、应变能力
		翻转课堂	主讲教师、学生	语言表达能力、分析和解决问题的能力
		小组任务	主讲教师、小组间	团结协作、科学思维
		主题讨论	主讲教师	辩证思维
		随堂测验	泛雅平台	独立解决问题的能力
	课后 学习	纠错作业	主讲教师、学生	辩证思维、解决问题的能力
		热点讨论	企业导师、学生	工匠精神、文化自信、学科交叉
		思维导图 问卷调查	辅导员、学生	分析归纳能力、思想进步、行为规范

（续表）

评价维度	评价形式	评价主体	对应课程素质
实验环节 （权重10%）	小组任务	主讲教师、小组间	工程素养、职业素养
	综合设计	企业导师	科学精神、创新能力、工匠精神
	实验报告	主讲教师	认真严谨、实事求是
专题设计环节 （权重15%）	设计说明书	主讲教师	科学思维、认真严谨
	答辩汇报	企业导师	语言表达与综合分析能力
创新环节 （权重15%）	科创竞赛	辅导员、学生	创新能力、工匠精神
	大创项目	企业导师、学生	科学思维、创新精神

2.4 教师思政素养与教学能力提升路径

在智能制造专业群课程思政建设的宏伟蓝图中，教师宛如关键的画师，其能力水平直接决定了育人画卷的质量与色彩。教师不仅是专业知识的传播者，更是学生价值观塑造的引路人。然而，传统的教师能力结构已难以满足课程思政融合的多元需求，迫切需要探索全新的提升路径。

构建"双师型"教师培训体系，正是顺应这一时代需求的创新之举。这一体系致力于塑造既精通智能制造专业技术，又擅长思想政治教育的复合型教师队伍。

根据《深化新时代职业教育"双师型"教师队伍建设改革实施方案》（教师〔2019〕6号），技术能力是教师立足专业领域的根基，使其能够精准把握行业动态，将最新的智能制造技术，如工业互联网、人工智能在制造领域的应用等传授给学生。而思政能力则是润泽学生心灵的源泉，帮助教师把思政元素巧妙融入专业教学，让学生在学习专业知识的同时，厚植家国情怀，树立正确的职业观和价值观。为实现这一目标，实施技术与思政双能力认证机制势在必行。在专业技术方面，定期组织教师参与行业前沿培训、学术交流及企业实践，紧跟智能制造技术发展步伐，并通过严格的技能考核予以认证。在思想政治教育领域，开展思政理论培训、教学方法研讨等活动，提升教师思想政治教育的理论水平与实践能力，借助思政教学案例设计、课堂教学效果评估等方式进行认证，促使教师真正掌握课程思政融合的精髓。

以青岛黄海学院的"课程思政工作坊"教师培训模式为例，该模式展现出鲜明的特色与卓越的成效。青岛黄海学院充分发挥自身在应用型人才培养方面的优势，联合多家智能制造企业与教育研究机构，搭建起综合性的教师培训平台。工作坊定期邀请思政领域的权威专家，开展系列专题讲座，从宏观政策解读到微观教学实践，全面剖析课程思政的理念与方法，引导教师深刻领悟思想政治教育的核心要义。同时，凭借紧密的校企合作关系，邀请智能制造企业的技术骨干和管理精英走进校园。他们结合实际生产案例，分享企业在攻克技术难题、推动产业升级过程中展现出的创新精神与工匠精神，为教师在专业课程中融入思政元素提供了丰富且鲜活的素材。

在教学实践环节，青岛黄海学院组织教师开展课程思政教学竞赛。教师们以智能制造专业课程为依托，精心设计教学方案，将思政元素与专业知识深度融合。竞赛过程中，教师们相互交流、切磋技艺，通过互评与专家点评，不断优化教学思路与方法。此外，学校还鼓励教师参与企业实践项目，在实际工作场景中锻炼专业技术能力，同时挖掘更多思想政治教育资源。通过这一系列培训活动，青岛黄海学院的教师在专业技术与思想政治教育能力上实现了双提升，课程思政教学成果丰硕，学生在专业学习中深受思想政治教育的熏陶，综合素质得到显著增强。

综上，构建"双师型"教师培训体系，打造如青岛黄海学院"课程思政工作坊"这样的有效培训模式，是提升教师能力、推动智能制造专业群课程思政建设的重要举措，对培养德才兼备的高素质智能制造人才具有深远意义。该体系严格遵循《中共中央 国务院关于全面深化新时代教师队伍建设改革的意见》《国家职业教育改革实施方案》等政策要求，通过建立"双师型"教师认定标准（涵盖师德师风、专业实践能力、教学创新能力等维度），完善校企协同培养机制，为新时代职业教育教师发展提供制度保障。

第3章

智能制造专业群课程思政体系构建

3.1 课程思政体系构建的理论基础与目标定位

3.1.1 课程思政体系构建的理论基础

智能制造专业群课程思政体系的构建，必须立足于科学的教育哲学与政策导向，形成理论逻辑与实践逻辑的深度互构。其核心理论框架由马克思主义教育观、新时代教育政策体系及智能制造专业特性三维支撑构成，三者协同作用于"为党育人、为国育才"的任务。

首先，马克思主义教育理论是智能制造专业群课程思政的核心指导思想。马克思主义教育理论构成智能制造专业群课程思政的核心指导思想，其理论逻辑与实践路径体现为三个维度的系统整合。从哲学根基看，马克思主义关于"人的全面发展"学说确立了技术教育的根本方向——强调教育应实现个体专业能力与社会价值的统一。在智能制造领域，这一理论转化为"技术理性与价值理性相统一"的育人原则，要求在人工智能、工业互联网等技术教学中，始终将劳动者的主体性置于首位，警惕技术异化对劳动本质的遮蔽。历史唯物主义框架则为解析技术与社会关系提供了方法论支撑，通过生产力与生产关系的辩证运动规律，揭示智能制造技术重构生产关系的深层机理，如柔性制造技术如何推动传统科层制向网络化协作转型，引导学生在技术演进中把握社会形态变革的规律。实践哲学维度则通过"认识—实践—再认识"的螺旋上升过程，构建工程伦理决策模型，将马克思主义实践观具象化为虚实融合的教学范式，使学生在数字孪生、虚拟仿真等技术实践中培养动态平衡工具理性与价值理性的能力。这一理论体系通过方法论、价值论、实践论三重整合，既继承马克思主义教育理论"培养自由而全面发展的人"的本质要求，又回应智能制造时代"技术伦理失范""劳动价值消解"等现实挑战，最终实现专业教育与价值观塑造的深层耦合，为培养具有科技创新能力与社会主义责任担当的智能制造人才奠定思想根基。

其次，新时代高等教育改革的政策体系构成顶层设计依据。《中国教育现代化 2035》提出的"德智体美劳全面发展"教育方针与《纲要》明确的"使各类课程与思政课程同向同行"要求，共同确立了智能制造专业群课程思政的价值坐标。《中国教育现代化 2035》与《纲要》构成了"五育融合"与"课程思政"的双轨驱动机制。前者提出的"德智体美劳全面发展"教育方针，确立了智能制造人才培养的目标维度，强调在技术素养培育中融入劳动精神（劳育）、工程伦理（德育）、创新思维（智育）等多维素质；后者要求的"使各类课程与思政课程同向同行"，则明确了实施路径，通过价值元素与知识体系的深度融合，破解传统工科教育"重技能轻价值"的结构性矛盾。二者的协同作用，使智能制造专业群课程思政既保持"制造强国"战略导向，又遵循立德树人根本规律。

最后，智能制造专业群的学科特性决定了课程思政的实践路径。智能制造专业群的学科特性决定了其课程思政的实践路径需遵循"技术逻辑与价值塑造相统一"的核心原则，具体体现为四个维度的系统性建构。第一，多学科交叉的知识体系要求思政教育突破单一学科边界，通过历史唯物主义方法论重构技术认知框架。智能制造融合机械、信息、控制等多领域知识，需在教学中揭示技术革新与社会形态的互动规律，如分析智能工厂如何推动生产关系扁平化，引导学生理解技术民主化对社会公平的促进作用。第二，技术集成性与伦理挑战性决定了思政元素必须贯穿技术应用全流程。智能制造高度依赖数字孪生、工业互联网等集成技术，需建立"技术解构、价值提炼"的双向路径，将工程伦理决策嵌入虚拟仿真、系统调试等实践环节，使学生在掌握技术原理的同时培养动态平衡工具理性与价值理性的能力。第三，产业战略导向性要求课程思政与"制造强国"战略深度耦合。通过产教融合机制，将企业岗位职业道德标准转化为教学评价指标，在智能产线设计、工业机器人编程等教学中融入核心技术自主可控的价值观，实现产业报国理念与专业能力的同步提升。第四，技术快速迭代性推动思政教育向虚实融合范式转型。依托区块链、元宇宙等智能技术构建隐性育人场景，如通过数字化工业遗产传承项目，让学生在三维建模中感悟技术自主化历程，形成"技术史即奋斗史"的认知自觉。这种"技术反哺思政"的模式，既适应智能制造的技术特性，又突破了传统思政教育的时空局限，实现价值观教育的沉浸式渗透。综上，智能制造专业群的课程思政实践路径通过跨学科认知重构、技术伦理融合、产业战略协同、数字技术赋能的四维联动机制，既回应了学科发展的内在规律，也为培养兼具科技创新能力与社会责任担当的新工科人才提供了系统性解决方案。

3.1.2　课程思政体系构建的目标定位

课程思政建设的总体目标，要求紧紧围绕"培养什么人、怎样培养人、为谁培养人"的根本问题，落实立德树人根本任务，结合学校人才培养定位和学科专业特色，优化课程思政内容体系，系统进行马克思主义教育、中国特色社会主义和中国梦宣传教育、习近平新时代中国特色社会主义思想主题教育、理想信念教育、社会主义核心价值观教育、道德教育、社会责任感教育、中华优秀传统文化教育、法治教育、劳动教育、生态文明教育、国家安全教育，引导学生坚定理想信念、厚植家国情怀、提高文化素养、树立法治意识、加强道德修养，实现价值塑造、知识传授和能力培养的有机统一，培养德智体美劳全面发展的社会主义建设者和接班人。针对该目标，课程思政体系构建的目标定位遵循教育目标分类学的理论逻辑，其核心在于通过结构化设计实现价值引领与专业教育的有机融合。

从总体目标层面考察，该体系以知识、能力、价值"三位一体"的复合型人才培养为导向，其理论根基可追溯至杜威的实用主义教育哲学与诺丁斯的关怀教育理论。知识维度突破传统认知主义的局限，借鉴建构主义学习理论，强调知识的意义建构与社会文化情境的关联；能力维度则整合高阶思维能力与价值践行能力，构建基于情境认知理论的实践能力发展框架；价值维度聚焦于社会主义核心价值观的内化机制，强调通过学科知识的价值解构与重构，形成稳定的价值判断标准。三者通过课程设计的系统整合，形成相互支撑、动态发展的育人结构。

在具体目标层面，依据布卢姆教育目标分类理论的二维模型进行层级化分解。认知维度参照安德森修订版分类法，在记忆、理解、应用、分析、评价和创造六个认知层级中，对应设置思政元素的渗透梯度：在"记忆—理解"阶段侧重价值概念的系统认知，在"应用—分析"阶段培养价值判断的思维方法，在"评价—创造"阶段形成价值创新的实践能力。情感维度则沿着克拉斯沃尔的情感目标分类理论延伸，设计"接受—反应—评价—组织—个性化"的渐进路径，通过课程内容的螺旋式编排，使学生在知识习得过程中完成从价值认知到价值认同的转变。这种双重维度的目标分解，既保持了学科知识体系的逻辑完整性，又实现了价值目标的渐进渗透，有效解决了传统思政教育中价值诉求与认知发展脱节的矛盾。

智能制造专业群课程思政目标构建，需依据各专业核心技术特征与产业链定位进行差异化设计，形成核心价值引领、专业特质映射、产业需求响应"三位一体"的目标体系。基于布卢姆教育目标分类理论与CDIO（Conceive，构思；Design，设计；Implement，实现；Operate，运作）工程教育模式的融合框架，针对专业群内部差异，实施精准化目标实现策略，如机械设计制造及其自动化专业可以聚焦精密制造与产业升级需求，突出"质量强国"战略导向；机器人工程专业可以围绕人机协作伦理与安全规范，构建"技术向善"价值坐标；智能制造工程专业可以立足数字化转型中的系统思维培养，强化"数据主权"意识；船舶与海洋工程专业可以对接海洋强国战略与"双碳"目标，突出"蓝色经济"生态责任；电子信息工程专业可以针对芯片自主创新与信息网络安全，强化"技术自立"使命意识；电气工程及其自动化专业可以围绕能源互联网与"双碳"战略，突出"电力公平"价值导向。

3.2 智能制造专业群课程思政核心内容设计

3.2.1 课程思政内容体系

坚持用习近平新时代中国特色社会主义思想铸魂育人，落实立德树人根本任务，围绕坚定学生理想信念，以爱党、爱国、爱社会主义、爱人民、爱集体为主线，以政治认同、家国情怀、文化素养、法治意识、道德修养为重点优化课程思政内容。

（1）政治认同

政治认同是人们对一定社会制度和意识形态的认可和赞同，是人们在社会政治生活中产生的一种感情和意识上的归属感，是凝聚社会成员的重要力量，又是激励和促进社会成员共同奋斗与前进的重要思想基础。引导学生拥护中国共产党的领导，坚定中国特色社会主义理想信念，坚定"四个自信"，认同伟大祖国、认同中华民族、认同中华文化、认同中国共产党、认同中国特色社会主义，培养学生对国家社会的认同感、归属感和参与国家建设的责任感、使命感。

（2）家国情怀

家国情怀是一个人对自己国家和人民所表现出来的深情大爱，是对国家富强、人民幸福所展现出来的理想追求，它既是一种政治意识，也是一种文化意识。对学生进行马克思主义世界观、人生观、价值观教育，培养学生以爱国主义为核心的民族精神和以改革创新为核心的时代精神，进行生态文明教育，引导学生学会与人和自然相处，增强构建人类命运共同体的社会责任，把自己的理想同祖国的前途、把自己的人生同民族的命运紧密联系在一起，立志扎根人民、奉献祖国。

（3）文化素养

文化素养是指人文知识和技能的内化，它主要是指一个人的文化素质和精神品格。帮助学生加强对中华优秀传统文化、革命文化和社会主义先进文化的学习与积累，引导学生追求崇高理想、健全完善人格，培养学生严谨求实的科学精神、文明儒雅的风度气质、积极乐观的人生态度，从而提升学生的人文学养、艺术涵养、科学素养和心理修养，塑造追求卓越的文化品格、中外互鉴的文化气质、开放包容的人文情怀。

（4）法治意识

法治意识是对法律发自内心的认可、崇尚与遵从，是关于法治的思想、观念和态度。引导学生认同中国特色社会主义法治体系，养成用法治思维和法治方式来处理日常生活中各种问题的习惯，自觉遵守法规，养成依据法律规定、按照法律程序办事的行为习惯，促使学生学法、守法、依法维护合法权益，追求公平正义。

（5）道德修养

道德修养是人们为实现一定的理想人格而在意识和行为方面进行的道德自我锻炼，以及由此达到的道德境界，它是一种人性向善的自我规范和自我改造的过程。道德修养主要包含社会公德、职业道德、家庭美德、个人品德等方面的内容，培养学生形成爱国奉献、明礼守法、厚德仁爱、勤劳勇敢、勇于担当的良好道德品质。

此外，智能制造专业群的课程教学，应注重强化对学生的工程伦理教育，培养学生精益求精的大国工匠精神，激发学生科技报国的家国情怀和使命担当。将工程伦理道德融于基础课、专业课、实践课等课堂教学全过程，将工程师价值观和工程伦理教育寓于实践之中，让学生发现专业科学的真、善、美；将大国工匠精神作为主线贯穿整个课堂教学活动，引导学生在学习过程中注重细节，一丝不苟，做到精益求精。

3.2.2　课程思政建设实施建议

3.2.2.1　政治认同

（1）党的领导

拥护中国共产党的领导，必须坚信只有中国共产党才能救中国、才能发展中国；树立政治意识、大局意识、核心意识、看齐意识；认同伟大祖国、认同中华民族、认同中华文化、认同中国共产党、认同中国特色社会主义。搜集各专业领域在中国共产党领导下取得的伟大成就，以及国内外疫情防控的资料等，采用案例分析、小组讨论、比较分析等教学方法，让学生深深地体会中国共产党领导下的中国发展及人民同舟共济、勇于奋斗的精神，从而培养学生拥护中国共产党的领导、坚定中国特色社会主义理想信念、爱国情感及责任担当。

（2）理想信念

坚定对马克思主义的信仰、对中国特色社会主义的信念、对实现中华民族伟大复兴中国梦的信心；认同社会主义核心价值观，坚定"四个自信"。选取《大国崛起》《复兴之路》等有关纪录片，让学生感受中国特色社会主义道路的艰苦探索历程，从而树立中国特色社会主义共同理想，树立共产主义远大理想。以"我的梦，中国梦"为主题，结合专业课程特点，讨论个人理想与共同理想的关系。

（3）文化自信

培养对中华优秀传统文化、革命文化、社会主义先进文化的强烈认同感和归属感，对文化价值予以充分肯定。引导学生传承讲仁爱、重民本、守诚信、崇正义、尚和合、求大同的中华优秀传统文化，发扬井冈山精神、长征精神、延安精神、西柏坡精神、红岩精神，改革创新，树立发展社会主义先进文化的信心。挖掘专业课程中蕴含的中华优秀传统文化、革命文化和社会主义先进文化，通过案例分析、作品赏析等形式，使学生感受中华优秀传统文化内在的精神品质，增强学生的文化自信，培养学生为社会主义奋斗的责任感和使命感。

（4）国际视野

培养世界眼光，拓展国际视野，了解当今世界发展趋势以及国际政治体制与文化差异，站在中国特色社会主义建设的立场上，在纵横比较中分析我国在世界格局中的地位、作用和面临的机遇与挑战，增强忧患意识和为国家建设做贡献的意识与愿望。选取与专业课程紧密结合的国际热点，运用马克思主义哲学原理，分析国际局势的变化以及文化差异，培养学生的国际视野。

3.2.2.2　家国情怀

（1）人生价值

在对学生进行马克思主义世界观教育的基础上，进行人生观、价值观教育，使学生正确认识创造和奉献的人生意义和价值，在社会生活实践中服务社会、奉献社会，实现个人价值和社会价值的统一。收集各行业的典型人物、典型事例，融入教学过程，让学生理解人生价值的内涵及意义，引导学生在是非面前做出正确判断，探寻实现人生价值的条件和途径，理解只有对社会做出贡献的人生才是真正有价值的人生。

（2）民族精神

热爱祖国，从一言一行中体现对祖国的热爱。引导学生爱祖国大好河山、爱自己的骨肉同胞、爱祖国的灿烂文化。引导学生弘扬伟大创造精神、伟大奋斗精神、伟大团结精神、伟大梦想精神，把家与国的关系看成一个整体，把个人命运与国家命运紧密相连，把个人价值的实现与为国家做贡献紧密结合。运用《百年中国》《苦难辉煌》和各专业发展历史等文献资料，通过讲故事、观看视频等形式，了解英雄人物，感悟中国人民不屈不挠、英勇斗争的精神和中华民族伟大复兴的中国梦。

（3）时代追求

发扬大庆精神、雷锋精神、焦裕禄精神、"两弹一星"精神、女排精神、载人航天精神、抗疫精神、脱贫攻坚精神等奉献精神、创造精神，引导学生解放思想、求真务实、打破陈规、大胆创新、敢于创造，具有不甘落后、奋勇争先、追求进步的精神状态。选取与专业课程教育内容相关的典型人物故事，引导学生了解他们在不同时代的奉献精神和时代追求，从中感悟青年一代献身中国特色社会主义建设的历史使命。

（4）社会责任

引导学生了解社会、融入社会、服务社会，维护社会公平正义和与人和谐，树立集体主义和生态文明观念，具有强烈的社会责任感，愿为他人和集体做出奉献和牺牲。结合专业课程特点，课内课外结合、校内校外结合，组织学生开展社会服务、参加社会实践，在服务和实践中培养学生社会责任感。

3.2.2.3　文化素养

（1）人文学养

加强对中华优秀传统文化的学习与积累，树立崇德向善、见贤思齐、孝悌忠信、重义轻利的价值取向，培养自强不息、厚德载物精神，掌握和而不同、美美与共的处事原则，引导学生具备人文知识、掌握人文方法、理解人文思想、遵循人文精神，树立以人为中心的理念，崇尚人文关怀。在课程教学中植入传统经典故事、历史人物故事等传统文化；营造传统文化学习环境，开展主题文化教育活动，发挥学生主体作用，鼓励学生自主学习人文知识，提高人文修养。

（2）艺术涵养

树立正确的艺术观，培养学生感受美、鉴赏美的审美素养，激发学生内心对民族艺术的热爱和自豪感、对民族文化的尊重，从而培养学生热爱祖国、热爱民族的情怀。收集与专业课程相关的文化作品、工程作品、商业产品等，采取讨论、分析等方法对作品进行赏析，挖掘作品蕴含的艺术美，培养学生的审美意识和审美情趣，进而增强文化自信和民族自豪感。

（3）科学素养

善于运用马克思主义基本观点和方法分析和解决问题，树立科学态度，了解科学知识，掌握科学方法，遵守科学伦理，培养科学价值观。根据专业人才培养要求和课程特点，培养学生在学习专业知识技能的过程中，通过观察、实验、调查、查阅文献等方法，形成良好的辩证思维、科学态度和科学精神。

（4）心理修养

确立乐观向上、积极进取的人生态度，树立正确的幸福观、得失观、顺逆观、生死观、荣辱观，引导学生自我认同、自尊自爱、乐观向上、意志坚强、热爱生活、珍爱生命。结合专业课程特点，设计不同情境，通过讲述励志故事、角色扮演、挑战游戏等活动，引发学生对人、对社会的思考，培养学生对个体生命、对人类命运、对现实生活的热爱和关切。

3.2.2.4 法治意识

（1）法治认同

了解中国特色社会主义法治体系，认识其形成历史、体系构成和主要内容，对于社会法律相关事实有基本的判断能力，并在此基础上支持我国法治事业，推动中国特色社会主义法治体系进一步完善。进行和专业课程相关的法治宣传教育，通过守法教育和用法教育来达成法治认同的目的。将带有时代气息的、和课程相关的法治时政新闻引入教学中，鼓励学生进行辩论，用理性思维分析事物的本质，进而形成认同感。

（2）法治思维

了解法律内涵及要求，引导学生树立社会主义法治理念，崇尚法治、尊重法律，将法律作为判断是非和处理事务的准绳，培养学生具有社会主义法治思维。选取学生身边喜闻乐见的经典法律案例，结合课程内容，组织学生进行课堂讨论，如"当代大学生应该如何培养法治思维"。

（3）遵守法规

引导学生理解遵守法律和社会规则对社会稳定发展的重要性，培养学生自觉遵纪守法，严格约束自己，不触碰法律底线。搜集专业领域或身边法治案例，讨论并说明扰乱公共秩序、妨碍公共安全、妨碍社会管理秩序等具有社会危害性的行为，都是违法行为。

（4）依法办事

了解公民基本权利和义务，懂得正确行使权利、自觉履行义务，引导学生树立正确的权利与义务观念，依法行使权利，自觉履行义务，增强法律意识，用法律武器来维护自己的合法权益。结合专业课程特点，选取与课程目标相契合的典型案例，在不同层面分析党的十八大以来全面依法治国取得的突出成就。

3.2.2.5 道德修养

（1）社会公德

了解社会公德的含义及其在社会和谐发展中的作用，引导学生从身边做起、从小事做起，相互体谅，相互帮助，培养学生文明礼貌、助人为乐、爱护公物、保护环境、遵纪守法。运用典型案例视频、道德模范事迹等，讨论文明守法的重要性，说明社会公德在社会主义精神文明中占据的重要地位和对社会发展的能动作用。

（2）职业道德

培养爱岗敬业、诚实守信、办事公道、服务群众、奉献社会的素质修养，开拓创新、精益求精的工匠精神，以及创新意识、竞争意识、协作意识、奉献意识。结合专业课程特点，运用案例分析、小组讨论及讲故事的方法，引导学生感悟工匠精神、医者精神，根据将来所从事的职业，列出职业要求。

（3）家庭美德

家庭美德是家庭生活中应该遵循的行为准则，正确对待和处理家庭问题，不仅关系到每个家庭的美满幸福，也有利于社会的安定和谐。通过家庭美德教育，培养学生男女平等、尊老爱幼、孝敬父母、勤俭持家、邻里团结等家庭美德。运用感动中国十大人物及优秀家庭的经典案例，弘扬中华优秀传统美德。

（4）个人品德

引导学生认真学习社会道德规范，提高对社会主义道德体系、道德行为准则及其意义要求的认识，培养学生爱国奉献、明礼守法、厚德仁爱、正直善良、勤劳勇敢的品德，形成正确的道德认知和道德判断，激发正向的道德认同和道德情感，强化坚定的道德意志和道德信念。交流使用和不使用文明礼貌用语，以及在公共场所大声喧哗等的感受，体会讲文明、懂礼貌在生活中的作用和价值。

3.3　智能制造专业群课程思政实施策略与路径

智能制造专业群课程思政体系的构建与实施，需以"价值引领、技术赋能、协同育人"为核心理念，遵循"目标—过程—结果"的系统化逻辑，从顶层设计、实施路径、保障机制三方面形成闭环式育人框架，实现思政元素与专业教育的深度融合。

3.3.1　顶层设计：系统性规划与动态调整

顶层设计是课程思政落地的纲领性指引，需立足目标导向性、系统整合性、动态适应性三大原则。

（1）目标导向性

以国家战略为指引，明确科技报国、工匠精神、伦理责任三大核心思政目标，并将其分解为可量化指标（如伦理决策能力、技术创新责任感等），嵌入专业群培养方案。

（2）系统整合性

构建"纵向贯通、横向联动"的课程矩阵，纵向实现"公共基础课—专业核心课—实践课"的思政目标梯度深化，横向打通马克思主义理论、工程伦理、技术史等跨学科内容，形成"专业逻辑＋思政逻辑"双线并行的课程体系。

（3）动态适应性

建立技术、社会、政策三维动态分析模型，定期评估智能制造领域的新趋势（如生成式 AI、工业元宇宙）对思政内涵的拓展需求，迭代更新课程目标与内容。

3.3.2　实施路径：全流程融入与多维渗透

课程思政的实施需贯穿"课程设计—教学实施—资源整合"全流程，实现显性教育和隐性教育的有机统一。

（1）课程设计模块化

基于 OBE 理念，将思政目标转化为知识、能力、价值三级指标，设计"基础素养模块—专业融合模块—实践升华模块"的递进式课程思政模块。

（2）教学实施沉浸化

采用"情境—反思—行动"教学模式，通过数字孪生、虚拟仿真等技术构建智能工厂伦理决策场景，引导学生在技术实践中完成价值判断。例如，在工业机器人编程任务中植入"人机协作安全规范"议题，推动技术操作与责任意识同步内化。

（3）资源整合协同化

搭建"政-校-企-研"四位一体资源平台，整合国家工业文化资源库、企业技术伦理案例、科研攻关纪实等素材，构建"红色工业史""技术伦理图谱""全球竞争案例"三类主题资源包，支撑思政内容的专业化表达。

3.3.3　保障机制：多主体协同与长效发展

保障机制是课程思政可持续运行的关键，需从制度保障、师资能力、评价反馈三方面构建支持体系。

（1）制度保障体系化

制定智能制造专业群课程思政建设标准，明确课程目标中的思政占比（建议不低于30%）、师资思政能力认证要求、校企协同育人责任清单等规范性文件，将思政成效纳入专业认证与教学评估核心指标。

（2）师资能力复合化

构建"双螺旋"教师发展模型，一方面通过"马克思主义理论＋工程技术"跨学科研修提升教师的思政元素挖掘能力，另一方面依托校企共建"技术伦理工作室"培养教师摆脱现实伦理困境的实践指导能力。

（3）评价反馈科学化

建立过程、结果、追踪三维评价模型，过程评价侧重课堂伦理辩论、项目社会责任分析等行为观测，结果评价采用"技术方案伦理审查报告""创新设计社会价值论证"等量化工具，追踪评价则通过毕业生职业发展大数据分析思政教育的长期效应，形成持续改进闭环。

该实施框架以"价值−技术−协同"为内核，通过顶层设计的系统性锚定育人方向，实施路径的全流程渗透实现知行转化，保障机制的多维支撑确保持续优化，最终形成"目标精准化、过程立体化、效果可测化"的课程思政生态体系，为智能制造领域复合型人才的价值观塑造提供理论范式与实践参照。

第4章

智能制造专业群课程思政典型教学设计集

4.1　机械设计制造及其自动化专业课程思政典型教学设计

教学设计 1：机械制图——三视图

一、教学基本情况

（一）课程概况

课程名称	机械制图	授课学时	64
课程类型	专业基础必修课	授课对象	机械类专业大一学生
授课内容	三视图	授课学期	2
教材	《机械制图（第二版）》（丁一、李奇敏等主编，高等教育出版社 2020 年 8 月出版）		

（二）教学背景

三视图能够正确表达简单的物体。对于复杂的物体，仅通过三视图表达会不清晰，甚至没法表达，如此将不利于工人进行加工生产。因此，需要有更多的表达方式，针对不同物体利结构，选择正确合理的表达方式

（续表）

（三）教学理念

坚持以"双中心、双核心"为原则。以学生学习为中心，制定素养目标，培养学生的工程素质和职业责任感，以立德树人为核心，制定价值目标，使学生树立社会主义核心价值观；以学习效果为中心，制定知识目标，以学生发展为核心，制定能力目标，要求学生读懂和熟练绘制工程图样。

在整个教学过程中，基于 OBE 理念，以问题为导向，开展课程思政教学，坚持立德树人，采用线上线下混合式教学模式，实现塑造品行，传授知识，启迪思维，拓展视野，培养能力，对标两性一度的金课目标

（四）教学目标

知识目标	能力目标	素养目标
通过对各种表达方式的学习，掌握表达方式的应用并能够采用合理的表达方式，正确表达物体	能够正确根据物体的形状选择合适的表达方式，能够正确表达物体，为日后工程图样的表达打下基础	1. 提升分析及解决问题的能力，创新能力及团队合作能力 2. 增强国家民族自豪感，培养爱国精神和为国家的强大而努力奋斗的精神 3. 培养做事情时采用多种方法，多种思路，选择最优解决方式的习惯 4. 培养遵守国家标准，一丝不苟的大国工匠精神

（五）学情分析

本课程授课对象为本科大一学生，他们已经在高中学习过立体几何、数学等课程，基本具备了所需的理论基础。学生经过前期的学习，已经掌握了部分国家标准。本课程结合之前引入其他的三视图思考之前的缺点是什么，引导大家思考之前的物体的三视图的表达方式，如何表达复杂的物体。从本课程开始，制图知识会逐渐变难，引导学生逐步掌握据表达方面的知识，让学生归纳总结出作图规律，结合例题一步步示范作图，引起学生的学习兴趣

（六）教学内容分析

三视图能够正确表达简单的物体。对于复杂的物体，仅通过三视图表达会不清晰，甚至没法表达，如此将不利于工人进行加工生产。因此，需要有更多的表达方式，针对不同物体和结构，选择正确合理的表达方式。本课程通过对各种典型案例进行分析讲解，让学生能够接触实际工程，且画完图之后学生会感觉比较有成就感，学习热情较高。通过总体介绍，让学生掌握操作作图方法，为后期制图的学习起到辅助作用。教学中注意引用工程实例，在届学生作品，专创融合，引起学生兴趣，完成本课程内容的培养目标

（续表）

教学重点	1. 基本视图 2. 向视图 3. 局部视图 4. 斜视图
教学难点	1. 局部视图 2. 斜视图
教学难点分析及对策	难点一：局部视图 教学对策：采用三维模型，结合讲解过的三视图的知识形象讲解，采用类比方式讲解局部视图的应用；采用示范教学法，边讲解边在黑板上绘图，形象直观，要求学生在理解的基础上能够应用该表达方式作图 难点二：斜视图 教学对策：引入典型案例讲解引入视图的原因，进行示范性教学，一边讲解一边作图，同时要求学生自己作图，形象直观，要求学生在理解的基础上，能够应用该表达方式作图
教学创新思政融入	1. 课前：发布与本课程相关的预习，复习小视频，通过预习，复习小视频，引领学生进行课堂内容的衔接，对本课程所学内容有整体的把握；发布我国航空空载人飞船和返回舱的图片，搜索相关内容，并在讨论区域发布自主学习能力，提升分析及解决问题的同题能力，创新能力及团队合作能力。 2. 课中： （1）通过引入课前学生搜集的我国航空空载人飞船和返回舱的图片，介绍我国在航空航天事业上的飞速发展，培养学生的爱国精神、责任心、民族自豪感，引导学生树立正确的人生观和价值观； （2）导入部分，通过讲解采用不同方法表达物体，引导学生做事情采用多种方法、多种思路，选择最优解决方式； （3）强调作图规范，培养学生一丝不苟、严谨的大国工匠精神，提升工匠素养、拓展宏观视野，培养学生的自主学习能力、竞争意识、创新能力 3. 课后：发布学科热点追踪任务、拓展宏观视野，增长知识

（七）教学方法与环境资源

教学方法	学法	1. 自主式学习：学生课前根据发布的视频及任务，准备资料自主学习。 2. 探究式学习：课中完成主题讨论、探究环节，将感性认识升华为理论知识。 3. 合作式学习：课前，课中采取小组合作方式，提高团队协作能力；课后讨论学科热点、关注时事新闻，及时了解社会、拓宽视野，增长知识

（续表）

教学方法	教法	1. 任务驱动式教学：结合国家热点、大事，给出工程实例，引出本课程的学习任务，完成课前的学习任务，引导学生查找资料，引出本课程的教学内容。 2. 示范性教学：教师示范作图，学生边听边跟随绘制。 3. 启发式教学：采用"提出问题—分析问题—解决问题"的方式，引导学生层层挖掘相关知识点，在解答问题的过程中发挥学生的主观能动性，培养科学的思维方法。 4. 探究式教学：通过小组合作，完成资料的搜集合作，预习、复习任务，培养学生团队合作意识及分析和解决问题的能力
教学资源准备		1. 课前根据教学内容，结合学情，搜集相关教学资源，发放预习视频至超星学习通教学平台（以下简称学习通）、QQ 群等。 2. 推送相关资料。 3. 在学习通发布讨论主题。 4. 其他资源：多媒体课件、图片、动画、视频、MOOC（慕课）教学资源、课后测试题、技能考试题目、往年大赛题等
信息化手段		1. 视频与图片 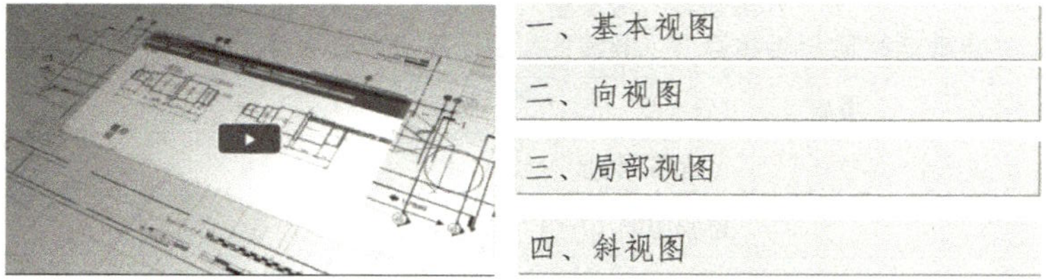 2. 超星网络教学平台 教学资源：

（续表）

信息化手段	3.线上学习交流平台

二、教学实施过程

（一）课前准备

教学环节	教学内容	师生活动		设计意图
		教师	学生	
课前	1.在学习通发布相关课程视频，督促学生观看视频进行课前预习。2.布置任务，让学生搜索我国航空载人飞船和返回舱的相关资料，在讨论区进行讨论	1.收集我国航空载人飞船和返回舱的相关资料，供学生观看思考，查阅相关资料。2.推送学习视频，设置简单弹题，引导学生预习	1.登录学习通观看视频，完成预习。2.搜集相关资料，类的相关资料，讨论	1.学生完成预习，对于新课程内容能够提前了解，带着问题和兴趣参与课堂学习。2.搜集我国航空载人飞船和返回舱的相关资料，培养学生自主学习能力，发现问题和解决问题的能力，创新能力及团队合作能力

（二）课堂实施

教学环节	教学内容	师生活动		设计意图
		教师	学生	
新课导入	1.根据课前要求搜集的我国航空载人飞船和返回舱相关资料，点评学生的课前讨论	1.反馈课前讨论结果，分析课前讨论主题与本课程内容之间的关系，并适当进行课堂思政教育	1.讨论我国航空载人飞船和返回舱相关内容，了解我国在航空航天事业上的飞速发展	1.培养学生的爱国精神、责任心、民族自豪感，引导学生树立正确的人生观和价值观。2.教育学生做事采用多种方法，多种思路，选择最优解决方式

（续表）

教学环节	教学内容	师生活动		设计意图
		教师	学生	
新课导入	2. 引入典型案例，进行比较讲解 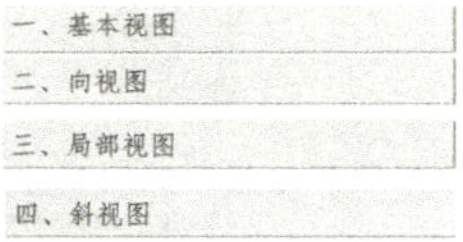 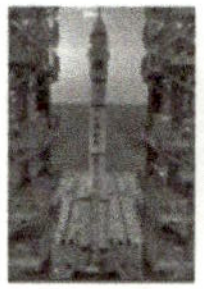  一、基本视图 二、向视图 三、局部视图 四、斜视图	2. 引入典型案例，进行比较讲解	2. 引入典型案例，进行比较学习	3. 专创融合，培养学生的自学能力、竞争意识、创新精神
新授	1. 基本视图（重点） 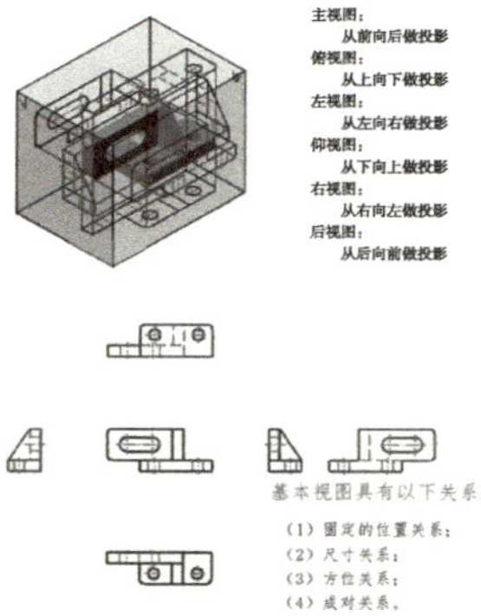	1. 采用立体图片，进行讲解，引入典型案例，借助动画进行比较讲解。 2. 进行示范性教学，用黑板讲解如何绘制基本视图	1. 跟随教师思考本课程内容的重要性，打好基础。 2. 做好笔记，认真记录重难点知识，并借助习题集等题目进行知识点的掌握	1. 通过典型案例，进行比较讲解，用立体感强的图片引起学生兴趣，感受大国工匠精神。遵守国家标准，2. 对所选择的典型案例进行示范作图，在教师示范性教学的同时，学生边听边边跟随绘制，在掌握知识的同时，充分参与课堂互动

（续表）

教学环节	教学内容（重点）	师生活动 教师	师生活动 学生	设计意图
新授	2.向视图（重点） 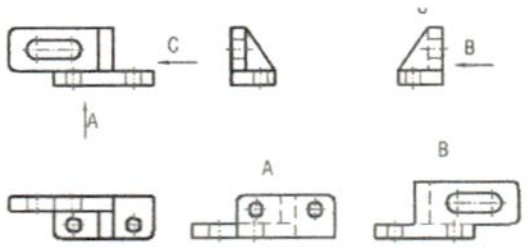	1.采用立体图片，进行讲解，引入典型案例，借助动画进行比较讲解。 2.进行示范性教学，用黑板讲解如何绘制向视图	1.跟随教师思考本课程内容的重要性，打好基础。 2.做好笔记，认真记录并借助习题集等题目进行知识点的掌握	1.通过典型案例，进行比较讲解，用立体感感强的图片引起学生兴趣，遵守国家标准，培养大国工匠精神。 2.进行示范性教学，教师示范作图，听边做随跟绘制，学生边学握知识的同时，充分参与课堂互动
	3.局部视图（重点、难点） 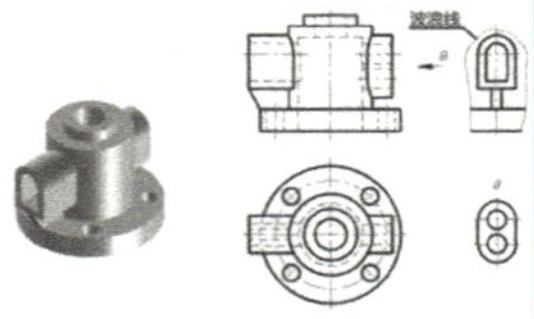 （1）局部视图的定义 （2）局部视图的边界 （3）局部视图的配置与标注 ①按基本视图的配置，中间无其他图形隔开，不需标注 ②按向视图配置，必须标注 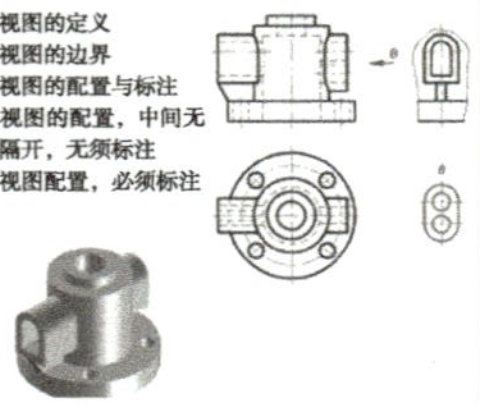	1.采用立体图片，进行讲解，引入典型案例，借助动画进行比较讲解。 2.进行示范性教学，用黑板讲解如何绘制局部视图		通过典型案例，进行比较讲解，用立体感强的图片引起学生兴趣，遵守国家标准，培养大国工匠精神

（续表）

教学环节	教学内容（重点、难点）	师生活动		设计意图
		教师	学生	
新授	4. 斜视图（重点、难点）	1. 讲解内容，让学生进行练习。 2. 对简单的物体进行讨论讲解，让学生推选代表，完成课堂翻转，进行点评	1. 跟随教师思考本课程内容的重要性，打好基础。 2. 做好笔记，认真记录重难点知识，并借助习题集等题目进行知识点的掌握	通过典型案例，进行比较讲解，用立体感强的图片引起学生兴趣，遵守国家标准，培养大国工匠精神
巩固练习	小组研讨：已知主、俯视图，画出机件的 A 向斜视图和 B 向局部视图。	此题目为习题集上的题目，让学生在习题集上当堂练习，并进行点评，使学生掌握图线的画法	积极思考，讨论绘图方法，完成题目，听教师点评	通过具体题目使学生进行巩固练习，当堂掌握重难点知识
拓展	课后讨论：专业创融合，采用山东省成图大赛题目进行拓展表达内容	简单分析并发布课后拓展的知识，将本课程所讲内容与大赛题目相结合	小组合作，讨论如何采用本课程所学内容进行表达	设计与本课程相关的、更深层次的题目，将专业内容与大赛题目相结合，培养学生创新意识，引出下次课内容，进行知识点的拓展

（续表）

教学环节	教学内容	师生活动		设计意图
		教师	学生	
课堂小结	1. 基本视图的应用及作图 2. 向视图的应用及作图 3. 局部视图的应用及作图 4. 斜视图的应用及作图	总结课程内容	在教材中标识重点内容	回顾、总结课程内容，加深学生对重难点的理解

（三）课后提升

教学环节	课后任务	师生活动		设计意图
		教师	学生	
课后提升	1. 制作课程内容笔记	提出具体要求，在学习通发布作业	完成课程内容识重点笔记，提交作业	让学生进一步了解所学内容，形成完整的知识体系
	2. 完成线下习题集作业	布置作业题目，批改作业	完成作业并提交	进一步巩固对重难点内容的学习
	3. 创新能力提升：练习本课程所发布的考试拓展题目，利用所学知识完成绘图	进行在线（QQ）辅导或线下（办公室）指导	根据要求完成任务	拓宽视野，提升工程素养，提高创新能力

教学设计 2：机械原理——机构自由度计算

★ 课程信息

课程名称	机械原理	授课学时	48
课程性质	专业主干必修课	授课类型	线上线下混合式教学
课程简介	\multicolumn{3}{l}{机械原理是机械类专业必修课，以机构设计和分析为主线，培养学生具有一定的机械系统运动方案创新设计能力，教学内容涵盖机构组成原理、运动学、动力学及各种常用机构的设计与方法等机构和机器的共性问题，具有较强的综合性和工程实践性，在学习过程中起着承上启下和培养学生创新思维、综合设计能力及工程实践能力的重要作用。结合高校人才培养定位及机械类专业特色，机械原理课程不断强化以学生为中心，以成果为导向的顶层设计和教学实施，针对课程重点、难点，精心设计课堂学习、合作探究式学习、任务驱动式学习和综合性课程实践等教学环节，通过资源建设、课赛结合、校企合作、教学模式改革等，从不同维度提升课程的高阶性、创新性和挑战度，培养学生的创新意识、辩证思维，现代工具应用能力，综合设计能力和解决复杂工程问题能力，并通过学生过程性考核评价和课程质量评价促进课程持续改进。与此同时，深入挖掘课程育人功能，将教书育人贯穿课程教学及实践活动全过程，强化学生在"制造强国"战略中的责任意识和使命担当，实现价值塑造、知识传授和能力培养同向同行}		

★ 教学理念

| 教学理念 | \multicolumn{3}{l}{以学生为中心、以成果为导向，从课前导向、课堂教学、课后作业三个环节入手，构建线上线下混合式教学模式。在教学内容的设计与教学实施过程中，注重学生的能力培养与价值塑造，将工程案例、思政元素融入教学内容，设计实施从"工程问题"理论知识"到"工程应用"的能力培养，通过工程案例问题的分析与解决，强调理论知识的应用，潜移默化地培养学生的工程素养；在专业知识传授过程中，在案例教学活动中，将思政元素自然引入课堂教学，取得教书育人，润物无声的成效} | | |

★ 学情分析

	授课对象	机械类专业大二本科生，第4学期
学情分析	学生特点	经过大学3个学期的学习和训练，学生具有一定的专业基础知识，具备一定的自主学习和团队学习的能力，但也出现了课堂倦怠，理论学习兴趣不高，对于单向讲授式课堂不感兴趣，在课堂上低头玩手机的现象比较多。另外，此阶段的很多学生工程知识、实践经验相对匮乏，对课程涉及的机构结构方面会感到不解，仅凭教师通过有限的课堂学习时面授讲解众多的知识点，学生很难充分地理解课程相关内容

★ 教学目标

知识目标	理解平面机构自由度计算公式及其内涵；准确识别并正确处理机构中的复合铰链、局部自由度和虚约束；正确运用自由度计算公式计算机构的自由度，并判断其是否有确定的运动
能力目标	应用所学知识分析机构设计方案的可行性，并从工程角度对方案优劣进行评价
素养目标	学习自由度计算公式的历史、增长知识，体会科学精神，认识事物发展一般规律；从自由度计算应注意事项中学习辩证思维方法，树立正确的人生观和价值观；逐步建立全局观，解决工程问题的全局观、讲求实效的工程观，培养严谨认真、精益求精的工匠精神

★ 教学内容分析

教学内容分析	机构结构分析是机构运动分析，力分析和机构设计的基础，是机械系统方案设计和机构创新设计的重要环节。本课程的教学内容为机构自由度计算，是机构结构分析的重点，具体包括平面机构自由度的计算，机构具有确定运动的条件和计算自由度时应注意的事项，机构自由度计算结果直接影响对机构运动定性和确定性的判断，进而影响对机构运动设计的可行性的评价
教学重点	1. 平面机构自由度的计算 2. 机构具有确定运动的条件 3. 计算自由度时应注意的事项
教学难点	机构自由度计算中的局部自由度与虚约束
教学难点分析及对策	通过设置问题，辅以机构动画，引导并启发学生从机构自由度计算过程中产生的错误入手，分析计算结果与机构实际自由度不一致的原因，引出局部自由度和虚约束等概念，进而引导学生得出解决问题的办法，培养学生分析和解决问题的辩证思维

★教学方法

教学方法	学法	1. 自主式学习：课前根据任务单自主学习。 2. 探究式学习：课中通过课堂讨论，因势利导，探究总结。 3. 合作式学习：课后完成作业，小组合作，提高团队协作能力
	教法	1. 专题嵌入案例教学：通过视频，实例直接点明机构创新设计对"制造强国"战略的重要性及方案可行性评价的必要性，激发学生的学习热情和责任意识。 2. 因势利导启发教学：注重自由度计算应注意事项和课堂讨论部分，通过设置问题，启发学生探究问题的本质，因势利导地培养学生掌握分析和解决问题的辩证思维方法

★课程思政

课前	在"制造强国"战略中，制造装备的创新离不开机械创新，机构创新是机械创新的基础。通过科教融合案例，介绍课程学习与国家制造装备创新发展的关系，可使学生明确学习目标，机构自由度计算是方案可行性评价是机构创新的重要组成，方案可行性评价是机构创新的关键步骤，激发其对积极性和在"制造强国"战略中的责任意识
课中	讲解自由度计算公式的发展历史，包括中外公式的发展而不舍、追求真理的科学精神，追求真理的科学精神，特别是中国学者在其中的贡献和精神品质，增强学生的民族自豪感，探索未知、追求真理的机会，给学生提供解决问题的机会，循序渐进地培养其在设计中的全局意识及严谨认真、精益求精的工匠精神。通过设置工程案例，引导学生理解虚约束的工程意义和设计原则，逐步建立起注重设计实效、具体问题具体分析的工程观
课后	通过设置进阶性课后作业，引导学生转换视角、动态观察，抓主要矛盾分析和解决问题的辩证思维方法，主动实践，努力提升自我，不断积累经验，成为国家未来合格的建设者和接班人

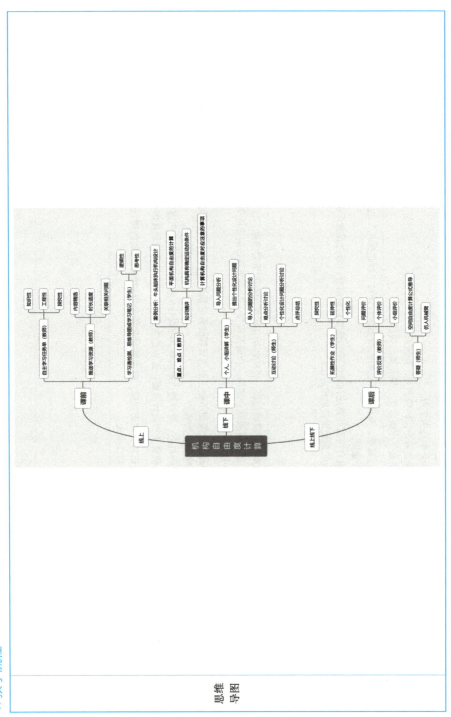

★教学流程

思维导图

★教学实施过程

教学环节	教学流程	教学内容及过程	设计意图
课前学习	线上自主学习	1. 发布学习任务单，让学生学习构件自由度与运动副约束 2. 视频：播放西安交通大学某机器人研制负责人采访视频和机器人歌舞视频	通过任务单，对学生的自主学习进行指导。 展示机械设计之美，说明科研成果是智慧与汗水的结晶，引导学生明确学习目的，承担历史使命。
课堂教学	课程导入	1. 问题导入 展示成功与失败的案例，提出机构设计方案判断设计方案是否满足机构具有确定运动的条件，机构自由度计算 2. 本课程学习目标 （1）项目驱动，以牛头刨床执行机构设计为载体，以"工程问题引入—相关知识讲解—工程问题解决"为框架，突出"教—学—用"一体化培养理念 （2）要解决的问题：学生分组研讨，每组给出牛头刨床执行机构的一种改进设计方案并进行自由度分析	通过视频引入＋提问，吸引学生注意，引导学生深入思考本课程内容。 使学生明确学习目标，开展有目的的学习
	TBL（Team-Based Learning，以团队为基础的教学）	教学内容一：平面机构自由度的计算 1. 通过引入空气压缩机中曲柄滑块机构自由度计算，引导学生分析得出： $$F = 3n - 2P_{\mathrm{L}} - P_{\mathrm{H}}$$ 2. 鼓励学生，详解机构自由度计算公式探索历程，重点讲述我国黄真教授自 1997 年提出该公式，历时四载，最终得到认可此已足尽善尽美了吗？ 提问与反思：机构自由度计算公式到这就已经尽善尽美了吗？ 3. 应用公式计算机构四杆机构，五杆机构的自由度	启发式教学＋参与式学习：通过分析简单的例子，引导学生思考，分析得出计算公式，让学生参与其中计算机构的自由度。 学习自由度计算公式的发展历程，体会自由度计算公式所蕴含的科学发展规律，感受我国学者理论—实践—再理论—再实践，不断创新、持续改进的奋斗精神

（续表）

教学环节	教学流程	教学内容及过程	设计意图
		通过引入"牛头刨床执行机构的设计"案例，引出工程问题——什么条件下该机构能够运动并具有确定的运动即教学内容二 教学内容二：机构具有确定运动的条件 1. 动画演示四杆机构，五杆机构给定1和2个原动件时的运动情况 2. 引导学生总结机构具有及不具有确定运动的条件时出现的情况 原动件数目＝F→运动确定 原动件数目＜F→运动不确定，欠驱动 原动件数目＞F→无法运动，薄弱环节被破坏，冗余驱动 强调自由度计算结果的错误会导致机构运动确定性的误判，从而影响整个机械设计，因此必须准确计算自由度 3. 牛刀小试：计算某包装机构的自由度	通过机构的自由度引出"社会中人的自由与规则"，折射出规则法度与个人自由的关系，有利于增强学生的规则意识，大局意识，引导学生树立正确的价值观
课堂教学	TBL（Team-Based Learning，以团队为基础的教学）	教学内容三：计算机构自由度时应注意的事项 1. 复合铰链 计算冲压机构的自由度，得出与实际不符的计算结果 演示机构动画，切换不同角度让学生发现问题 2. 局部自由度 计算滚子凸轮机构的自由度，得出与实际不符的计算结果 动画演示，比较滚子与推杆焊接成一个整体时，自由度的概念，在计算自由度之前，去掉局部自由度 思考提问：既然滚子的局部运动不影响从动件的输出，为何还要如此设计？引出局部自由度的工程意义 3. 虚约束 计算椭圆规机构的自由度，得出与实际不符的计算结果 播放机构运动动画，连接前后物迹是否有变化，引出虚约束概念，去掉虚约束 让学生举出虚约束出现的实例 通过实例，引导学生分析机构中采用虚约束的目的	布入障碍+启发式教学+参与式学习：从错误的计算结果入手，引导学生认识复合铰链，局部自由度和虚约束，强调自由度的概念，即机构独立运动的数目 辩证看待问题：不能纸上谈兵，要多观察，多实践，从不同角度分析机构运动特性 要有工程意识：通过工程实例，让学生从工程角度分析虚约束，合理设计机构

（续表）

教学环节	教学流程	教学内容及过程	设计意图
课堂教学	课堂讨论	将机构自由度计算的方法和机构具有确定运动的条件应用于"牛头刨床执行机构的设计方案"能否实现设计意图的分析讨论中，由学生分组研讨，每组给出牛头刨床执行机构的一种改进设计方案并进行自由度分析，实现知识点的工程应用	反馈、提升
	教师点评总结	1.点评四种方案的可行性及优缺点，通过连续追问引导学生抽丝剥茧，找到问题所在，提升分析和解决问题的能力 2.自由度计算公式 3.自由度计算应注意的问题及处理办法	重难点梳理 强调自由度计算绝不是生搬硬套公式，而要概念清晰、理解透彻，并且用发展的眼光看待问题
课后拓展	布置课后作业	1.常规检测：通过学习巩固本课程所学内容 2.自由度计算公式的拓展学习：空间自由度公式推导 3.研究性拓展作业：由仿人机械臂案例引出中国智能制造中的"卡脖子"技术，激发学生的爱国热情	使学生自主学习，积极探究。通过设置进阶性作业引导学生多思考，提高分析和解决问题的能力

教学设计 3：机械设计——复杂轮系受力分析

一、教学基本情况

（一）课程概况

课程名称	机械设计	授课学时	64
课程类型	专业主干必修课	授课对象	机械设计制造及其自动化专业大三学生
授课内容	复杂轮系受力分析（直、斜齿轮）	授课学期	5
教材	《机械设计（第十版）》（濮良贵、陈国定、吴立言主编，高等教育出版社 2019 年 7 月出版）		

（续表）

（二）教学背景

齿轮传动是现代机械中应用最为广泛的一种机械传动形式，是利用齿轮副来传递运动和动力的一种机械传动，在工程机械、矿山机械、冶金机械、各种机床及仪器，仪表工业中都广泛地用来传递运动和动力。齿轮传动除传递运动以外，也可以用来把回转运动变为直线运动。此外，齿轮系的受力分析是机械设计之类考研必考题之一，学生在完成大创项目、科技创新活动时，该部分内容也是重点，因此，正确判断齿轮传动受力方向、齿轮旋转方向十分重要

输出转向关系，以便协调输入，正确分析齿轮传动受力方向以进行轴、轴承的载荷分析

（三）教学理念

本着以学生为中心，思政引领，能力为重，创新发展的教学理念，以完成复杂的工程应用问题作为教学任务，贯穿整个教学过程，遵循学生的认知规律，由简单到复杂，由单一分析到综合分析，通过基于问题导向的互动式、启发式与合作探究式教学，不断激发学生的学习兴趣与潜能，提高课堂参与度，通过巧妙设计思政点并适时融入教学活动，实现知识、能力与素质协同培养

（四）教学目标

知识目标	能力目标	素养目标
通过对直齿轮、斜齿轮受力形式与受力分析的学习，明确两种齿轮的受力特点，系统掌握两种齿轮受力方向判别的方法，并运用该方法解决斜一斜齿轮系的受力分析问题	能正确判断直、斜齿轮的受力方向，具备分析一对齿轮和斜一斜齿轮系综合受力情况的能力，为解决复杂受力分析问题打下基础	1. 增强民族自豪感和爱国情怀 2. 塑造踏实严谨的优秀品质 3. 培养科学分析、团结协作的工作作风

（五）学情分析

学生在机械原理课程中已系统学习了齿轮机构与轮系的相关知识，对齿轮机构与轮系的传动特点比较清楚，斜齿轮旋向特点及创新产品设计中用到齿轮传动应用的场合较多，部分学生已具备齿轮传动应用的实践经验，为理解本次课程内容打下了良好的基础，学生自学能力较强，善于思考钻研，但自觉力有所欠缺，需在教学中以学生为中心，积极引导，高效互动，发挥学生的主观能动性，使学生做好课前预习及完成课后巩固提升任务，提高学习效果

（续表）

（六）教学内容分析	齿轮的受力分析是设计齿轮的基础，同时也为设计轴及轴承提供初始条件。典型齿轮传动包括直齿轮、斜齿轮和锥齿轮的传动，蜗杆传动的应用也较为广泛，工程中常以多对齿轮组合为主，以满足提高传动比、换向等的需要。本次教学内容以复杂轮系受力分析为任务，涵盖常用的齿轮传动。设计了 1 项总任务和 6 项子任务（本课程内容演示完成前 3 项任务），层层深入，由简入难，逐渐完成复杂轮系的受力分析。教学中引导学生先学习直齿轮的受力分析，它是其他齿轮受力分析的基础，再研究斜齿轮的受力分析，它在直齿轮的基础上增加了轴向力，轴向力的分析是学习重点也是难点。在一对斜齿轮受力分析的基础上，完成斜齿轮系的受力分析，以满足实际工程设计需要，提升学生的综合分析能力
教学重点	1. 直齿轮受力分析 2. 斜齿轮受力分析
教学难点	1. 斜齿轮轴向力的判断 2. 轮系综合受力分析
教学难点分析及对策	难点一：轴向力的判断 教学对策：采用案例式、问题导向式教学，通过回顾物理学当中的右手螺旋定则，为轴向力方向的正确判断打好基础，引入典型的斜齿轮受力分析案例，通过形象的图片展示及有条理地、细致的推导，结合启发式、互动式讲解，逐渐完成轴向力的分析，提升学生分析和解决问题的能力。 难点二：轮系综合受力分析 教学对策：轮系的受力分析比较复杂，掌握一对齿轮的受力分析可为轮系的受力分析打下坚实的基础，教学中采用案例式教学，以斜一斜齿轮为例，教师讲解做题的关键点，由学生小组合作完成斜一斜齿轮系受力总体分析，教师点评总结，使学生进一步理解轮系综合受力分析的方法
教学创新思政融入	1. 课前发布任务，让学生了解我国自主研发的黄河 X7 雪蟒车中轮系相关的知识，了解学科发展现状、学习大国重器的诞生历程，增强民族自豪感和爱国情怀。 2. 课中通过分析本课程内容的重要性，展开利用齿轮完成的创新作品，培养学生的创新意识，通过齿轮设计失误引发的安全事故，使学生牢固树立安全意识，塑造求真务实、踏实严谨的态度，坚持科学分析的品质，分组讨论等，展现团队协作的力量；在进行受力分析时，提醒学生认真、坚持科学分析的态度。 3. 课后发布科学和热点追踪任务，拓展学生视野，提升工程素养

（续表）

		（七）教学方法与环境资源
教学方法	学法	1. 自主式学习：学生课前根据自主学习任务单，准备资料自主学习。 2. 探究式学习：课中完成主题讨论，探究环节，将感性认识升华为理论知识。 3. 合作式学习：课前、课中进行小组合作，提升团队协作能力；课后讨论学科热点，关注时事新闻，及时了解社会，拓宽视野，增长知识
	教法	1. 任务驱动式教学：结合工程中常用的减速器中齿轮传动装置的设计实例给出学习任务，引出本课程的教学内容。 2. 启发式教学：采用"提出问题—分析问题—解决问题"的方式，引导学生层层挖掘相关知识点，通过学习通随机选人及现场主题讨论等方式加强师生互动，在解答问题的过程中发挥学生的主观能动性，培养科学的思维方法。 3. 探究式教学：通过小组合作，探究斜齿轮啮合时各受力方向及分析和解决问题的能力，培养学生团队合作意识及分析判断方法。
教学资源准备		1. 课前教师根据教学内容，结合学情，收集相关教学资源，制作并开发布自主学习任务单至学习通，QQ群。 2. 推送大国重器——黄河 X7 雪蜡车相关资料。 3. 在学习通发布主题讨论。 4. 其他资源：多媒体课件、图片、视频、课后测试题等
信息化手段		1. 视频与图片

（续表）

信息化手段

2. 超星网络教学平台
教学资源：

∧ 第7章 齿轮传动

7.1 自主学习任务单
7.2 齿轮传动的失效形式及设计准则
7.3 齿轮的材料及其选择原则
7.4 齿轮传动的计算载荷
7.5 标准直齿圆柱齿轮传动的强度计算（一）
7.6 标准直齿圆柱齿轮传动的强度计算（二）
7.7 齿轮传动的设计参数的选择
7.8 标准斜齿圆柱齿轮传动的强度计算
7.9 齿轮系受力分析案例

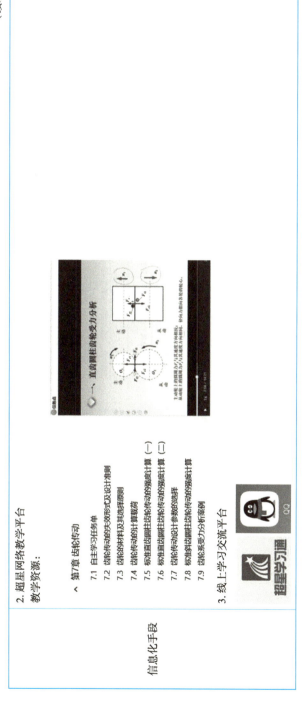

3. 线上学习交流平台

超星学习通　QQ

二、教学流程

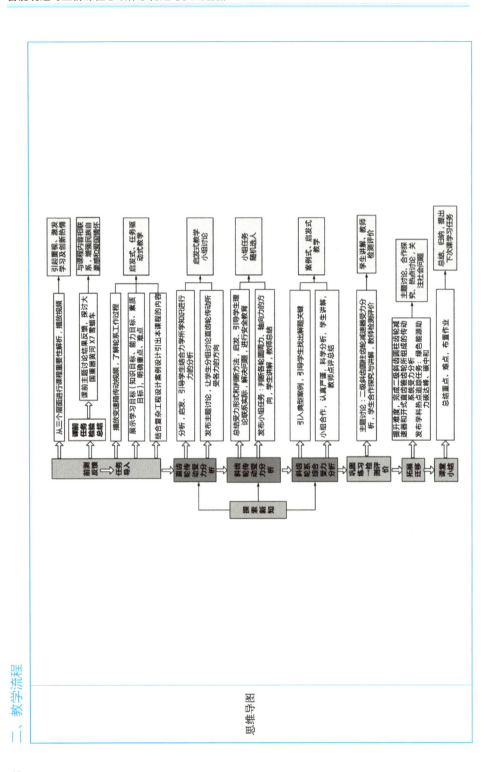

思维导图

三、教学实施过程

（一）课前准备

教学环节	教学内容	师生活动		设计意图
		教师	学生	
课前	1. 教师制作自主学习任务单并发布在学习通，督促学生观看视频进行课前学习。 《机械设计》混合式教学自主学习任务单 （第七章 齿轮传动） 一、课程信息 课程名称　机械设计 教材及版本　《机械设计》（第10版）主编杨可桢等高等教育出版社 授课对象　机械类本科二年级学生 先修课程　理论力学、材料力学、机械原理、机械制图 网络调研门户地址 二、学习准备 章节　第七章　齿轮传动 本节学习目标 通过观看网络教学平台上所提供的微课视频、教学课件及教学课程资源，完成对齿轮传动的认知准备、教学课件及课程测试、小组讨论 本节的主要内容： 1. 齿轮传动的特点及失效形式及设计准则 2. 齿轮传动的材料及其选择原则 3. 齿轮传动的强度计算的原理及过程 2. 课前推送大国重器相关资料供学生观看学习，在学习通发布主题讨论 课前主题讨论反馈： 2022 年北京冬奥会，由我国自主研发的首批黄河 X7 雪蜡车正式交付给国家体育总局冬季运动管理中心投入使用，为冬奥会的成功举办贡献重庆汽车力量！请结合机械设计课程谈谈你对雪蜡车的认识。 	1. 制作自主学习任务单并上传至学习通。 2. 搜集大国重器相关材料并推送到 QQ 群。 3. 设计主题讨论并发布至学习通	1. 登录学习通查看任务清单，观看视频，完成预习。 2. 学习大国重器相关资料，了解其诞生历程，在奥运会中发挥的作用及与课程相关联的内容，参与主题讨论	1. 让学生完成自主学习任务单，为学生学习提供指导。 2. 让学生通过主题讨论，学习大国重器相关资料，增强民族自豪感和爱国情怀

（续表）

（二）课堂实施

教学环节	教学内容	师生活动		设计意图
		教师	学生	
任务导入	1. 介绍内容的重要性 2. 课前主题讨论结果分析 课前主题讨论板块装： 了解大国重器——黄河 X7 雪蜡车 3. 任务导入——激发动机 	1. 介绍课程内容的重要性，运用齿轮传动创新作品与蜂鸟视频，引出本课程教学内容。 2. 反馈课前讨论结果，谈大国重器与机械设计学科的关系。 3. 播放变速箱运行视频。 4. 介绍复杂轮系受力分析案例，导入课程内容。 5. 进行任务分析，回顾所学知识	1. 学习大国重器资料。 2. 观看视频，了解变速箱中轮系的工作过程。 3. 参与课堂互动，回顾所学知识，明确学习任务	1. 充分体现中国实力和中国自信，增强学生的民族自豪感和爱国情怀。 2. 通过分析主题讨论结果，督促学生积极参与课堂互动，开阔视野。 3. 通过展示变速箱齿轮传动工作过程视频，赏析学生作品，使学生对轮系有感性的认识，激发创新意识的同时明白只有正确设计才能保证齿轮正常、安全地工作，使学生树立正确的设计思想。 4. 通过任务驱动式教学，使学生学习有目的性、针对性，培养学生在知识探索中发现并解决问题的能力

（续表）

教学环节	教学内容	师生活动		设计意图
		教师	学生	
	1. 直齿轮传动受力分析（重点）	1. 深入分析直齿轮的受力形式，引导学生掌握其受力分析的方法。 2. 用简单易懂的语言概括总结圆周力和径向力方向的判断方法。 3. 发布主题讨论，让学生分组探究直齿轮传动所受各力方向	1. 跟随教师的讲解与总结，明确圆周力和径向力方向的判断方法。 2. 小组研讨，完成直齿轮的受力分析并回答问题	1. 通过启发式教学，引导学生主动思考与学习。 2. 通过主题深入思考，培养其分析和解决问题的能力
探索新知	2. 斜齿轮传动受力分析（重点，难点）	1. 借助图片介绍斜齿轮与直齿轮受力形式的不同。 2. 引导学生回顾物理中的右手螺旋定则，以进行轴向力的判断。 3. 针对主动轮左右手定则，给出错误的判断方法，引导学生思考后果。 4. 引出案例，布置小组任务	1. 回顾右手螺旋定则，掌握主动轮左右手定则。 2. 理解主动轮左右手定则的正确使用方法，思考错误的设计使用将会引发的安全事故。 3. 参与小组任务，合作探究完成斜齿轮的受力分析结果	1. 通过回顾物理学当中的右手螺定则，为学生掌握轴向方向的判断方法打好基础。 2. 通过分析齿轮设计失误引发安全事故，使学生固树立安全意识，塑造求真务实、脚踏实的品质。 3. 通过小组任务，发挥学生的主动性，提升团队合作与分析与解决问题的能力

（续表）

教学环节	教学内容	师生活动		设计意图
		教师	学生	
探索新知	3. 斜齿轮系综合受力分析（难点） 	1. 给出斜—斜齿轮传动的受力案例，讲清解决问题的关键点，引导学生思考轮系中各力受力方向。 2. 发布主题讨论，由学生完成轮系中各力的受力方向分析。 3. 总结此类题目做题方法	1. 结合教师要求，自主探索轮系中所有齿轮的受力情况。 2. 找出解决问题的关键点，参与案例分析。 3. 积极参与互动，完成斜齿轮的受力分析	1. 让学生分组完成受力分析，培养其科学分析、团结协作的精神。 2. 鼓励学生上台讲解，促使学生对知识点加以归纳梳理，锻炼其知识归纳、分析并解决问题及语言表达的能力
巩固练习→检测评价	小组研讨：圆柱斜齿轮减速器中轮系的受力 	讲清与前面所练题目的区别，引导学生思考	积极思考，理论联系实际，及时参与课堂互动	使学生进一步掌握对复杂齿轮系受力情况进行分析的方法
拓展迁移	课后讨论：多级齿轮传动受力分析 	发布讨论内容，要求学生课下自主学习锥齿轮的受力分析	小组合作，自主学习	设计与本课程相关的更深层次的题目，引出下次课的内容，进行知识点的拓展迁移

（续表）

教学环节	教学内容	师生活动		设计意图
		教师	学生	
课堂小结	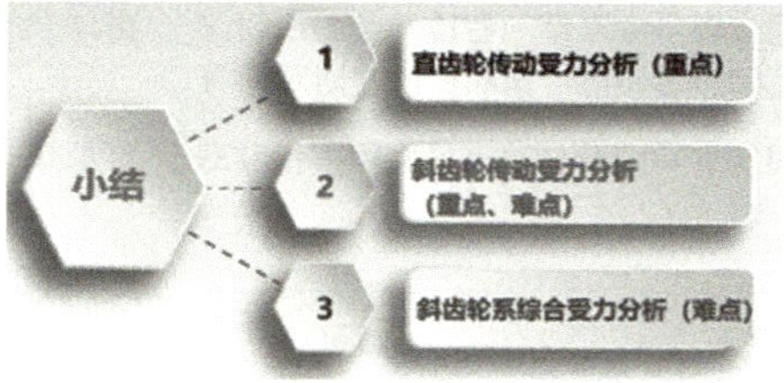	总结课程内容	在教材中标识重点内容	回顾、总结课程内容，加深学生对重难点的理解

（三）课后提升

教学环节	课后任务	师生活动		设计意图
		教师	学生	
课后提升	1. 制作课程内容笔记	提出具体要求，在学习通发布作业	完成课程内容笔记，提交作业	让学生进一步了解所学内容，形成完整知识体系
	2. 完成学习通作业	发布作业题目，批改作业	完成作业并提交	进一步巩固学生对重点内容的学习
	3. 学科热点追踪：绿色能源助力碳达峰、碳中和。结合本课程内容，探讨风力发电机中齿轮箱中齿轮系的特点与作用	发布科技热点追踪任务	收集资料，小组探究	使学生拓宽视野，提升工程素养

4.2 电气工程及其自动化专业课程思政典型教学设计

教学设计 1：电机及拖动基础——三相异步电动机正反转控制电路的设计

★ 教学目标 ★

知识目标	掌握三相异步电动机正反转控制电路的设计思路，理解其工作原理
能力目标	1. 能够设计电路。 2. 能够根据生产机械的工艺要求，设计主电路和控制电路
素养目标	1. 培养自主学习的能力。 2. 培养爱岗敬业、细心踏实、勇于创新、团结协作的职业精神
教学内容	三相异步电动机正反转控制电路的设计

★ 板书设计 ★

三相异步电动机正反转控制电路的设计步骤

三相异步 电动机正转 电路	→	电动机正反转 电路	→	带电气互锁正 反转电路	→	带双重互锁正 反转电路

★ 教学分析 ★

教学重点	重点	三相异步电动机正反转控制电路的设计步骤与工作原理
	对策	1. 通过创设问题情境，调动学生的学习积极性。 2. 给定任务，引导、启发学生自主学习而分步完成，培养学生自主学习和思维创新能力。 3. 开展课程小组任务活动，让学生通过合作探究解决设计过程中的具体问题，加深对正反转控制电路设计的理解

（续表）

教学难点及对策	难点	如何改变三相电源相序，如何实现双重互锁
	对策	1. 利用课件的动态效果，使其趣味化，形象直观地帮助学生更好地理解知识。 2. 在教学过程中进行启发性讲授，引导学生进行探究性的学习。 3. 通过发散思维，举一反三等方式，让学生能够将方法正确应用到实际问题的解决中
优势		★学情分析 1. 已经学过继电器、接触器、熔断器、热继电器、按钮等设计电路所需的自动控制电器。 2. 团队凝聚力较强，易于开展小组活动；思维活跃，善于运用网络进行学习
不足		1. 目标不明确，学法不科学，自控能力较弱。 2. 无法将已学知识应用到实际问题的解决中
教学思想一		★教学思想 选择贴近生活的案例给定任务，配合超星平台信息化手段的使用，融合多种资源，调动学生学习的积极性，让学生看到枯燥学习的另一面，让课堂所讲授的知识有趣、有用
教学思想二		以"职业精神、中国情怀、百年党史"为主线，综合培养学生灵活运用专业理论知识和设计方法，分析和解决实际问题的实践能力，提升学生独立思考的能力，牢固树立规范意识和安全意识，激发学生勇于探索的创新精神，科技报国的家国情怀和使命担当
教学模式		★教学模式—融会贯通 任务驱动—理性思考—学而习之—即时总结
教学手段		★学习方法分析 1. 任务驱动：给定任务，引导，启发学生循序渐进分步完成，培养学生自主学习和思维创新能力。 2. 多媒体辅助：利用课件的动态效果，使其趣味化，形象直观地帮助学生更好地理解知识。 3. 启发引导：在教学过程中进行启发性讲授，引导学生进行探究性的学习。 4. 创设情境：模拟情境，使学生感受任务的重要性
学习方法		1. 分析归纳：通过对任务的分析，归纳出知识要点。 2. 合作探究：以小组为单位讨论学习，树立团队合作意识。 3. 对比观察：通过对比、观察，整合出新的知识内容

（续表）

★教学过程 ★

教学环节	教学内容	预设学生活动	设计意图
课堂导入	问题导入：电动机的正反转控制在生产生活中的应用非常广泛，如机床工作台的上下移动、铣床主轴的正转与反转、起重机吊钩的上升与下降、电动伸缩门的打开与关闭等。在多数情况下，当设备需要做前后、左右、上下来回运动时，就需要用到正反转。那么，如何实现电动机的正反转控制呢？     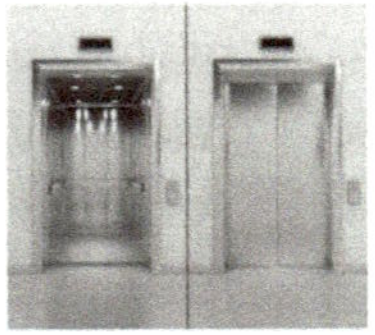 	跟随教师思路，思考电动机的正反转控制是如何实现的	创设情境，引发学生对电动机正反转控制的兴趣，激起求知欲望
任务安排	给定任务：采用继电器、接触器实现对电动伸缩门的电气控制。 控制要求： 大门能开； 大门能关； 开门、关门过程中随时能停止； 开门与关门过程中不用按停止按钮，能直接切换。 设置问题：根据控制要求，明确电动机的功能。 答案预设：正转、反转、停止	学生独立思考，然后提交答案	让学生通过独立思考得到答案，再与他人的答案进行比较，在任何可以获得更好的效果

（续表）

教学环节	教学内容	预设学生活动	设计意图
三相异步电动机正反转控制电路的设计	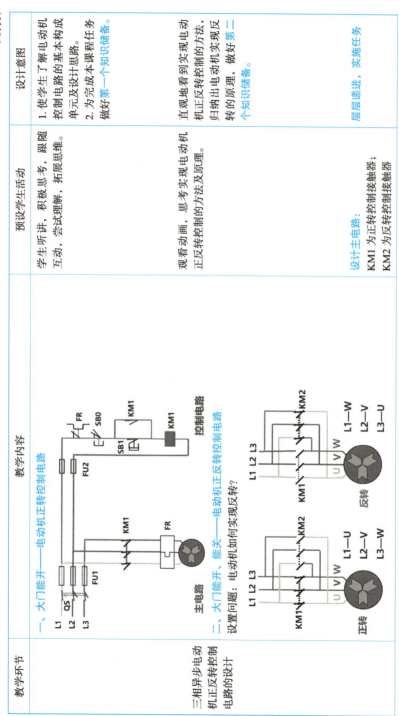 **一、大门能开——电动机正转控制电路** **主电路**　　**控制电路** **二、大门能开、能关——电动机正反转控制电路** 设置问题：电动机如何实现反转？	学生听讲，积极思考，跟随互动，尝试理解，拓展思维。 观看动画，思考实现电动机正反转控制的方法及原理。 **设计主电路：** KM1 为正转控制接触器； KM2 为反转控制接触器	1. 使学生了解电动机控制电路的基本构成单元电路及设计思路。 2. 为完成本课程任务做好第一个知识储备。 直观地看到实现电动机正反转控制的方法，归纳出电动机实现反转的原理，做好第二个知识储备。 层层递进，实施任务

（续表）

教学环节	教学内容	预设学生活动	设计意图
	答案预设：利用两个接触器KM1、KM2，改变电源入电动机的相序可以实现电动机正反转控制。 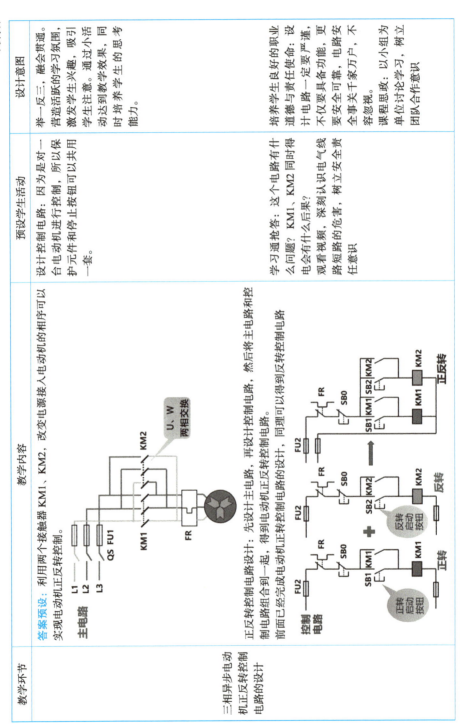	设计控制电路：因为是对一台电动机进行控制，所以保护元件和停止按钮可以共用一套。	举一反三，融会贯通。营造活跃的学习氛围，激发学生兴趣，吸引学生注意。通过小活动达到教学效果，同时培养学生的思考能力。
三相异步电动机正反转控制电路的设计	正反转控制电路设计：先设计主电路，再设计控制电路，然后将主电路和控制电路组合到一起，得到电动机正反转控制电路的设计。前面已经完成电动机正转控制电路的设计，同理可以得到反转控制电路	学习通抢答：这个电路有什么问题？KM1、KM2同时得电会有什么后果？观看视频，深刻认识电气线路短路的危害，树立安全责任意识	培养学生良好的职业道德与责任使命：设计电路一定要严谨，电路不仅要具备功能，更要安全可靠，电路安全关乎千家万户，不容忽视。课程思政：以小组讨论学习，树立团队合作意识

（续表）

教学环节	教学内容	预设学生活动	设计意图
三相异步电动机正反转控制电路的设计	分析电路的工作过程： 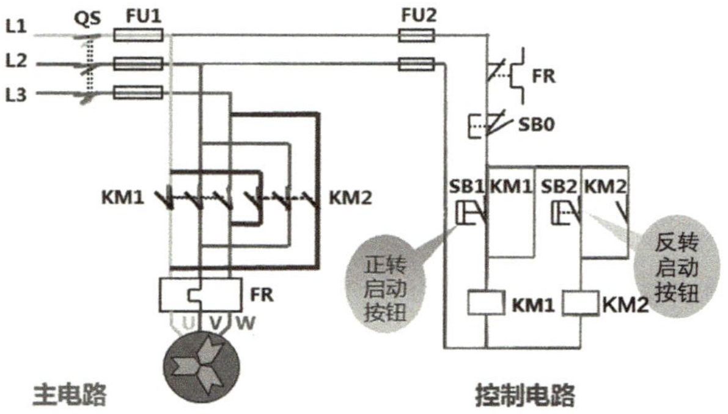 **主电路**　　**控制电路** （正转启动按钮、反转启动按钮） 设置问题：KM1、KM2 同时得电会有什么后果? 答案预设：同时得电会使电源短路。 观看视频 "8·25" 火灾事故原因查明，即电气线路短路引燃周围装饰材料，蔓延成灾。 设置问题：在电路中如何避免 KM1、KM2 同时得电? 答案预设：加入电气互锁。 在 KM1 的线圈电路中串入 KM2 的辅助常闭触点。 在 KM2 的线圈电路中串入 KM1 的辅助常闭触点。	分组讨论在电路中如何避免 KM1、KM2 同时得电，然后提交小组的答案。 课堂提问：这个电路有什么缺点? 认真思考，积极回答问题。 分组讨论：如何实现在开门与关门过程中不用按停止按钮，能直接切换? 小组就问题进行讨论、分析，得出结论，然后提交小组的答案	丰富互动形式，激发学生学习的积极性，鼓励学生发表独特见解，锻炼学生独立思考的能力。 课程思政：教学过程中不断地抛出问题，引导学生积极思考，在不断解决问题的过程中，逐步理解并掌握知识重点。有意识地培养学生发现、分析和解决问题的能力，使其牢固树立规范意识和安全意识，培养学生严谨的工匠精神

（续表）

教学环节	教学内容	预设学生活动	设计意图
三相异步电动机正反转控制电路的设计	加入电气互锁，分析电路的工作过程： 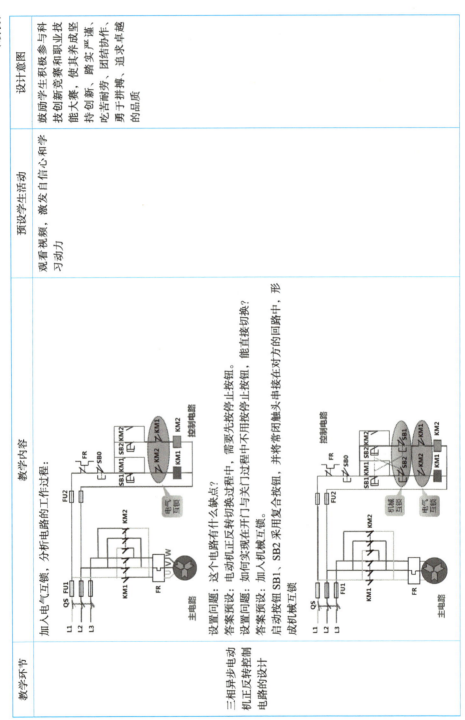 设置问题：这个电路有什么缺点？ 答案预设：电动机正反转切换过程中，需要先按停止按钮。 设置问题：如何实现在开门与关门过程中不用按停止按钮，能直接切换？ 答案预设：加入机械互锁。启动按钮 SB1、SB2 采用复合按钮，并将常闭触头串接在对方的回路中，形成机械互锁。	观看视频，激发自信心和学习动力	鼓励学生积极参与科技创新竞赛和职业技能大赛，使其养成坚持创新、吃苦耐劳、踏实严谨、团结协作、勇于拼搏、追求卓越的品质

（续表）

教学环节	教学内容	预设学生活动	设计意图
三相异步电动机正反转控制电路的设计	 少年工匠，电气装不简单，线路安全第一位，同时还要美观实用 第一步先把安装的 观看视频：少年工匠——电气安装不简单 布置小组任务： 当电动伸缩门完全打开或者完全关闭后，不用按停止按钮也能够自动停止，该如何实现？	观看视频，激发自信心和学习动力	鼓励学生积极参与科技创新竞赛和职业技能大赛，使其养成坚持创新、吃苦耐劳、踏实严谨、团结协作、勇于拼搏、追求卓越的品质
知识与能力拓展	三相异步电动机正反转控制电路的设计步骤： 1. 设计电动机正转控制电路 2. 设计电动机正反转控制电路 3. 加入电气互锁——防止电源短路 4. 加入机械互锁——实现正反转的直接切换	通过查阅资料，进行拓展提升，搜集资料，小组讨论等形式，完成任务	通过小组任务，进行拓展提升，培养学生整合知识、团队协作、勇于创新等能力
小结		对本课程内容进行梳理，掌握每部分需要注意的问题并进行总结	串联知识点，强化记忆，帮助学生对本课程主要教学内容和知识结构进行梳理和总结，培养学生整合知识的能力

（续表）

教学环节	教学内容	预设学生活动	设计意图
布置作业	1. 绘制三相异步电动机双重互锁正反转控制电路图。 2. 进行多地点控制和顺序起动联锁控制电路的设计	1. 巩固知识，能够正确、规范绘制三相异步电动机正反转控制电路图。 2. 能够根据生产机械的工艺要求，设计主电路和控制电路	1. 回顾课堂内容，通过绘制电路图让学生意识到任何事情都要踏实、切勿眼高手低。培养学生严谨细致、一丝不苟、精益求精的大国工匠精神。 2. 让学生自主学习资料，培养其自主学习能力，同时对课堂讲解的案例举一反三，进行实践，更好地达成学习目标

教学设计 2：电气控制与 PLC——交通信号灯的 PLC 控制

★ 课程信息

授课专业	电气工程及其自动化	授课时数	2 课时
授课地点	电子电气专业实验室	授课形式	讲授 + 实验
教材分析	1. 为匹配学校实验室西门子 S7-200 型号的 PLC（Programmable Logic Controller，可编程逻辑控制器），采用机械工业出版社黄永红主编的《电气控制与 PLC 应用技术（第 2 版）》。教材为"十二五"普通高等教育本科国家级规划教材。 2. 教材包含电气控制与 PLC 应用技术两部分内容：主要内容包括低压电器的结构、工作原理和选用方法，三相异步电动机的起动、调速、制动等基本电气控制电路，PLC 的基本组成及工作原理，基本指令及其应用实例，控制系统设计内容和步骤等。重点内容为西门子 S7-200 PLC 的系统配置与接口模块，实例介绍由浅入深，在工程应用中可参考使用。 3. 紧扣当前教学需求和工程实际，在内容组织上安排了大量典型应用实例，由易到难、循序渐进，以便学生更好地理解利应用		

（续表）

课程资源	1. 本课程被评为校级一流课程，线上资源地址：超星学习通现代电气控制技术（网址略）。 2. 中国大学 MOOC，相关课程资源较多

★学情分析

优势	1. 教学对象为专升本二年级学生，学生已经完成电机及拖动基础、电子技术、传感器与检测技术等专业课的学习，具备简单电气控制系统安装调试、电气原理图识图与绘图、调试运行等完成综合项目的实训、工作的知识、技能基础。 2. 学生喜欢动手操作，对实用技术、技能运用技术比较感兴趣，尤其是在参观过工厂之后，对自动化生产设备、机器的控制很感兴趣；团队合作意识较强，学习氛围较好，并且有多人参加过技能竞赛，知识、技能基础好，可以起到较好的带头作用，更好地分组开展项目实训教学
不足	1. 部分学生基础较差，缺乏主动性，需要在教师、组长的督促、协助下才能完成一定工作任务，良好的学习、工作习惯仍需要培养 2. 个别学生编程能力较弱导致积极性不高，无法将所学知识正确应用到实际中，在今后的教学中应注重对这些学生的培养

★教学目标

知识目标	1. 掌握将并行结构的 SFC（Sequential Function Chart，顺序功能图）转换成梯形图的方法。 2. 掌握并行结构的 SFC 的编程方法。 3. 掌握交通信号灯 PLC 控制系统的设计、安装与调试方法
能力目标	1. 能独立进行交通信号灯的调试、运行。 2. 能解决解决实际工程中的相关问题
素养目标	1. 培养独立思考、合作等良好的职业精神。 2. 提高规范操作、团队协作的意识

★ 教学内容分析

教学内容分析	交通信号灯的 PLC 控制，是 SFC 应用的典型案例。SFC 适用于工业控制中有顺序控制的过程，也就是生产过程中按工艺要求事先安排的顺序自动地进行控制。SFC 清晰、明了、规范，可读性强，尤其适合初学者和不熟悉继电器控制系统的人员运用。交通信号灯控制系统采用并联结构的 SFC，要求学生掌握并行结构的 SFC，能把 SFC 转换成梯形图，并能进行硬件接线、调试运行，培养解决实际工程中的相关问题的能力

★ 课程思政

课前	交通信号灯的作用是提醒人们必须遵守交通规则，时刻保持安全意识。道路交通信号灯也是社会道德、社会秩序的一种表现。遵守规则，遵守规则，文明出行是每一个公民的社会责任
课中	如果交通信号灯因质量问题不能正常工作，将导致交通拥堵甚至瘫痪，行人也无法穿过马路，影响人们的日常生活。由此可见，在设计电路的时候，一定要牢记质量第一的原则，用 SFC 编写 PLC 程序，细节要考虑周全，做到稳定可靠。调试验证结果正确，任何理论的推导，方案设计都必须经过实验的验证。作为未来的科技工作者，一定要培养严谨认真、精益求精的职业素养和工匠精神
课后	了解人生就像红绿灯，在前往目的地之前我们都会遇到很多红绿灯，可能一直都是绿灯。红灯停，绿灯行，红灯总会过去的，绿灯总会来。人生也是一样，人生也是一样，中途会遇到很多的障碍或者阻力，但是它并不妨碍你将怀着希望障碍只会让你变得更好并再次去冲刺。所以，我们绝对不要轻易放弃，不管遇到什么难关只要努力就有希望

★ 教学分析

教学重点及对策	重点	掌握并行分支与汇合的编程方法
	对策	1. 通过创设问题情境，调动学生的学习积极性。 2. 使用互动活动，引导学生加强对交通信号灯的控制系统的程序设计思路的理解。 3. 开展课程小组任务活动，加深对并行结构的 SFC 设计思路的理解
教学难点及对策	难点	交通信号灯 PLC 程序设计、调试运行
	对策	1. 通过教师讲解、举例、实践练习等，使学生理解、掌握并行结构的 SFC 转换成梯形图的方法和并行结构的 SFC 的编程方法。 2. 通过发散思维，举一反三的方式，让学生能够将应用方法正确应用到实际问题的解决中

★教学资源和工具设计

教学资源	1. S7-200 编程软件 STEP 7 MicroWIN V4.0 SP9 及仿真软件。 2. JPSM 实验箱实训装置 15 套，配套 15 台计算机用于编程、仿真和上网查询资料。 3. 课前根据教学内容发布自主学习任务单至学习通、QQ 群。 4. 在学习通发布主题讨论。 5. 学习通资源包括学习视频、多媒体课件、课后测试题等
信息化手段	1. 超星网络教学平台：现代电气控制技术。 2. 交通信号灯控制系统实验项目接线图及调试过程视频。 3. 利用编程软件现场演示编程过程。 4. 线上学习交流平台：学习通、QQ 群。

★教学方法

学法	1. 自主式学习：根据学习通下发的自主学习任务单，查找资料自主学习。 2. 探究式学习：课中完成主题讨论、探究环节，加深理论认知。 3. 小组学习：分组学习，明确自己的任务和职责。
教法	1. 任务驱动式教学：拟定任务书创设典型生活实例的情境，使学生工学结合，提高学习的兴趣、积极性、主动性，引导学生从"被动学习"向"主动学习"转变。同时，使学生对任务、项目的实施流程、典型工作岗位的职业技能、职业意识，使技能培养具有系统性和整体性。 2. 工学一体化教学：让学生边学边做，使学习更充实与快乐。使学生在小组合作学习中，互相交流促进，增强合作意识。 3. 启发式教学：利用任务书的任务驱动、行动导向，让学生对自己要"做什么"有清楚的认识；以学生为主体，对其进行引导，指导、协助，评估、评价等，"教学做一体"，让学生利用头脑风暴法小组讨论、团队协作，查找资料、相互督促、检查、评价等方式，解决"怎么做""做得怎么样"的问题，让学生"学中做""做中学"，同时提高自主学习能力

★教学实施过程

教学环节	教学内容	预设学生活动	设计意图
课前准备	1. 教师在学习通上发布自主学习任务单，并督促学生观看“6.2 交通信号灯控制”学习视频进行课前学习。 2. 在学习通上发布主题讨论：查找资料了解现实中的交通信号灯如何实现控制。 3. 将学生分为六组，要求小组成员共同讨论某个问题或案例，提出自己的见解和解决方案	1. 在学习通查看任务清单，观看学习视频，并完成预习笔记。 2. 通过查找资料，了解现实中交通信号灯的控制过程	1. 利用自主学习任务单为学生自主学习提供指导。 2. 让学生查找资料，使其形成交通信号灯控制系统的设计思路
课堂导入	1. 问题导入：假如道路上没有交通信号灯，世界将变成什么样子？实际生活中交通信号灯是如何实现控制的？如果用所学的 PLC 知识完成？ 2. 用 PLC 实现交通信号灯控制，东西路口和南北路口的灯是相互配合共同作用的，所以可以用并行结构的 SFC 编写程序	1. 观看视频，思政自省。 2. 参与课堂互动，回顾已学知识，明确学习任务。 3. 跟随教师思路，用 PLC 实现交通信号灯的控制	1. 创设情境，引起学生对交通信号灯 PLC 控制的兴趣，激起求知欲望，引入正课。 2. 引导学生遵守交通规则、文明出行
明确任务	交通信号灯的 PLC 控制过程。 1. 按下启动按钮 SB1，交通信号灯开始工作。 2. 系统周而复始地循环，直到按下停止按钮 SB2 为止 3. 系统运行的控制时序图如下图所示 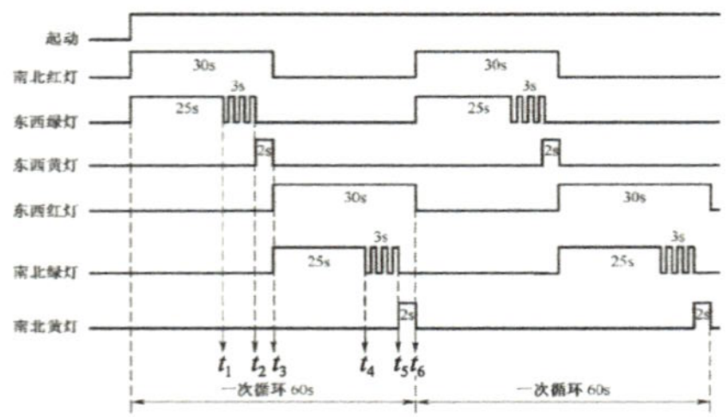 设置问题 1：复述交通信号灯的控制过程。 设置问题 2：根据控制要求，明确交通信号灯的 PLC 控制采用什么设计方法。 答案预设：顺序控制	1. 观察波形图，以小组为单位，讨论交通信号灯的工作过程，并复述工作过程。 2. 独立思考，然后提交答案	1. 小组讨论，帮助学生了解控制过程，厘清编程思路。 2. 让学生独立思考后得到答案，再与他人的答案进行比较，往往可以获得更好的效果

（续表）

教学环节	教学内容	预设学生活动	设计意图
相关知识	1. 并行结构。 三要素。 （1）状态分配。 将控制系统的工作周期划分为若干个顺序相连的阶段。 （2）状态输出。 明确每个状态的负载驱动与功能。 （3）状态转移。 明确状态转移的条件和方向	1. 回顾 SFC 的三要素，回答并行结构的 SFC 分支处和汇合处是什么。 2. 认真听讲，尝试理解，拓展思维	1. 点评学生的回答，加深学生对并行结构的 SFC 的结构特点、工作特点的理解。 2. 课程思政：此处从顺序结构的工作特点，引申出：做学问、不可能一蹴而就，必须循序渐进，经过长期的探索和追求，才能有所成就
	2. 并行结构 SFC 转换成梯形图的方法。 （1）集中处理状态转移。 对分支处的转移状态进行处理。 对汇合处的转移状态进行处理。 （2）集中对负载进行处理。 设置问题：如何处理并行 SFC 分支处的状态转移？ 答案预设：分支前状态满足转移条件时，同步转移至各分支后各状态	1. 跟随教师的思路，找出问题的关键点，参与课堂互动。 2. 掌握分支、转移方法	1. 让学生掌握本课程重点内容之一：如何由并行结构的 SFC 转换成梯形图？ 2. 通过提问，让学生积极互动，加深对重点内容的了解

79

（续表）

教学环节	教学内容	预设学生活动	设计意图
巩固练习	把以下 SFC 转换成梯形图，提交到学习通 （梯形图/SFC 结构图）	根据前面所讲的知识点举一反三，独立做练习，提交至学习通	在学习通发布随堂练习，根据学生提交的答案，当堂讲评，让学生掌握如何将行结构的 SFC 转换成梯形图
任务实施	交通信号灯控制系统任务实施。 1. 根据控制要求，确定系统的输入输出信号	以小组为单位，根据控制功能分析系统的输入输出信号都有哪些	输入输出信号的分配是任务实施第一步，让学生分组讨论，发挥学生的主动性，提升学生团队合作与分析和解决问题的能力

输入输出信号表：

输入			输出		
输入继电器	输入元件	作用	输出继电器	输出元件	作用
I0.0	SB1	启动	Q0.1	绿灯	东西绿灯指示
I0.1	SB2	停止	Q0.2	黄灯	东西黄灯指示
			Q0.3	红灯	东西红灯指示
			Q0.4	红灯	南北红灯指示
			Q0.5	绿灯	南北绿灯指示
			Q0.6	黄灯	南北黄灯指示

（续表）

教学环节	教学内容	预设学生活动	设计意图
任务实施	2. 程序设计 思路如下。 （1）分析时序图，分若干个时间区段，确定各区段的时间，找出区段间的分界点。 （2）弄清楚各区段驱动的输出信号。 （3）弄清楚各输出信号状态的转换条件。 （4）确定 SFC 的结构形式及分支数 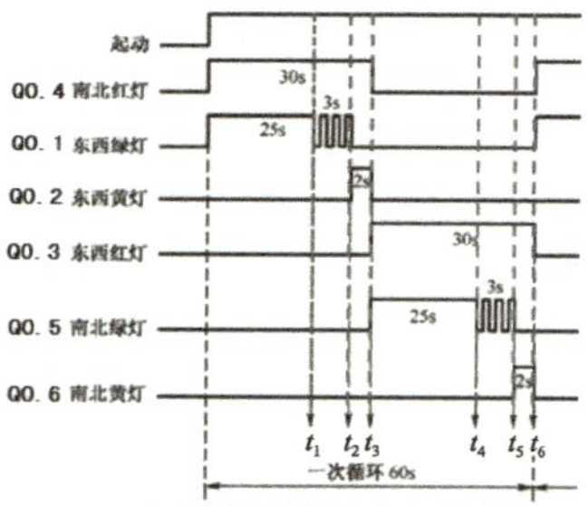 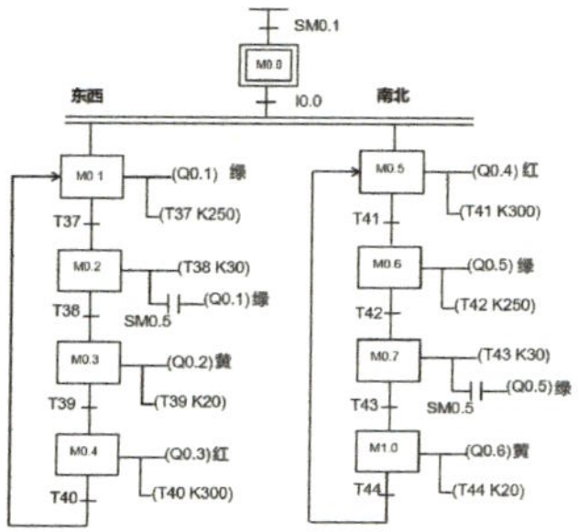 	1. 主动思考，分析时序图，能够叙述交通信号灯 PLC 控制的设计步骤。 2. 小组讨论如何设计 SFC，分析编程思路。 3. 依据 SFC 的三要素思考编程思路。 4. 以小组为单位，在计算机上完成编程	1. 通过问题引导学生自主思考如何从时序图上分析构成 SFC 的流程图，应该用什么结构的 SFC、分支数是多少，让学生掌握并行结构 SFC 的编程思路。 2. 培养学生理论联系实际的工作作风，提升学生分析和解决问题的能力以及语言表达能力。 3. 使学生理论和实际相结合，深化对知识点的理解。 4. 使学生在设计电路的时候，牢记质量第一的原则，用 SFC 编写 PLC 程序，细节要考虑周全，做到稳定可靠，调试验证结果可信，严谨认真，精益求精的职业素养和工匠精神

81

（续表）

教学环节	教学内容	预设学生活动	设计意图
任务实施	3. 硬件接线 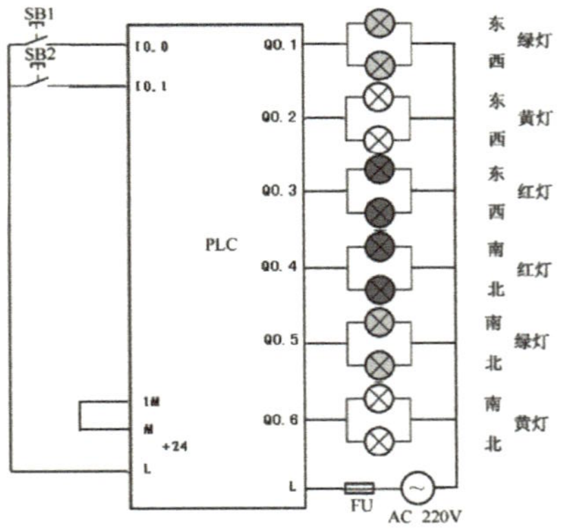 思考： 为什么每个输出点驱动2个灯？ 4. 调试运行 PLC与计算机通信调试—下载程序—调试运行	1. 以小组为单位，设计硬件接线图并在实训设备上接线。 2. 小组成员互查直接接线是否正确。 3. 思考问题，小组成员代表回答问题 1. 进行PLC与计算机通信调试，设置通信端口。 2. 独立把程序下载到PLC。 3. 根据控制功能调试程序，如有错误，先尝试自己独立修改、调试	1. 锻炼学生独立实践，排除硬件故障的能力。 2. 对各组学生进行巡回指导，在学生出错时及时提醒、纠正 在学生动手操作时，教师要检查学生实习位置、操作方法等是否正确，如有不正确应及时纠正，让学生遵守操作规范
能力拓展	布置小组任务：按照控制要求，采用单流程的SFC	先独立思考，然后与小组同学讨论、分析问题	通过小组任务，加深学生对本课程内容的理解

（续表）

教学环节	教学内容	预设学生活动	设计意图
课堂小结	并行结构的 SFC 设计方法如下。 （1）明确各输入、输出信号个数并分别进行分配。 （2）分析时序图，分若干个时间区段，确定各区段的时间，弄清楚各输出信号的状态及转换条件。 （3）明确并行结构 SFC 的分支数。 （4）编写 SFC。 （5）硬件接线，调试运行。 对实验操作的具体情况进行总结	1. 对本课程内容进行梳理，并掌握每部分需要注意的问题。 2. 按文明生产要求要清扫现场和做好仪器仪表、工具的维护，清点元器件的数量，计算机关机等	1. 串联知识点，帮助学生强化记忆，对本课程主要教学内容和知识结构进行梳理和总结。 2. 使学生在生产实习中规范操作，切实掌握本课程的重点内容
布置作业	1. 制作课程内容笔记。 2. 完成学习通作业。 3. 完成实验报告	完成课程内容笔记，提交作业	让学生通过整理学习笔记，培养自主学习能力，同时对课堂讲解的案例举一反三，进行实践，更好地达成学习目标

教学设计3：单片机原理与应用——定时/计数器 -10 秒倒计时

★ 课程信息

授课专业	电气工程及其自动化	授课时数	2
授课地点	实验室	授课形式	线下
教材分析	1. 选用教材 （1）选用林立、张俊亮主编的"十一五"普通高等教育本科国家级规划教材《单片机原理及应用（C51 语言版）》。 （2）教材以 51 单片机为研究对象，分析了微控制器的资源结构，讲述了单片机系统开发方法及各中断源的功能与应用，剖析了接口电路设计及程序设计算法。 （3）本节课程内容是上一节课程内容的自然延续，即立足于学生初步了解了中断基础知识。 2. 教材处理 （1）根据教材内容，设计项目任务，以实际应用为主线，"学做一体"。 （2）将每个项目任务的专业知识和技能整合在实践内容中。		
课程资源	本课程被认定为山东省一流本科课程，校级课程思政示范课程。本课程使用的课程资源如下。 1. 自建在线开放课程单片机原理与应用（网址略）。 2. 多媒体课件、网络视频与新闻图片		

★ 学情分析

优势	1. 授课对象是专升本学生，在专科阶段已系统学习过电子技术相关课程，具备一定的专业基础知识。 2. 学生此前已经较好地掌握了数码管显示和中断的基本知识，并会运用中断解决问题，团队凝聚力强，易于开展分组活动。 3. 学生喜欢动手操作，对于本课程的学习积极性较高，思维活跃，有探究问题的能力和意识

★ 教学目标

知识目标	1. 理解定时 / 计数器的结构与工作原理。 2. 掌握定时 / 计数器的方式寄存器和控制寄存器。 3. 掌握定时 / 计数器的初始化设计方法
能力目标	1. 能利用定时 / 计数器进行简单的任务设计。 2. 能结合 Keil 和 Proteus 等开发工具解决实际问题
素养目标	1. 培养求真务实的品质、创新思维、团队合作能力和精益求精的工匠精神。 2. 激发使命担当的责任意识、爱国情怀、民族自豪感。 3. 树立正确的价值观，养成不浪费、勤俭节约的品德

★ 教学分析

教学重点 及对策	重点	1. 定时 / 计数器的结构和工作原理。 2. 利用定时 / 计数器进行系统设计的思路和流程
	对策	1. 通过情景导入，调动学生的学习积极性。 2. 给定任务、引导，启发学生循序渐进分步完成，培养学生自主学习和思维创新能力。 3. 通过问题导向，激发学生深入思考，引导学生进行探究性的学习
教学难点 及对策	难点	如何利用仿真软件完成倒计时系统设计
	对策	1. 开展课程小组任务活动，通过合作探究解决设计过程中的具体问题，加深对倒计时系统设计的理解。 2. 通过"学做一体"，引导学生思考，应用所学知识解决实际问题，做到学以致用。 3. 开展学生作品展示活动，让学生讲述设计思路，通过分享学观点实现知识升华。 4. 通过拓展任务，加深学生对本课程内容的理解

★ 教学理念

课程秉承"学生中心、德能并重、多方协同、创新发展"的教育理念，依托虚拟教研室，开发基本涵盖本课程所有知识点的八个项目（19 项任务）。以教师和学生作为教学活动的"双主体"，构建"项目+任务+课程思政"的三要素教学模式，采用课前、课中、课后"三段联动"，知识主线，课前、课中、课后"全过程育人"能主线、素养主线"三线融合"的课程思政育人模式。

★ 教学策略与课程思政

结合超星平台信息化手段的使用，融合多种资源，合理应用任务驱动法、翻转课堂等教学方法，调动学生学习的积极性，解决倒计时时设计的问题，将育人贯穿课堂教学全过程。

1. 课前准备

推送课程资源和香港回交接仪式视频片段，开展主题讨论，培养学生的自主探究、独立思考的能力，增强家国情怀。

2. 课中实践

课中进行理论知识强化学习和科技能精炼，详细设计知识点或技能点所蕴含的思政元素。通过情景导入任务呈现——头脑风暴思政融入——问题导向任务分析——合作探究任务实施——作品展示任务评价——归纳总结拓展升华等环节开展教学，将价值塑造潜移默化地融入教学。

通过神舟飞船倒计时 10 秒视频导入课程实施，加深学生对"团结协作有助于提高工作效率"的认同，培养学生的团结协作精神；

通过项目任务的小组互助，使学生学会做人做事，培养其严谨认真、吃苦耐劳的职业素养和精益求精的工匠精神；

通过解决问题、实施项目，使学生会做项目，增强其责任意识和创新意识，养成不浪费、勤俭节约的品德；

通过引脚问题，使学生树立正确的价值观，勤俭节约的品德；

通过分析一行代码编写不规范引发的 Ariane 5 运载火箭升空爆炸事故，使学生牢固树立安全意识，塑造求真务实，脚实严谨的品质。

3. 课后拓展

学生完成拓展任务，培养其科学思维、创新能力；
推送学科前沿热点，拓宽学生视野，提升工程素养

★ 教学过程

教学环节	教学内容	设计意图
课前准备	推送课程资源和香港回归交接仪式视频片段 发布讨论话题： 1. 对于这段视频有何感想？ 2. 如果要用单片机来设计一个时钟系统，该如何实现？	1. 通过回顾香港回归倒计时升旗仪式的激动时刻，了解香港回归交接仪式背后"一秒之争"的故事，增强爱国主义情怀。 2. 查阅资料，思考如何通过单片机设计精确的时钟系统，激发学生的探索精神
课堂导入	播放神舟飞船发射倒计时 10 秒视频片段，链接我国航空航天事业发展 思考： 1. 你了解中国空间站的那些事儿和中国航天员的那些热血故事吗？ 2. 对于"神舟十六号"有何感想？ 3. 如何用单片机设计一个 10 秒倒计时系统？	通过新闻图片、视频片段等情景导入，通过问题引入本课程教学问题，增强学生的家国情怀、民族自豪感，引导学生树立"科技创新，强国有我"的中国梦，激发学生的探索精神
任务设置	给定项目目：利用单片机设计一个时钟控制系统。 确定子任务：以 AT89C51 单片机（以下简称 51 单片机）为控制核心，设计 10 秒倒计时系统，并通过仿真验证设计成果。 设置问题： 要设计时钟控制系统，需要用到单片机的哪些部分？ 学生独立思考、讨论，然后提交答案	采用项目目引领、任务驱动的教学方法，让学生带着任务、问题去学习，增强学习的目的性。 让学生独立思考后得到答案，再与他人的答案进行比较，从而获得更好的效果

（续表）

教学环节	教学内容	设计意图
定时/计数器基础知识讲解	1. 定时/计数器的结构和工作原理 51单片机定时/计数器的结构图如下图所示。 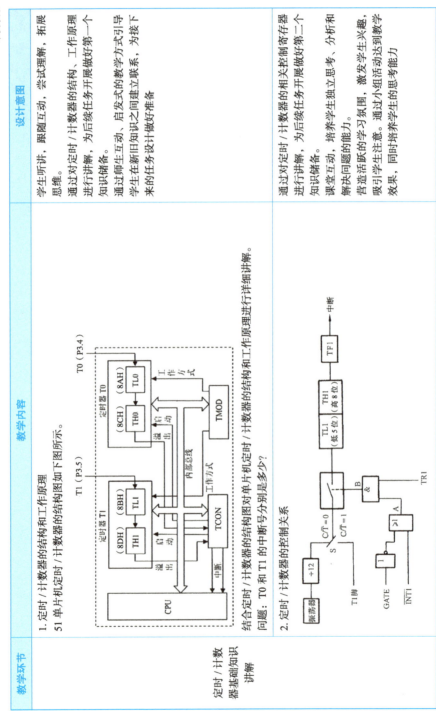 结合定时/计数器的结构图对单片机定时/计数器的结构和工作原理进行详细讲解。 问题：T0和T1的中断号分别是多少？ 2. 定时/计数器的控制关系	学生听讲、跟随互动、尝试理解、拓展思维。 通过对定时/计数器的结构、工作原理进行讲解，为后续任务开展做好第一个知识储备。 通过师生互动、启发式的教学方式引导学生在新旧知识之间建立联系，为接下来的任务设计做好准备。 通过对定时/计数器的相关控制寄存器进行讲解，为后续任务开展做好第二个知识储备。 课堂互动，培养学生独立思考、分析和解决问题的能力。 营造活跃的学习氛围，激发学生兴趣，吸引学生注意。通过小组活动达到教学效果，同时培养学生的思考能力。

（续表）

教学环节	教学内容	设计意图
定时/计数器基础知识讲解	类似于中断系统需要在特殊功能寄存器的控制下工作一样，定时/计数器的控制也是通过特殊功能寄存器进行的。 （1）TMOD——定时/计数器方式控制寄存器 表A 表B 注意：T1只有3种工作方式（T0的方式3中占用了T1的部分资源）。 练习：利用T1的工作方式1控制定时，T1启动不受外部脉冲控制，TMOD如何赋值？ 通过学习通发起抢答活动。 （2）TCON——定时/计数器控制寄存器 表C 注意： 系统上电默认认值为 TCON = 0，则默认认状态应为： TR0和TR1均为关闭状态，电平触发方式，没有 0#～3# 中断请求 通过学习通发起抢答：启动定时器T1的语句怎么写？	通过对定时/计数器及其相关控制寄存器进行讲解，为后续任务开展做好第二个知识储备。 课堂互动，培养学生独立思考、分析和解决问题的能力。 营造活跃的学习氛围，激发学生兴趣，吸引学生注意。通过小组活动达到教学效果，同时培养学生的思考能力

表A（TMOD）

D7	D6	D5	D4	D3	D2	D1	D0
GATE	C/$\overline{T}$	M1	M0	GATE	C/$\overline{T}$	M1	M0
	T1				T0		

表B

M1	M0	操作方式	功能
0	0	方式0	13位计数器
0	1	方式1	16位计数器
1	0	方式2	可自动装初值的8位计数器
1	1	方式3	T0分为2个8位计数器，T1停止计数

表C（TCON）

8FH	8EH	8DH	8CH	8BH	8AH	89H	88H
TF1	TR1	TF0	TR0	IE1	IT1	IE0	IT0
	定时器控制位				外部中断控制位		

（续表）

教学环节	教学内容	设计意图
定时/计数器基础知识讲解	3. 计数初值的计算 问题：51单片机的定时/计数器是加1计数器，16位加法计数器，FFFF后计满溢出；如何实现不同的定时时间？ 初值　　　后加入值：400 加400mL水后水杯装满，水杯内水的初值是多少？ 分析：略。 总结：为定时/计数器设置不同的初值，就可以得到不同的定时时间。 计数初值X的计算方法： （以方式1为例） 计数方式：$X = 2^{16} -$ 计数值 定时方式：$X = 2^{16} -$ 定时值 / T（机器周期） 4. 定时/计数器的初始化设计 （1）配置TMOD，选择工作方式； （2）给定时/计数器赋初值（常用的初值计算公式）； （3）开放中断（采用中断方式时）； （4）启动定时/计数器。 练习：利用定时/计数器T1工作方式1，实现50ms延时，试进行初始化设计	通过问题导向，激发学生深入思考，进一步引出定时/计数器初始值的计算方法，为后续任务做好第三个知识储备。 以水杯加水举例说明计数初值的计算方法，便于学生理解 举一反三，融会贯通。 通过课堂练习发挥学生的主动性，使学生提升分析和解决问题的能力

（续表）

教学环节	教学内容	设计意图
控制系统设计	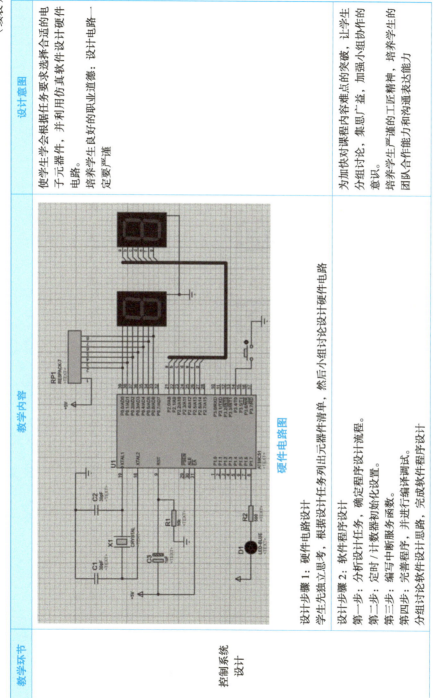 **硬件电路图** 设计步骤 1：硬件电路设计 学生先独立思考，根据设计任务列出元器件清单，然后小组讨论设计硬件电路 设计步骤 2：软件程序设计 第一步：分析设计任务，确定程序设计流程。 第二步：定时 / 计数器初始化设置。 第三步：编写中断服务函数。 第四步：完善程序，并进行编译调试。 分组讨论软件设计思路，完成软件程序设计	使学生学会根据任务要求选择合适的电子元器件，并利用仿真软件设计硬件电路。 培养学生良好的职业道德：设计电路—定要严谨 为加快对对课程内容难点的突破，让学生分组讨论、集思广益，加强小组协作的意识。 培养学生严谨的工匠精神，培养学生的团队合作能力和沟通表达能力

91

（续表）

教学环节	教学内容	设计意图
控制系统设计	设计步骤3：仿真调试及结果呈现 以简单的任务设计为例，展示仿真效果，并让学生根据自己的设计方案完成一个完整的设计过程 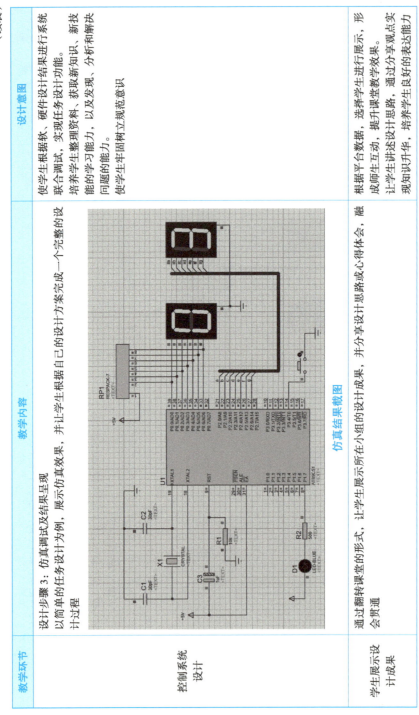 仿真结果截图	使学生根据软、硬件设计结果进行系统联合调试，实现任务设计功能。 培养学生整理资料、获取新知识、新技能的学习能力，以及发现、分析和解决问题的能力。 使学生牢固树立规范意识
学生展示设计成果	通过翻转课堂的形式，让学生展示所在小组的设计成果，并分享设计思路或心得体会，融会贯通	根据平台数据，选择学生进行展示，形成师生互动，提升课堂教学效果。 让学生讲述设计思路，通过分享观点落实知识升华，培养学生良好的表达能力

（续表）

教学环节	教学内容	设计意图
知识与能力拓展	1. 提出问题：在上述任务中，显示"10"需要用到 2 个独立的数码管，两组并行端口可以分别显示 2 个数字，若显示 5 位数字，是否要用 5 个数码管？51 单片机的输入输出口仅有 4 个，怎么去来制 5 个数码管？ 进而提出：如何节约数码管和引脚？ 提出思政要素：习近平总书记在十八届中共中央政治局第六次集体学习中提出"要大力节约集约利用资源""大幅降低能源、水、土地消耗强度"。资源短缺不仅是国内问题，更是全球面临的共同难题，我们应该在平时生活中厉行节俭、节约用水、用电、节约粮食，为社会的可持续发展贡献一份力量。 2. 任务拓展：修改、完善电路和程序，用更少的引脚完成任务	通过层设设问，引导学生思考，应用所学知识解决实际问题，培养学生的逻辑思维能力。 使学生树立正确的价值观，养成不浪费、勤俭节约的品德。 通过拓展任务，加深学生对本课程内容的理解。 通过讨论和观点分享，使学生培养良好的沟通能力和表达能力，在今后工作中能够与同行及其他专业人员进行有效的沟通、交流
课堂小结	1. 课堂知识点归纳总结。 2. 部分同学编写程序不认真，考虑不周全，导致无法显示正常结果。通过一行代码编写不规范引发的 Ariane 5 运载火箭升空爆炸事故，使学生牢固树立安全意识，塑造求真务实、踏实严谨的品质 Ariane 5 运载火箭升空爆炸事故新闻图片	串联知识点，强化学生记忆。 使学生牢固树立安全意识，求真务实、踏实严谨

（续表）

教学环节	教学内容	设计意图
课后拓展	**电子时钟的秒显示设计** 结合本课程任务的设计思路，课后收集资料，思考如何实现 24 小时电子时钟的秒显示功能：当定时时间达到 1 秒时，秒变量加 1；达到 59 秒后，定时时间再次达到 1 秒，则秒变量清零 	让学生通过调研搜集信息完成课后拓展任务，培养自主学习能力、科学思维、创新能力，同时对课堂讲解的案例举一反三，进行实践，以更好地达成学习目标

4.3 电子信息工程专业课程思政典型教学设计

教学设计 1：信号与系统——连续时间 LTI 系统的响应

★教学目标 ★

知识目标	1. 掌握卷积积分的计算。 2. 理解卷积积分的应用。 3. 掌握卷积积分的通历加权和的思想、混响的模拟实践

（续表）

能力目标		通过理论和实践教学，从质疑、验证等活动中，培养学生发现问题，提出假设，设计实验，解决复杂问题的能力
素养目标		结合专业特色，渗透课程思政，培养科技报国的理想；加强课程实践，培养精益求精的科学精神，高阶创新能力，引领全面发展

★ 教学分析 ★

教学内容		卷积积分
教学重点及对策	重点	卷积积分的计算
	对策	1. 通过创设问题情境，调动学生的学习积极性。2. 使用互动活动，引导学生加强对卷积积分的计算的理解
教学难点及对策	难点	卷积积分的应用
	对策	1. 通过教师讲解、举例、实践练习等，使学生理解卷积积分的应用。2. 通过发散思维，举一反三的方式，让学生能够将方法正确应用到实际问题的解决中

★ 学情分析 ★

优势		1. 学生团队凝聚力强，易于开展小组活动；思维活跃，善于运用网络。2. 本课程使用贯穿整个学习过程的项目式教学，学生有较高的学习主动性和积极性
不足		已掌握单独的知识点，但信号与系统的整体思路不够清晰

★ 教学思想 ★

教学思想一		弱化公式推导，侧重原理分析，自然融入课程思政，通过深度互动式教学，实现教学目标。课堂从问题引入，公式推导、意义解读，多处渗透课程思政，实现润物无声的价值引领
教学思想二		选择贴近生活的案例，配合超星平台信息化手段的使用，融合多种资源，调动学生学习的积极性，让学生看到枯燥学习的另一面，让课堂所讲授的知识有趣、有用

（续表）

教学模式	★教学模式及手段★
	场景重现—理性思考—学而习之—即时总结—融会贯通
教学手段	1. 场景重现：用典型生活实例引入问题。 2. 理性思考：列举数据，深入剖析，讲解问题实质。 3. 学而习之：融入学科实例，实现问题论证。 4. 即时总结：总结问题实质，实现德融教育。 5. 融会贯通：引入头脑风暴等形式，拓展问题应用，实现认知升华。

教学环节	★教学过程★		
	教学内容	预设学生活动	设计意图
课堂导入	以常见的室内声学应用场景，如教室、会议室、音乐厅等，引出室内混响声学，即音在室内传播时，从声源到信号接收者（如人耳或传声器）会经过不同的途径，包括直达声、反射声、折射声等。传声器接收到的声音信号用于后续的声音信号处理，如声音识别、声音分离等。那么，如何计算传声器接收到的信号呢？ 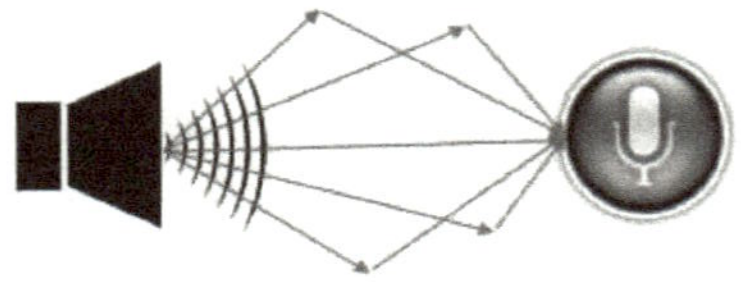 解决问题的思路：对于室内声音的传播可以建立一个室内声场模型，从声源到传声器的路径是室内声道，把室内声道当作一个系统，简单的情况为一个LTI系统，将声源当作输入信号，传声器接收到的信号则是输出信号，如下图所示。 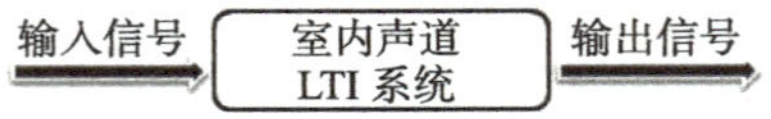 输入信号 → 室内声道 LTI系统 → 输出信号	给出相应回答，能够说出直达声、反射声、折射声等	用生活实例引入问题，引起学生问题，引起学生的学习兴趣

（续表）

教学环节	教学内容	预设学生活动	设计意图
卷积积分的概念	**知识点一：卷积积分的概念** 若输入信号为 x(t)，连续时间 LTI（Linear Time-Invariant，线性时不变）系统的冲激响应为 h(t)，则系统的零状态响应 $y_{zs}(t)$ 为 $$y_{zs}(t) = x(t) \cdot h(t) = \int_{-\infty}^{\infty} x(\tau)h(t-\tau)\mathrm{d}\tau$$ 由此可见，连续时间 LTI 系统的零状态响应是输入信号与系统冲激响应的卷积积分，说明了信号与系统在时域相互作用的机理	了解卷积积分的概念，弄清楚零状态响应的求解方法	系统的响应由零输入响应和零状态状响应构成，同时卷积积分是求解零状态响应的基本公式，这里作为知识的衔接
卷积积分的计算	**知识点二：卷积积分的计算** • 解析方法：直接按照卷积积分的表达式进行计算。 $$y(t) = x(t) \cdot h(t) = \int_{-\infty}^{\infty} x(\tau)h(t-\tau)\mathrm{d}\tau$$ 例：计算 $x(t) \cdot h(t)$，$x(t)=\mathrm{e}^{-t}u(t)$，$h(t)=u(t)$ • 图形方法。 用图形法计算卷积积分的步骤如下。 （1）将 x(t) 和 h(t) 中的自变量由 t 改为 τ。 （2）将其中一个信号翻转得 h(-τ)，再平移 t 得到 h(t-τ)。 （3）将 x(τ) 与 h(t-τ) 相乘，对乘积后信号进行积分。 （4）不断改变平移量 t，分别计算 x(τ)h(t-τ) 的积分。 用动画演示卷积积分的具体过程，同时对该过程与卷积过程进行形象比喻，用火车经过火车站的过程与卷积过程进行类比	通过听讲，了解用解析法进行卷积积分的计算方法；同时，通过简单图形法，求解简单图形的卷积积分，并画出卷积图形	用动画演示卷积的具体过程，同时对该过程进行形象比喻，用火车经过火车站过程与卷积过程进行类比，使学生对卷积过程有直观的认识

（续表）

教学环节	教学内容	预设学生活动	设计意图
卷积积分的应用	**知识点三：卷积积分的应用** **（1）混响应用** 古人大智慧——余音绕梁，到如今混响的应用。  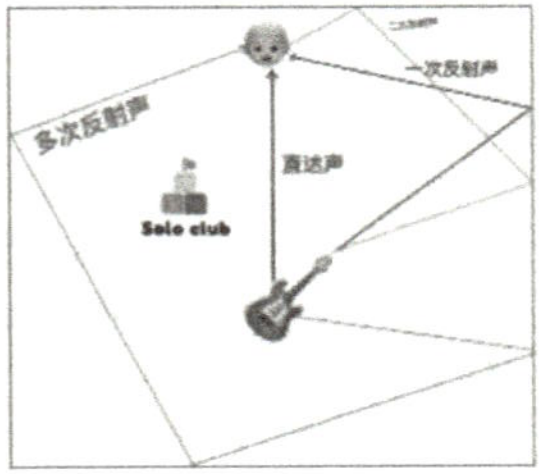 "余音绕梁"——中国传统文化 **（2）图像滤波** 下面这张图片你看到的是蒙娜丽莎·梦露还是爱因斯坦？ 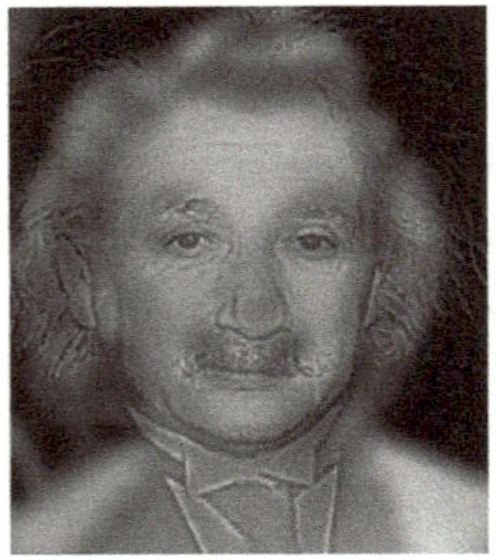 图片揭秘：该图片中含有蒙娜丽莎·梦露的低频的低频轮廓信息和爱因斯坦的高频细节信息。	认真听讲，跟随互动，尝试理解，拓展思维。 1. 明确成语"余音绕梁"的含义，并用MATLAB产生混响。 2. 对图片进行分析：什么情况下看到的是蒙娜丽莎·梦露，什么情况下看到的是爱因斯坦	卷积积分的应用是本课程的难点，通过动画演示、互动讨论等方式加深学生对该知识点的理解。 1. 通过大家耳熟能详的成语"余音绕梁"，与本课程的引入话题相呼应，并让学生通过MATLAB仿真产生混响，使学生对卷积积分有直观印象。 2. 讲述卷积滤波在图像滤波中的应用，让学生明确高频信息和低频信息的主要区别

（续表）

教学环节	教学内容	预设学生活动	设计意图
卷积积分的应用	**（3）卷积神经网络** 透过现象看本质：卷积积分具有揭示事物特征的能力。使用不同卷积核，分别与图像卷积，提取不同信息，完成识别任务 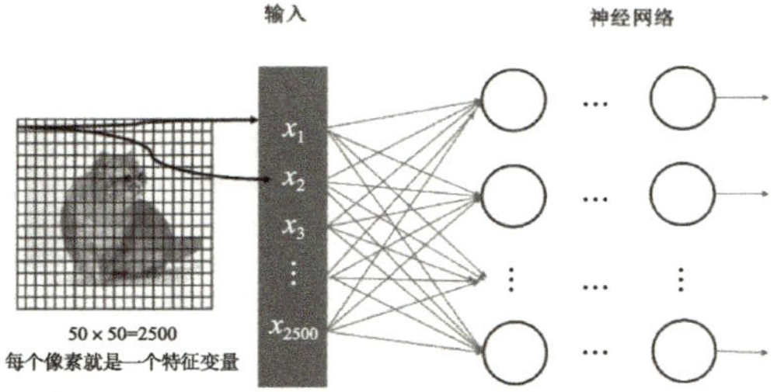 神经网络 输入　x_1　x_2　x_3　$\cdots$　x_{2500} $50 \times 50 = 2500$　每个像素就是一个特征变量	3. 对目前人工智能中应用较多的卷积神经网络进行简单的分析	3. 引入专业前沿知识，提升学生专业素养
课堂练习	例：计算三角波 $x_1(t)$ 与周期冲激串信号 $x_2(t)$ 在 $T=2$ 和 $T=1$ 时的卷积积分。 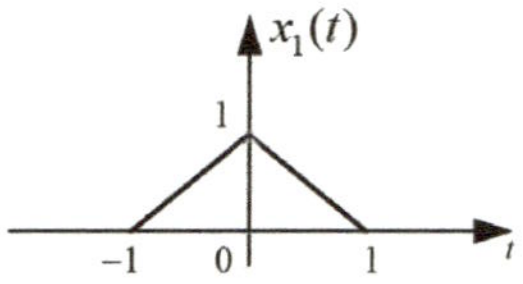 $x_1(t)$　三角波	先独立思考，然后与小组同学进行讨论	为加快对本课程内容重难点的突破，让学生分组讨论，集思广益，加强小组协作的意识
知识与能力拓展	布置小组任务： 如何用卷积模拟混响？各组用 MATLAB 仿真。 提示：如何产生冲激信号？	先独立思考，然后与小组同学进行讨论，选派代表进行分析	通过小组任务，加深学生对本课程内容的理解

（续表）

教学环节	教学内容	预设学生活动	设计意图
布置作业	**基本作业：** 1. 已知某 LTI 系统的冲激响应 $h(t)=u(t-1)$，利用卷积积分求系统对输入 $f(t)=e^{-3t}u(t)$ 的零状态响应 $y(t)$。 2. 已知 $f_1(t)$ 和 $f_2(t)$ 波形如图，试画出两个波形卷积后的波形图。 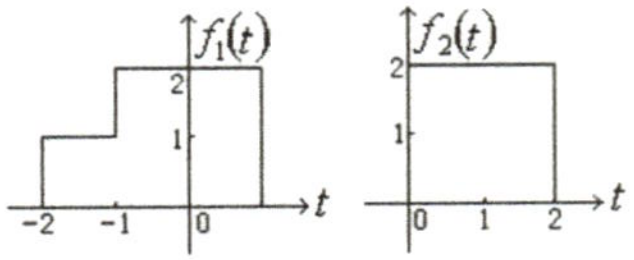 **高阶作业：** 3. 卷积积分在信号与系统中有广泛的应用，如图像处理、音频处理和通信系统等。请举一个实际应用的例子，说明卷积积分在该领域中的作用。 1. 用 MATLAB 录两段不同的声音（语音、音乐、噪声均可），时间自己设定，然后将这两段声音卷积。 要求：分别播放出每段声音（自己听），分别显示每段声音的波形，从声音和波形两方面理解卷积积分的作用。	独立完成作业，遇到不懂的地方多查多问	让学生通过调研搜集信息，培养自主学习能力，同时对课堂案例举一反三，进行实践，从而更好地达成学习目标
小结	1. 卷积积分的概念 2. 卷积积分的计算 3. 卷积积分的应用	理解连续时间 LTI 系统响应的时域分析，并掌握每部分需要注意的事项	串联知识点，使学生强化记忆，便于对本课程主要教学内容和知识结构进行梳理和总结

教学设计 2：电磁场与电磁波——麦克斯韦方程组

★ 课程信息

授课专业	电子信息工程	授课时数	2
授课地点	教室	授课形式	线下
教材分析	采用国家级规划教材，谢处方、饶克谨编著的《电磁场与电磁波（第四版）》		
课程资源	1. 多媒体教学课件。采用文本、图片、视频、动画设置等组合方式。 2. 学习通上的 PPT 课件		

★ 学情分析

优势	1. 学生已具备高等数学和大学物理的基础知识，为本课程的学习打下了基础。 2. 学习的目的性很强，对理论知识结合实际应用很感兴趣
不足	许多学生对矢量场的面积分和环路积分理解不透彻

★ 教学目标

知识目标	正确理解电磁场的基本规律，掌握麦克斯韦方程组的积分表达形式和微分表达形式
能力目标	加深对高等数学知识和电磁理论知识的理解，提高数学分析的能力，建立科学的思维方法
素养目标	提升学生的专业素养和善于发现并解决问题的能力

★ 课程思政

设计思想	感应电场和位移电流的存在是麦克斯韦提出的两大胆假设，并且麦克斯韦总结出了麦克斯韦方程组。教育学生建立科学的思维方式和不断追求真理的态度。通过实践和认识的辩证关系问题，启发学生通过实践掌握知识，形成更深层的认识

★ 教学过程

教学环节	教学内容	学生活动	设计意图
课堂导入（5分钟）	先把前面学到的电磁场的高斯定理与安培环路定理的积分形式、散度定理、斯托克斯定理和法拉第电磁感应定律写在黑板上。 （1）高斯定理和安培环路定理 $$\oint_S E \cdot dS = \frac{1}{\varepsilon_0}\int_V \rho dV$$ $$\oint_C E \cdot dl = 0$$ $$\oint_C B \cdot dl = \mu_0 I$$ $$\oint_S B \cdot dS = 0$$ （2）散度定理和斯托克斯定理 $$\int_V \nabla \cdot A dV = \oint_S A \cdot dS$$ $$\int_S (\nabla \times A) \cdot dS = \oint_l A \cdot dl$$ （3）法拉第电磁感应定律 $$\varepsilon_i = -\frac{d\varphi}{dt} = -\frac{d}{dt}\int_S B \cdot dS$$	根据散度定理和斯托克斯定理导出电磁场的两个定理的微分表达式 $$\nabla \cdot E = \frac{\rho}{\varepsilon_0}$$ $$\nabla \times E = 0$$ $$\nabla \times B = \mu_0 J$$ $$\nabla \cdot B = 0$$	使学生对相关已学知识进行回顾，为即将所学的新知识的导出做铺垫

（续表）

教学环节	教学内容	学生活动	设计意图
麦克斯韦假设一：变化的磁场产生感应电场（10分钟）	从法拉第电磁感应定律出发，麦克斯韦做了一个大胆的假设：变化磁场产生感应电场，感应电场线是闭合的，是一种涡旋电场。处在变化磁场中的线圈之所以有电流存在，是因为线圈中的电子受到感应电场力的作用。 因此法拉第电磁感应定律可以改写为 $$\varepsilon_i = -\frac{d\varphi}{dt} = -\frac{d}{dt}\int_S \boldsymbol{B}\cdot d\boldsymbol{S}$$ $$= \oint_l \boldsymbol{E}\cdot d\boldsymbol{l}$$ 再让学生根据斯托克斯定理写出上式的微分形式	根据斯托克斯定理可以得到微分形式 $$\nabla\times\boldsymbol{E} = -\frac{\partial \boldsymbol{B}}{\partial t}$$	坚持以学生为主的教学理念，充分调动学生的积极性
麦克斯韦假设二：变化的电场产生位移电流（15分钟）	先对磁场的环路安培定理求散度 $$\nabla\cdot(\nabla\times\boldsymbol{H}) = \nabla\cdot\boldsymbol{J} = 0$$ 发现上式与电荷守恒定律相矛盾。电荷守恒定律： $$\nabla\cdot\boldsymbol{J} + \frac{\partial\rho}{\partial t} = 0$$ 因此必须对磁场的安培环路定理做修正。这时，麦克斯韦做出了第二个大胆的假设：变化的电场产生电流，位移电流也产生磁场，因此变化的电场也能产生磁场。并由电荷守恒定律导出位移电流密度 $$\boldsymbol{J}_d = \frac{\partial \boldsymbol{D}}{\partial t}$$	根据斯托克斯定理导出微分形式的安培环路定理 $$\nabla\times\boldsymbol{H} = \boldsymbol{J} + \frac{\partial\boldsymbol{D}}{\partial t}$$	让学生参与公式推导过程，师生互动，提升教学效果

（续表）

教学环节	教学内容	学生活动	设计意图
麦克斯韦假设二：变化的电场产生位移电流（15分钟）	假定静电场中的高斯定理对时变电场仍然成立，将符合电荷守恒定律，就有： $\nabla \times (J + \frac{\partial D}{\partial t}) = 0$ 因此安培环路定理修正为： $\oint_l H \cdot dl = \int_s (J + \frac{\partial D}{\partial t}) \cdot dS$ 位移电流密度仅是位移矢量的时间变化率，当电位移矢量不随时变化时，位移电流密度为零；位移电流密度是磁场的旋涡源，表明时变电场产生时变磁场	回答问题： （1）时变电磁场与静电场和静磁场有何不同？ （2）位移电流能产生焦耳热吗？	通过向学生提问，使他们加深对电磁理论的理解
麦克斯韦方程组总结（5分钟）	根据以上知识总结出电磁场的运动规律方程，即麦克斯韦方程组： $\oint_l H \cdot dl = \int_s (J + \frac{\partial D}{\partial t}) \cdot dS$ $\oint_s D \cdot dS = q$ $\oint_s B \cdot dS = 0$ $\oint_l E \cdot dl = -\int_s \frac{\partial B}{\partial t} \cdot dS$	根据麦克斯韦方程组的积分形式，利用散度定理和斯托克斯定理导出微分形式： $\nabla \times H = J + \frac{\partial D}{\partial t}$ $\nabla \cdot D = \rho$ $\nabla \cdot B = 0$ $\nabla \times E = -\frac{\partial B}{\partial t}$	使学生加深和巩固对已学知识的理解，为以后学习电磁波的发射、传播和接收打下基础

（续表）

教学环节	教学内容	学生活动	设计意图
实际应用题（10 分钟）	以下是电磁炉的实物图和原理图。 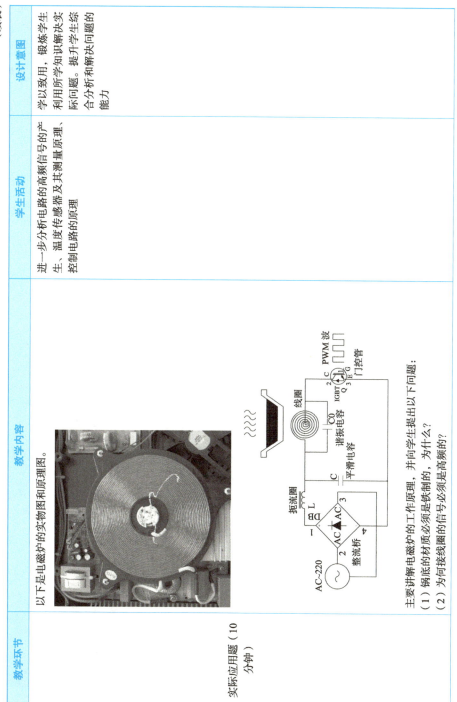 主要讲解电磁炉的工作原理，并向学生提出以下问题： （1）锅底的材质必须是铁制的，为什么？ （2）为何接线圈的信号必须是高频的？	进一步分析电路的高频信号的产生、温度传感器及其测量原理、控制电路的原理	学以致用，锻炼学生利用所学知识解决实际问题，提升学生综合分析和解决问题的能力

（续表）

教学环节	教学内容	学生活动	设计意图
知识总结	1. 感应电场和位移电流的存在是麦克斯韦提出的大胆假设，就像爱因斯坦提出又相对论两个基本假设一样需要科学的实验验证，建立科学的思维方式和不断追求真理的态度。 2. 使学生掌握电磁场运动的基本理论和解决问题的基本方法，并能在复杂的实际情况中加以应用	将已学电磁场应用知识应用于工程实践，除了做好布置的工程应用题，再对已学知识进行总结	使学生掌握电磁场运动的理论基础
作业题	工程应用题：利用电路、电子技术、传感器、电磁场等方面的知识，阐述电磁炉的工作原理（要求：文中应包括电磁 LC 振荡及控制电路、温度测量、铁磁质、感应电场等方面的内容）	答案要点：（1）铁制锅底磁导板高，增加磁场；（2）高频振荡才能产生较大的感应电场	理论和实际应用相结合，扩大学生的知识面，提升学生综合分析问题的能力

教学设计 3：模拟电子电路——场效应管的工作原理与基本放大电路

★ 课程信息

授课专业	电子信息工程	授课时数	2
授课地点	多媒体教室	授课形式	理论＋实践
教材分析	1.《模拟电子技术基础》（国家精品在线开放课程和国家级一流本科课程配套教材，刘颖主编，人民邮电出版社出版） 2. 本课程包含一个案例，课程理论选自"基本放大电路"		
课程资源	1.《模拟电子技术基础》国家精品在线开放课程。 2. 本课程采用对比教学，同时引入参与式教学、案例教学等方法。 3. 教学资源库中的专业前沿知识及德育教育文章。		

★ 学情分析

优势	1. 与此课程同步进行的电路课程也涉及双极性结型晶体管（Bipolar Junction Transistor, BJT）的基本放大电路的分析，学生已具备较为充足的专业知识，为本课程的学习打下了基础，能够做到触类旁通。 2. 学生团队凝聚力较强，易于开展小组活动，思维活跃，对理论知识的背景和工程应用感兴趣
不足	1. 目标不明确，学习方法不科学，自控能力弱。 2. 已掌握单独的知识点，但电路设计的整体思路不够清晰

★ 教学目标

教学背景		本课程重点讲述场效应管（Field Effect Transistor, FET）放大电路，结合晶体管放大电路分析方法介绍场效应管的工作原理、场效应管放大电路的静态和动态分析方法，提高综合分析能力
教学目标		1. 知识目标：通过分析场效应管的结构，剖析其沟道产生和控制机理，使学生能够理解场效应管的特点及应用，并掌握场效应管的工作原理、场效应管放大电路的静态和动态分析方法。 2. 能力目标：用场效应管基本分析方法，以问题驱动式和对比教学法重点讨论导电沟道的生成与消失，引导学生抓住事物的本质；掌握放大电路基本分析方法，从量变到质变的转化本质，并激励学生将理论知识向实际应用转化。强调场效应管的设计初衷，激发学生的创新精神与素养， 3. 素养目标：结合辩证唯物主义的内因与外因，量变与质变讨论场效应管原理与放大性能，引导学生建立正确的哲学价值观与方法论
教学重点及对策	重点	1. 场效应管的特点与应用。 2. 场效应管的工作原理。 3. 场效应管放大电路的静态、动态分析方法。
	对策	1. 通过创设问题情境，调动学生的学习积极性。 2. 使用互动活动，引导学生加强对场效应管放大电路工作原理的理解
教学难点及对策	难点	场效应管放大电路的静态、动态分析方法
	对策	1. 通过讲解、举例、实践练习等，使学生理解场效应管的结构。 2. 通过发散思维、举一反三的方式，让学生能够将方法正确应用到实际问题的解决中
教学方法		与双极性结型晶体管进行对比教学，同时引用参与式教学、案例教学等方法，案例设计着重讨论场效应管工作原理与基本放大电路特征

★ 教学过程

教学环节	教学内容	预设学生活动	设计意图
课堂导入	1. 音频放大器。场效应管可以作为音频放大器的关键部件之一，以实现高保真的音频放大。 2. 数字电路。场效应管可以用于在数字电路中进行逻辑门的实现和信息的加工传输。 3. 功率开关。场效应管可以用于电源开关和机器人、电动汽车，航天航空等领域的功率开关。 4. 光伏电池。场效应管可以用于在光伏电池中作为电池的输出调节部件。 最后引出：场效应管的工作原理与基本放大电路	观看案例照片，认识到场效应管在实际生活中应用的重要性	案例引入，不仅能增强学生的民族自豪感，弘扬爱国情怀，也能使学生正确认识自己的专业领域，知道应该如何学习专业课程，从而树立起利用所学知识服务于国家发展的信念和理想
场效应管的特点与应用	知识点一：场效应管的特点与应用 场效应管利用输入回路中其栅极、源极两端的电场效应控制输出回路漏极电流的大小，由半导体材料中的多数载流子参与导电，也称为单极型结型晶体管。相比双极性结型晶体管来说，场效应管存在诸多优点。	理解场效应管与双极性结型晶体管的特点，区别与联系	结合"当前场效应管的前沿发展与应用"介绍，增强学生的民族自豪感，弘扬爱国情怀，使学生正确认识自己的专业领域，知道应该如何学习专业课程，从而树立起利用所学知识服务于国家发展的信念和理想

比较内容	双极性结型晶体管	场效应管
种类	NPN、PNP	结型/绝缘栅型、增强型/耗尽型，N沟道/P沟道
输入控制源	电流（基极电流、发射极电流）	电压（栅源电压）
控制关系	电流控制电流源	电压控制电流源
载流子类型	双极型载流子共同导电（多子、少子）	单极型载流子导电
输入电阻	发射结电阻、较小	栅极、源极两端电阻、近似无穷大

（续表）

教学环节	教学内容	预设学生活动	设计意图

教学内容（续表）：

比较内容	双极性结型晶体管	场效应管
管脚倒置使用	集电极和发射极一般不可倒置使用	源极和漏极可以倒置使用
温度特性	参数受温度影响大	参数受温度影响小
静电影响	不易受静电影响	易受静电影响
噪声	较大	小
功耗	较大	较小
集成能力	易大规模集成	极易大规模集成

教学环节：场效应管的特点与应用

【链接】以 CMOS 集成运算放大器 MC14573 为例。

（1）场效应管是电压控制器件，具有很高的输入电阻（107～1015 Ω），栅极电流基本为零，而双极性结型晶体管是电流控制器件，基极必有一定的信号源额定电流流入的情况，应选用场效应管。

（2）场效应管具有较高的热稳定性、较强的抗辐射能力，这是由于场效应管的两种载流子均参与导电，而双极性结型晶体管的两种载流子均参与导电。由于少子浓度对温度、辐射等外界环境变化在结构上是对称的，对于环境变化较大的场合，常采用场效应管。

（3）场效应管的源极和漏极在结构上是对称的，可以互换使用，耗尽型 MOSFET（金属－氧化物－半导体场效应管）的栅－源电压可正可负，因此在使用场合上场效应管比双极性结型晶体管更为灵活。

（4）场效应管能在很小电流和很低电压的条件下工作，且制造工艺中可以很方便地把很多场效应管集成在一块硅片上，因此场效应管在大规模集成电路中得到广泛的应用。

预设学生活动：

理解场效应管与双极性结型晶体管的特点、区别与联系

根据教师提供的 CMOS 集成运算放大器 MC14573 集成电路的功能，总结场效应管的特点

设计意图：

理论联系实际，结合"当前场效应管发展与应用"介绍，增强学生的民族自豪感，弘扬爱国情怀，使学生正确认识到自己的专业领域，知道应该如何学习专业课程，从而树立起服务于国家发展的信念和理想

通过以典型的 CMOS 集成运算放大器 MC14573 为例，对比场效应管与双极性结型晶体管的特点，阐述 MC14573 的性能，进而让学生理解在某些情况下为何选取场效应集成电路，营造活跃的学习氛围，吸引学生注意，激发学生兴趣，通过小组活动达到教学效果，同时培养学生的思考能力

（续表）

教学环节	教学内容	预设学生活动	设计意图
场效应管的工作原理	**知识点二：结型场效应管的工作原理** 1. 结型场效应管的分类 场效应管按结构可分为结型场效应管（JFET）和绝缘栅型场效应管（IGFET）。 2. 结型场效应管的结构及图形符号 N 沟道结型场效应管　　　　P 沟道结型场效应管 场效应管有三个电极，即源极（S）、栅极（G）、漏极（D），对应晶体管的 e、b、c；有三个工作区域，即截止区、恒流区、可变电阻区，对应晶体管的截止区、放大区、饱和区。 栅－源电压对导电沟道宽度的控制作用 为了体现结型场效应管输入电阻高的特点并使其正常工作，使用时，电压控制信号加在栅极 G 和源极 S 之间，使两个 PN 结始终承受反向电压。栅极、源极间仅存在微弱的反向饱和电流，栅极电流基本为零，输入电阻很高。 【动画链接】N 沟道结型场效应管导电沟道夹断演示过程演示。 以 N 沟道结型场效应管为例，U_{GS} 一定，U_{DS} 对沟道的控制作用。若 $U_{DS}>0$ 形成漏极电流 I_D，沟道电阻不均。 ① 当 $U_{DS}=0$ 时，虽然存在导电沟道，但没有漏极电流。 ② U_{DS} 增大，则 U_{GD} 减小，源极、漏极间的沟道将变窄，沟道电阻基本由 U_{GS} 决定。漏极、源极间呈现电阻特性，I_D 随 U_{DS} 增大而增大。 ③ U_{DS} 继续增大使得 $U_{GD}=U_{GS,off}$，沟道继续变窄，夹断层在漏极附近相遇，耗尽层沿沟道方向延伸，夹断区加长（U_{DS} 的增大几乎不改变 U_{GS} 的大小）。 ④ U_{DS} 继续增大使 $U_{GD}<U_{GS,off}$，夹断区沿沟道方向延伸，进入恒流区。 ⑤ 当 $U_{GD}<U_{GS,off}$（即 $U_{DS}>U_{GS}-U_{GS,off}$）时，若 U_{DS} 为一个常量，可通过改变 U_{GS} 的大小来改变 I_D 的大小。	积极思考，跟随互动，尝试理解，拓展思维 观看动画，思考 N 沟道结型场效应管导电沟道夹断原理	1. 使学生掌握结型场效应管的结构、符号，为理解结型场效应管的工作原理分析做好知识储备，为掌握改造电路的知识做好知识储备。 2. 初步掌握改造电路的思路 直观地看到 N 沟道结型场效应管导电沟道夹断过程，理解、掌握 U_{DS} 对沟道的控制作用，做好分析绝缘栅型场效应管工作原理的知识储备

（续表）

教学环节	教学内容	预设学生活动	设计意图
场效应管的工作原理	**知识点三：绝缘栅型场效应管的工作原理** **一、增强型 MOSFET** 1. 增强型 MOSFET 的结构 N 沟道增强型 MOSFET，衬底箭头向里。漏极、衬底和源极断开，表示零栅压时沟道不通。原先没有沟道，是识别增强型 MOSFET 的特殊标志。 2. 增强型 MOSFET 的工作原理 （1）导电沟道的形成 【动画链接】增强型 MOSFET 导电沟道形成的过程演示。 $u_{GS}=0$，$u_{GS}>0$ 且 $u_{GS}>U_{GS(th)}$ u_{GS} 对导电沟道的影响（$u_{GS}=0$）： ① 当 $u_{GS}=0$ 时，DS 间为两个背对背的 PN 结； ② 当 $u_{GS}>0$ 且 $0<u_{GS}<U_{GS(th)}$（开启电压）时，GB 间的垂直电场吸引 P 区中电子形成离子区（耗尽层）； ③ 当 $u_{GS}\geqslant U_{GS(th)}$ 时，衬底中电子被吸引到表面，形成导电沟道。u_{GS} 越大则沟道越厚	观看动画，思考增强型 MOSFET 导电沟道形成与 N 沟道结型场效应管导电沟道关断的异同点	培养学生提高前后结合理解理解的思维习惯。通过结型和绝缘栅型场效应管的工作原理，强调场效应管的设计初衷，激发学生的创新精神与素养，并激励学生将理论知识向实际应用转化

（续表）

教学环节	教学内容	预设学生活动	设计意图
场效应管的工作原理	（2）栅－源电压对漏极电流的控制作用（$u_{GS} > u_{GS(th)}$） 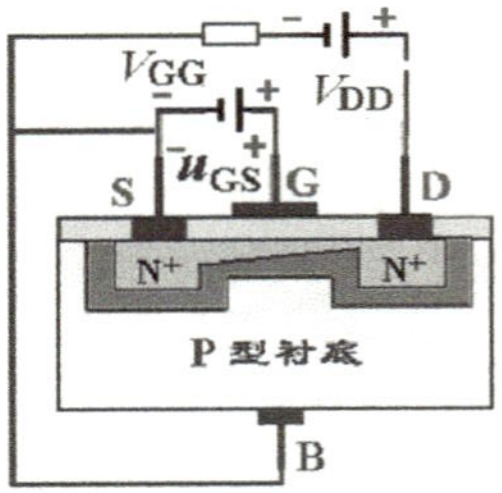 DS 间的电位差使沟道呈楔形，u_{GS} 增大，沟道增大，靠近漏极端的沟道厚度变薄。 预夹断（$u_{GD} = U_{GS(th)}$）：漏极附近反型层消失。 **二、N 沟道耗尽型 MOSFET** （1）结构：与 N 沟道增强型 MOSFET 比较，不同之处在于 SiO$_2$ 层有大量正离子。 （2）符号：  （3）工作原理： 当 $V_{DS} > 0$ 时，有 I_D（自身有导电沟道）； 当 $V_{GS} > 0$ 并上升时，N 沟道变宽，I_D 上升； 当 $V_{GS} < 0$ 并增大负电压时，N 沟道变窄，I_D 下降； 当 $I_D=0$ 时，$V_{GS} < V_P$——夹断电压。 【思考】总结结型、绝缘栅型场效应管的工作原理，区分两者的不同	对比增强型 MOS-FET 的结构，分析耗尽型 MOSFET 的符号对应的意义	使学生掌握分析问题的对比方法，达到举一反三的效果

（续表）

教学环节	教学内容	预设学生活动	设计意图
场效应管放大电路的静态、动态分析方法	**知识点四：场效应管放大电路的直流偏置与静态分析** 一、场效应管放大电路直流偏置的条件 	对知识点进行认记、分析	1. 使学生掌握场效应管放大电路直流电路偏置的条件。 2. 使学生理解场效应管材料和内部构造决定了其具有放大的作用，而合适的偏置电压（简称偏压）是影响其放大性能的外部条件

管型		$G_{GS} > 0$	$G_{GS} < 0$
结型	N 沟道	不允许	工作
结型	P 沟道	工作	不允许
增强型	N 沟道	工作	截止
增强型	P 沟道	截止	工作
耗尽型	N 沟道	工作	工作
耗尽型	P 沟道	工作	工作

场效应管放大电路的电压偏置有两种形式：分压偏置和自给偏置

1. 分压偏置电路

由于没有栅流，栅极电位仅由 R_{g1} 和 R_{g2} 分压确定，因此分压偏置既可得到正偏压，又可得到负偏压，适合任何类型的场效应管放大电路。

（预设学生活动）总结分析分压偏置电路和自给偏置电路的异同点

（设计意图）使学生举一反三，融合贯通

（续表）

教学环节	教学内容	预设学生活动	设计意图
场效应管放大电路的静态、动态分析方法	2. 自给偏压电路 由于栅极流等于 0，因此栅极电位等于 0，适用于耗尽型绝缘栅场效应管和结型场效应管基本放大电路。 $U_{GS} = -I_D R_S$ 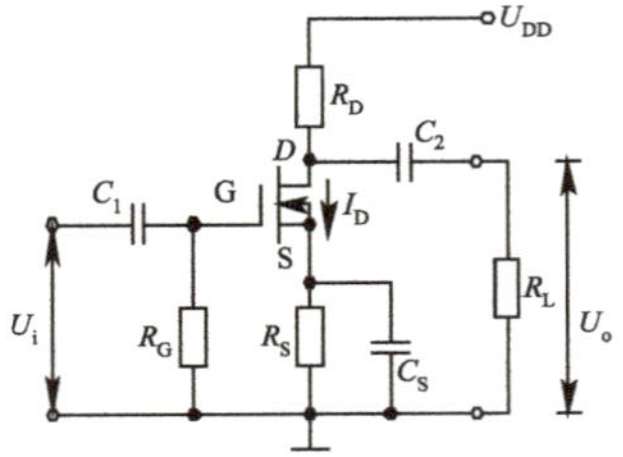 栅极电阻 R_G 的作用： （1）为栅极偏压提供通路； （2）泄放栅极，积累电荷。 漏极电阻 R_D 的作用：把 i_D 的变化变为 u_{DS} 的变化。 源极电阻 R_S 的作用：提供负偏压	总结分析分压偏置电路和自给偏压电路的异同点	使学生举一反三、融合贯通

（续表）

教学环节	教学内容	预设学生活动	设计意图
场效应管放大电路的静态、动态分析方法	二、静态分析 1. 估算法 直流通路： $U_{GSQ} = -I_{DQ}R_S$ $I_{DQ} = I_{DSS}\left(1 - \dfrac{U_{GSQ}}{U_{GS(off)}}\right)^2$ $U_{DSQ} = V_{DD} - I_{DQ}(R_S + R_D)$ $I_D = I_{DSS}\left[1 - \left(\dfrac{U_{GS}}{U_{GS(off)}}\right)\right]^2$ I_{DSS} 为饱和漏极电流，$U_{GS(off)}$ 为夹断电压，可由手册查出。 2. 图解法 ① 在输出特性曲线上画直流负载线；$u_{DS} = V_{DD} - I_D(R_S + R_D)$。 ② 画负载线的直流负载线。 ③ 画输入回路的直流负载线：$u_{GS} = -i_D R_S$。 ④ 确定静态工作点：转移特性曲线与输入回路的直流负载线的交点，即静态工作点 Q，Q 点对应的横坐标即 U_{GSQ}，纵坐标即 I_{DQ}，再根据 I_{DQ} 在输出特性曲线上求出静态工作点 Q，确定 U_{DSQ}。 以下为自给偏压电路 Q 点的图解法转移特性曲线与输出特性曲线。	结合晶体管的静态分析的算法，尝试理解场效应管放大电路的静态分析，拓展思维	栅－源电压的量变可能会引起放大电路的质变，这样指导学生在理解放大电路静态工作点的同时，了解"事物发展变化是从量变开始的，量变是质变的必要准备，质变是量变的必然结果，引申至"勿以恶小而为"的人生哲理，教育学生树立正确的人生观和价值观

（续表）

教学环节	教学内容	预设学生活动	设计意图
场效应管放大电路的静态、动态分析方法	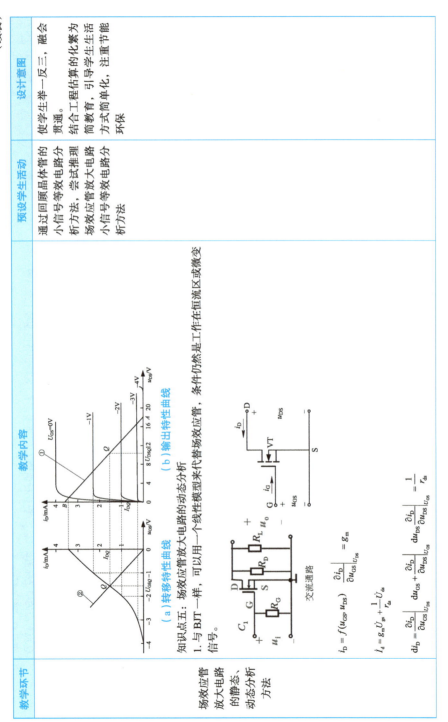 （a）转移特性曲线　（b）输出特性曲线 知识点五：场效应管放大电路的动态分析 1. 与 BJT 一样，可以用一个线性模型来代替场效应管，条件仍然是工作在恒流区或微变信号。 交流通路 $i_D = f(u_{GS}, u_{DS})$ $\dot I_d = g_m \dot U_{gs} + \dfrac{1}{r_{ds}}\dot U_{ds}$ $di_D = \dfrac{\partial i_D}{\partial u_{GS}}\Big|_{U_{DS}} du_{GS} + \dfrac{\partial i_D}{\partial u_{DS}}\Big|_{U_{GS}} du_{DS}$ $\dfrac{\partial i_D}{\partial u_{GS}}\Big|_{U_{DS}} = g_m$　$\dfrac{\partial i_D}{\partial u_{DS}}\Big|_{U_{GS}} = \dfrac{1}{r_{ds}}$	通过回顾晶体管的小信号等效电路分析方法，尝试推理场效应管小信号等效电路分析方法	使学生举一反三，融合贯通。结合工程估算的化繁为简教育，引导学生生活方式简单化，注重节能环保

（续表）

教学环节	教学内容	预设学生活动	设计意图
场效应管放大电路的静态、动态分析方法	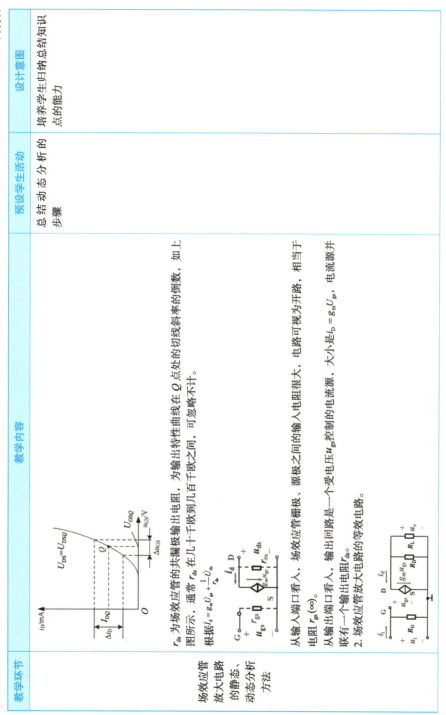 r_{ds} 为场效应管的共漏极输出电阻，为输出特性曲线在 Q 点处的切线斜率的倒数，如上图所示，通常 r_{ds} 在几十千欧到几百千欧之间，可忽略不计。 根据 $i_d = g_m \dot{U}_{gs} + \dfrac{1}{r_{ds}} \dot{U}_{ds}$ 从输入端口看入，场效应管栅极、源极之间的输入电阻很大，电路可视为开路，相当于电阻 $r_{gs}(\infty)$。 从输出端口看入，输出回路是一个受电压 u_{gs} 控制的电流源，大小是 $i_D = g_m U_{gs}$，电流源并联有一个输出电阻 r_{ds}。 2. 场效应管放大电路的等效电路。	总结动态分析的步骤	培养学生归纳总结知识点的能力

（续表）

教学环节	教学内容	预设学生活动	设计意图
场效应管放大电路的静态、动态分析方法	3. 计算放大电路的动态指标。 $A_u = \dfrac{u_o}{u_i} = -g_m u_{gs}(R_D // R_L)/R_L = -g_m R'_L$ $R_i = R_G$ $R_o = R_D$	总结动态分析的步骤	培养学生归纳总结知识点的能力
知识与能力拓展	例：对下面的场效应管放大电路进行静态和动态分析。 解：（1）静态分析。 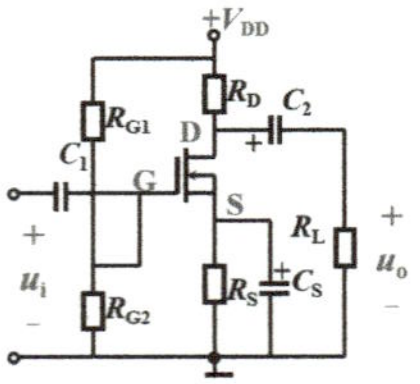 $U_{GQ} = \dfrac{V_{DD} \cdot R_{G2}}{R_{G1}+R_{G2}}$ ；$U_S = I_{DQ}R_S$ $U_{GSQ} = \dfrac{V_{DD} \cdot R_{G2}}{R_{G1}+R_{G2}} - I_{DQ}R_S$ $I_{DQ} = I_{DSS}\left(1-\dfrac{u_{GS}}{U_{GS(off)}}\right)^2$ $U_{DSQ} = V_{DD} - I_{DQ}(R_S+R_D)$	先独立思考，然后与小组同学进行讨论，进行电路分析、计算	通过小组任务，进行拓展提升，培养学生独立思考的能力，提高其团队协作、勇于创新等能力

（续表）

教学环节	教学内容	预设学生活动	设计意图
知识与能力拓展	（2）动态分析。 交流等效通路： $A_u = \dfrac{u_o}{u_i} = \dfrac{-g_m u_{gs}(R_D // R_L)}{u_{gs}} = -g_m R_L'$ $R_i = R_{G1} / R_{G2}$　$R_o = R_D$ 归纳总结重点内容，布置研究性教学题目。 1. 场效应管的特点与应用：理解场效应管与双极性结型晶体管的区别，布置研究性教学题目，围绕实际集成运放电路大量使用场效应管的原因。 2. 场效应管的工作原理：掌握导电沟道生成与消失的机理，掌握结型、增强型、耗尽型栅-源电压、漏-源电压对沟道的控制作用。 3. 场效应管基本放大电路：掌握基本放大电路静态分析和动态分析方法	先独立思考，然后进行小组同学进行讨论，进行电路分析、计算	通过小组任务，进行独立展开提升，培养学生独立思考的能力，提高其团队协作，勇于创新等能力
小结		对本课程内容进行梳理，并掌握每个部分需要注意的知识点	串联知识点，强化记忆，帮助学生对主要教学内容和知识进行梳理和总结，培养学生整合知识的能力
布置作业	1. 学习通场效应管放大电路静态和动态分析。 2. 预习多级放大电路	学以致用，巩固知识	回顾课堂内容，通过电路分析让学生意识到做任何事都要踏实、切勿眼高手低。通过预习，培养学生自主学习的能力，切勿，使其对课堂讲解的知识点举一反三

4.4 智能制造工程专业课程思政典型教学设计

教学设计 1: 材料力学——失效、安全因数和强度计算

★ 课程信息

授课专业	智能制造工程	授课时数	64
授课地点	教室	授课形式	线上 + 线下
教材分析	由于是专业核心基础课程，选用"十二五"普通高等教育本科国家级规划教材，刘鸿文主编的《材料力学 I（第 6 版）》。教材配备全套的电子教案、视频、Flash 动画，解题分析指导，思考题参考答案，典型例题、3D 试验机模型等数字资源，满足教师教学和学生学习的要求		
课程资源	1. 教学团队在智慧树平台建立在线开放课程"材料力学与结构设计"。 2. 学习通引用青岛科技大学未惠华教师团队学银在线课程"材料力学"		

★ 学情分析

优势	1. 本章已经学过拉伸压缩变形时横截面上的应力计算和一般材料的极限应力，能够理解材料正常使用的条件，为理解本课程内容打下了良好的基础。 2. 学生思维活跃，自学能力和信息化技术能力强，对理论知识的背景和工程应用比较感兴趣
不足	学生理论联系实际的能力较弱，自控力有所欠缺，教学时需要理论结合实际，注重理论知识应用的工程应用，积极做好引导，高效互动，让学生做好课前预习及课后巩固，发挥学生的主观能动性，提升学习效果

★ 教学目标

知识目标	1. 理解失效、安全因数的概念；2. 掌握轴向拉伸压缩的强度条件
能力目标	通过对强度条件的计算，培养科学、严谨的态度，以及创造性思维和研究性思维
素养目标	增强使命感和责任感，培养安全、节约的工程素养

★ 教学分析

教学重点 及对策	重点	1. 失效、安全因数的概念。 2. 轴向拉伸压缩的强度条件
	对策	1. 通过工程生活实例让学生理解失效、安全因数的概念。 2. 讲解强度条件的作用，说明三类强度计算问题的应用场合。 3. 讲解工程实例，使学生重点掌握拉伸变形的强度及应用，锻炼理论联系工程实践的能力。 4. 分析思政案例，培养学生的责任感、安全意识。 5. 课堂练习，查看学生对基本知识的掌握程度、查漏补缺。 6. 布置课后作业和课后拓展题来巩固和拓展知识
教学难点 及对策	难点	轴向拉伸压缩的强度条件
	对策	1. 讲解轴向拉伸压缩的强度条件，说明三类强度计算问题的应用场合。 2. 通过讲解工程实例和课堂练习，使学生掌握强度条件。 3. 引入思政案例分析，激发学生兴趣，培养学生责任感、安全意识

★ 课堂板书设计

板书设计	强度条件 $\sigma_{max} \leq \frac{F_N}{A} \leq [\sigma]$ 1. 强度校核：$\sigma_{max} \leq \frac{F_N}{A} \leq [\sigma]$ 2. 设计截面：$A \geq \frac{F_N}{[\sigma]}$ 3. 确定许可载荷：$F_N \leq A[\sigma]$

★ 课堂教学设计思路

课前预习	自主学习：观看本课程知识点讲解视频，完成课前讨论
课堂引入	案例分析：通过实际生活案例分析，引出本课程第一个知识点"失效"
指导教学	新知学习：分别从失效、安全因数、强度计算、强度条件四个方面循循善诱，层层递进来讲授
知识应用	例题讲解：分析结合实际强化知识的应用
思政案例	通过分析思政案例，强化工程师责任感、安全意识
课堂练习	通过学习通发布课堂练习，查看学生对基本知识的掌握程度
课后思考与知识拓展	布置课后作业、巩固、拓展知识

教学过程

教学组织	教师活动	学生活动	设计意图
课前任务	课前一周通过学习通下发本课程教学视频和讨论任务	完成学习通任务	让学生利用课余时间进行预习，对本课程的学习内容进行系统的了解，提高课堂效率
课堂引入	工程中常见的失效形式 	根据工程中失效的实例，展开讨论，分析工程中失效的原因	通过工程实例提出问题，引导学生思考，以提高学生的学习兴趣和学习积极性。通过工程案例的展示让学生理解失效的概念。强调工程质量重于泰山，同时培养学生安全、严谨的工程素养

（续表）

教学组织	教师活动	学生活动	设计意图
主体部分 1：失效、安全因数和强度计算	1. 极限应力 塑性材料 σ_s 脆性材料 σ_b 2. 许用应力 工作应力 $\sigma = \dfrac{F_N}{A} \leq \sigma = [\sigma]$ n——安全因数 塑性材料的许用应力 $[\sigma] = \dfrac{\sigma_s}{n_s} = \left(\dfrac{\sigma_{p0.2}}{n_s}\right)$ 脆性材料的许用应力 $[\sigma] = \dfrac{\sigma_b}{n_b} = \left(\dfrac{\sigma_{bc}}{n_b}\right)$	回顾塑性材料和脆性材料失效的原因，理解不同材料极限应力的区别	引导学生复习杆件拉伸实验，明确塑性材料和脆性材料的极限应力的不同区别。 解释极限应力和许用应力的不同
主体部分 2：强度条件	$\sigma_{max} = \dfrac{F_N}{A} \leq [\sigma]$ 根据强度条件，可以解决三类强度计算问题。 1. 强度校核：$\sigma_{max} = \dfrac{F_N}{A} \leq [\sigma]$ 2. 设计截面：$A \geq \dfrac{F_N}{[\sigma]}$ 3. 确定许可载荷：$F_N \leq A[\sigma]$	理解三类强度问题的应用场合	解释强度条件的作用，说明三类强度计算问题的应用场合
主体部分 3：例题讲解	**例题 1**：油缸盖与缸体采用 6 个螺栓连接。已知油缸缸内径 $D=350\text{mm}$，油压 $p=1\text{MPa}$。螺栓许用应力 $[\sigma]=40\text{MPa}$，求螺栓的内径 	尝试分析螺栓的受力	根据题目分析每个螺栓的轴向力，以锻炼学生理论联系实际的能力

123

（续表）

教学组织	教师活动	学生活动	设计意图
主体部分3：例题讲解	解：油缸盖受到的力为 $F = \dfrac{\pi}{4}D^2 p$ 每个螺栓承受轴力为总压力的 1/6 即螺栓的轴力 $F_N = \dfrac{F}{6} = \dfrac{\pi}{24}D^2 p$ 根据强度条件 $\sigma_{max} = \dfrac{F_N}{A} \leq [\sigma]$ 得 $A \geq \dfrac{F_N}{[\sigma]}$ 即 $\dfrac{\pi D^2}{4} \geq \dfrac{\pi D^2 p}{24[\sigma]}$ 螺栓的直径 $d \geq \sqrt{\dfrac{D^2 p}{6[\sigma]}} = \sqrt{\dfrac{0.35^2 \times 10^6}{6 \times 40 \times 10^6}}$ m $= 22.6 \times 10^{-3}$ m $= 22.6$mm 思政案例1：2022年4月29日湖南长沙楼房垮塌事故 造成了54人遇难，涉事人员为了利益将安全抛在脑后，私自违规增加盖楼层，严重超出了楼房的最大许用应力，造成了安全事故的发生。 思政案例2：2023年4月28日私自拆除承重墙，导致整栋楼体发生开裂 黑龙江省哈尔滨市一小区业主私自装修健身房，甚至拆除承重墙，导致整栋楼体发生开裂，造成200多户居民紧急撤离，无家可归，经济损失达1.68亿元	观看相关视频、图片，思考、分析垮塌原因	引入思政案例，通过"4·29"湖南长沙楼房垮塌事故原因分析，提醒学生将安全放在第一位，从事房屋装修设计或自家装修房屋时一定要遵守法律法规，不能随意拆除承重墙，避免安全事故的发生

（续表）

教学组织	教师活动	学生活动	设计意图
主体部分 3：例题讲解	例题 2：AC 为 50×50×5 的等边角钢，AB 为 10 号槽钢，$[\sigma]=$120MPa。确定许可载荷 F。 解：1. 计算轴力（设斜杆为 1 杆，水平杆为 2 杆）用截面法取节点 A 为研究对象 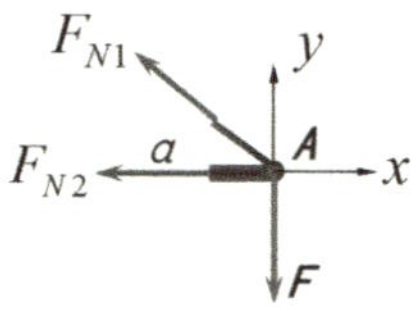 $\sum F_x = 0$，$F_{N1}\cos a + F_{N2} = 0$ $\sum F_y = 0$，$F_{N1}\sin a - F = 0$ $\to F_{N1} = F/\sin a = 2F$ $F_{N2} = -F_{N1}\cos a = -\sqrt{3}F$	利用静力学平面汇交力系，分析节点受力，列平衡方程跟随教师讲解查附录表	详细讲解斜杆，使学生根据拉压杆的强度条件得出许可载荷

（续表）

<table>
<tr><th>教学组织</th><th>教师活动</th><th>学生活动</th><th>设计意图</th></tr>
<tr>
<td>主体部分 3：
例题讲解</td>
<td>
2. 根据斜杆的强度，求许可载荷
$F_N \leqslant A[\sigma]$
<table>
<tr><th rowspan="3">型号</th><th colspan="11">
单 角 钢</th><th colspan="5">
双角钢</th></tr>
<tr><th></th><th>圆角</th><th>重心矩</th><th>截面积</th><th rowspan="2">质量</th><th>惯性矩</th><th colspan="2">截面模量</th><th colspan="3">回转半径</th><th colspan="5">iy,当a为下列数值</th></tr>
<tr><th></th><th>R</th><th>Z0</th><th>A</th><th>Ix</th><th>Wxmax</th><th>Wxmin</th><th>ix</th><th>ix0</th><th>iy0</th><th>6mm</th><th>8mm</th><th>10mm</th><th>12mm</th><th>14mm</th></tr>
<tr><th></th><th></th><th colspan="2">(mm)</th><th>(cm²)</th><th>(kg/m)</th><th>(cm⁴)</th><th colspan="2">(cm³)</th><th colspan="3">(cm)</th><th colspan="5">(cm)</th></tr>
<tr><td rowspan="2">L20×</td><td>3</td><td rowspan="2">3.5</td><td>6</td><td>1.13</td><td>0.89</td><td>0.40</td><td>0.66</td><td>0.29</td><td>0.59</td><td>0.75</td><td>0.39</td><td>1.08</td><td>1.17</td><td>1.25</td><td>1.34</td><td>1.43</td></tr>
<tr><td>4</td><td>6.4</td><td>1.46</td><td>1.15</td><td>0.50</td><td>0.78</td><td>0.36</td><td>0.58</td><td>0.73</td><td>0.38</td><td>1.11</td><td>1.19</td><td>1.28</td><td>1.37</td><td>1.46</td></tr>
<tr><td rowspan="2">L25×</td><td>3</td><td rowspan="2">3.5</td><td>7.3</td><td>1.43</td><td>1.12</td><td>0.82</td><td>1.12</td><td>0.46</td><td>0.76</td><td>0.95</td><td>0.49</td><td>1.27</td><td>1.36</td><td>1.44</td><td>1.53</td><td>1.61</td></tr>
<tr><td>4</td><td>7.6</td><td>1.86</td><td>1.46</td><td>1.03</td><td>1.34</td><td>0.59</td><td>0.74</td><td>0.93</td><td>0.48</td><td>1.30</td><td>1.38</td><td>1.47</td><td>1.55</td><td>1.64</td></tr>
<tr><td rowspan="2">L30×</td><td>3</td><td rowspan="2">4.5</td><td>8.5</td><td>1.75</td><td>1.37</td><td>1.46</td><td>1.72</td><td>0.68</td><td>0.91</td><td>1.15</td><td>0.59</td><td>1.47</td><td>1.55</td><td>1.63</td><td>1.71</td><td>1.8</td></tr>
<tr><td>4</td><td>8.9</td><td>2.28</td><td>1.79</td><td>1.84</td><td>2.08</td><td>0.87</td><td>0.90</td><td>1.13</td><td>0.58</td><td>1.49</td><td>1.57</td><td>1.65</td><td>1.74</td><td>1.82</td></tr>
<tr><td rowspan="3">L36×</td><td>3</td><td rowspan="3">4.5</td><td>10</td><td>2.11</td><td>1.66</td><td>2.58</td><td>2.59</td><td>0.99</td><td>1.11</td><td>1.39</td><td>0.71</td><td>1.70</td><td>1.78</td><td>1.86</td><td>1.94</td><td>2.03</td></tr>
<tr><td>4</td><td>10.4</td><td>2.76</td><td>2.16</td><td>3.29</td><td>3.18</td><td>1.28</td><td>1.09</td><td>1.38</td><td>0.70</td><td>1.73</td><td>1.8</td><td>1.89</td><td>1.97</td><td>2.05</td></tr>
<tr><td>5</td><td>10.7</td><td>2.38</td><td>2.65</td><td>3.95</td><td>3.68</td><td>1.56</td><td>1.08</td><td>1.36</td><td>0.70</td><td>1.75</td><td>1.83</td><td>1.91</td><td>1.99</td><td>2.08</td></tr>
<tr><td rowspan="3">L40×</td><td>3</td><td rowspan="3">5</td><td>10.9</td><td>2.36</td><td>1.85</td><td>3.59</td><td>3.28</td><td>1.23</td><td>1.23</td><td>1.55</td><td>0.79</td><td>1.86</td><td>1.94</td><td>2.01</td><td>2.09</td><td>2.18</td></tr>
<tr><td>4</td><td>11.3</td><td>3.09</td><td>2.42</td><td>4.60</td><td>4.05</td><td>1.60</td><td>1.22</td><td>1.54</td><td>0.79</td><td>1.88</td><td>1.96</td><td>2.04</td><td>2.12</td><td>2.2</td></tr>
<tr><td>5</td><td>11.7</td><td>3.79</td><td>2.98</td><td>5.53</td><td>4.72</td><td>1.96</td><td>1.21</td><td>1.52</td><td>0.78</td><td>1.90</td><td>1.98</td><td>2.06</td><td>2.14</td><td>2.23</td></tr>
<tr><td rowspan="4">L45×</td><td>3</td><td rowspan="4">5</td><td>12.2</td><td>2.66</td><td>2.09</td><td>5.17</td><td>4.25</td><td>1.58</td><td>1.39</td><td>1.76</td><td>0.90</td><td>2.06</td><td>2.14</td><td>2.21</td><td>2.29</td><td>2.37</td></tr>
<tr><td>4</td><td>12.6</td><td>3.49</td><td>2.74</td><td>6.65</td><td>5.29</td><td>2.05</td><td>1.38</td><td>1.74</td><td>0.89</td><td>2.08</td><td>2.16</td><td>2.24</td><td>2.32</td><td>2.4</td></tr>
<tr><td>5</td><td>13</td><td>4.29</td><td>3.37</td><td>8.04</td><td>6.20</td><td>2.51</td><td>1.37</td><td>1.72</td><td>0.88</td><td>2.10</td><td>2.18</td><td>2.26</td><td>2.34</td><td>2.42</td></tr>
<tr><td>6</td><td>13.3</td><td>5.08</td><td>3.99</td><td>9.33</td><td>6.99</td><td>2.95</td><td>1.36</td><td>1.71</td><td>0.88</td><td>2.12</td><td>2.2</td><td>2.28</td><td>2.36</td><td>2.44</td></tr>
<tr><td rowspan="4">L50×</td><td>3</td><td rowspan="4">5.5</td><td>13.4</td><td>2.97</td><td>2.33</td><td>7.18</td><td>5.36</td><td>1.96</td><td>1.55</td><td>1.96</td><td>1.00</td><td>2.26</td><td>2.33</td><td>2.41</td><td>2.48</td><td>2.56</td></tr>
<tr><td>4</td><td>13.8</td><td>3.90</td><td>3.06</td><td>9.26</td><td>6.70</td><td>2.56</td><td>1.54</td><td>1.94</td><td>0.99</td><td>2.28</td><td>2.36</td><td>2.43</td><td>2.51</td><td>2.59</td></tr>
<tr><td>5</td><td>14.2</td><td>4.80</td><td>3.77</td><td>11.21</td><td>7.90</td><td>3.13</td><td>1.53</td><td>1.92</td><td>0.98</td><td>2.30</td><td>2.38</td><td>2.45</td><td>2.53</td><td>2.61</td></tr>
<tr><td>6</td><td>14.6</td><td>5.69</td><td>4.46</td><td>13.05</td><td>8.95</td><td>3.68</td><td>1.51</td><td>1.91</td><td>0.98</td><td>2.32</td><td>2.4</td><td>2.48</td><td>2.56</td><td>2.64</td></tr>
<tr><td rowspan="4">L56×</td><td>3</td><td rowspan="4">6</td><td>14.8</td><td>3.34</td><td>2.62</td><td>10.19</td><td>6.86</td><td>2.48</td><td>1.75</td><td>2.2</td><td>1.13</td><td>2.50</td><td>2.57</td><td>2.64</td><td>2.72</td><td>2.8</td></tr>
<tr><td>4</td><td>15.3</td><td>4.39</td><td>3.45</td><td>13.18</td><td>8.63</td><td>3.24</td><td>1.73</td><td>2.18</td><td>1.11</td><td>2.52</td><td>2.59</td><td>2.67</td><td>2.74</td><td>2.82</td></tr>
<tr><td>5</td><td>15.7</td><td>5.42</td><td>4.25</td><td>16.02</td><td>10.22</td><td>3.97</td><td>1.72</td><td>2.17</td><td>1.10</td><td>2.54</td><td>2.61</td><td>2.69</td><td>2.77</td><td>2.85</td></tr>
<tr><td>8</td><td>16.8</td><td>8.37</td><td>6.57</td><td>23.63</td><td>14.06</td><td>6.03</td><td>1.68</td><td>2.11</td><td>1.09</td><td>2.60</td><td>2.67</td><td>2.75</td><td>2.83</td><td>2.91</td></tr>
<tr><td rowspan="5">L63×</td><td>4</td><td rowspan="5">7</td><td>17</td><td>4.98</td><td>3.91</td><td>19.03</td><td>11.22</td><td>4.13</td><td>1.96</td><td>2.46</td><td>1.26</td><td>2.79</td><td>2.87</td><td>2.94</td><td>3.02</td><td>3.09</td></tr>
<tr><td>5</td><td>17.4</td><td>6.14</td><td>4.82</td><td>23.17</td><td>13.33</td><td>5.08</td><td>1.94</td><td>2.45</td><td>1.25</td><td>2.82</td><td>2.89</td><td>2.96</td><td>3.04</td><td>3.12</td></tr>
<tr><td>6</td><td>17.8</td><td>7.29</td><td>5.72</td><td>27.12</td><td>15.26</td><td>6.00</td><td>1.93</td><td>2.43</td><td>1.24</td><td>2.83</td><td>2.91</td><td>2.98</td><td>3.06</td><td>3.14</td></tr>
<tr><td>8</td><td>18.5</td><td>9.51</td><td>7.47</td><td>34.45</td><td>18.59</td><td>7.75</td><td>1.90</td><td>2.39</td><td>1.23</td><td>2.87</td><td>2.95</td><td>3.03</td><td>3.1</td><td>3.18</td></tr>
<tr><td>10</td><td>19.3</td><td>11.66</td><td>9.15</td><td>41.09</td><td>21.34</td><td>9.39</td><td>1.88</td><td>2.36</td><td>1.22</td><td>2.91</td><td>2.99</td><td>3.07</td><td>3.15</td><td>3.23</td></tr>
<tr><td rowspan="5">L70×</td><td>4</td><td rowspan="5">8</td><td>18.6</td><td>5.57</td><td>4.37</td><td>26.39</td><td>14.16</td><td>5.14</td><td>2.18</td><td>2.74</td><td>1.4</td><td>3.07</td><td>3.14</td><td>3.21</td><td>3.29</td><td>3.36</td></tr>
<tr><td>5</td><td>19.1</td><td>6.88</td><td>5.40</td><td>32.21</td><td>16.89</td><td>6.32</td><td>2.16</td><td>2.73</td><td>1.39</td><td>3.09</td><td>3.16</td><td>3.24</td><td>3.31</td><td>3.39</td></tr>
<tr><td>6</td><td>19.5</td><td>8.16</td><td>6.41</td><td>37.77</td><td>19.39</td><td>7.48</td><td>2.15</td><td>2.71</td><td>1.38</td><td>3.11</td><td>3.18</td><td>3.26</td><td>3.33</td><td>3.41</td></tr>
<tr><td>7</td><td>19.9</td><td>9.42</td><td>7.40</td><td>43.09</td><td>21.68</td><td>8.59</td><td>2.14</td><td>2.69</td><td>1.38</td><td>3.13</td><td>3.2</td><td>3.28</td><td>3.36</td><td>3.43</td></tr>
<tr><td>8</td><td>20.3</td><td>10.67</td><td>8.37</td><td>48.17</td><td>23.79</td><td>9.68</td><td>2.13</td><td>2.68</td><td>1.37</td><td>3.15</td><td>3.22</td><td>3.30</td><td>3.38</td><td>3.46</td></tr>
<tr><td rowspan="5">L75×</td><td>5</td><td rowspan="5">9</td><td>20.3</td><td>7.41</td><td>5.82</td><td>39.96</td><td>19.73</td><td>7.30</td><td>2.32</td><td>2.92</td><td>1.5</td><td>3.29</td><td>3.36</td><td>3.43</td><td>3.5</td><td>3.58</td></tr>
<tr><td>6</td><td>20.7</td><td>8.80</td><td>6.91</td><td>46.91</td><td>22.69</td><td>8.63</td><td>2.31</td><td>2.91</td><td>1.49</td><td>3.31</td><td>3.38</td><td>3.45</td><td>3.53</td><td>3.6</td></tr>
<tr><td>7</td><td>21.1</td><td>10.16</td><td>7.98</td><td>53.57</td><td>25.42</td><td>9.93</td><td>2.30</td><td>2.89</td><td>1.48</td><td>3.33</td><td>3.4</td><td>3.47</td><td>3.55</td><td>3.63</td></tr>
<tr><td>8</td><td>21.5</td><td>11.50</td><td>9.03</td><td>59.96</td><td>27.93</td><td>11.2</td><td>2.28</td><td>2.87</td><td>1.47</td><td>3.35</td><td>3.42</td><td>3.50</td><td>3.57</td><td>3.65</td></tr>
<tr><td>10</td><td>22.2</td><td>14.13</td><td>11.09</td><td>71.98</td><td>32.40</td><td>13.64</td><td>2.26</td><td>2.84</td><td>1.46</td><td>3.38</td><td>3.46</td><td>3.54</td><td>3.61</td><td>3.69</td></tr>
<tr><td rowspan="5">L80×</td><td>5</td><td rowspan="5">9</td><td>21.5</td><td>7.91</td><td>6.21</td><td>48.79</td><td>22.70</td><td>8.34</td><td>2.48</td><td>3.13</td><td>1.6</td><td>3.49</td><td>3.56</td><td>3.63</td><td>3.71</td><td>3.78</td></tr>
<tr><td>6</td><td>21.9</td><td>9.40</td><td>7.38</td><td>57.35</td><td>26.16</td><td>9.87</td><td>2.47</td><td>3.11</td><td>1.59</td><td>3.51</td><td>3.58</td><td>3.65</td><td>3.73</td><td>3.8</td></tr>
<tr><td>7</td><td>22.3</td><td>10.86</td><td>8.53</td><td>65.58</td><td>29.38</td><td>11.37</td><td>2.46</td><td>3.1</td><td>1.58</td><td>3.53</td><td>3.60</td><td>3.67</td><td>3.75</td><td>3.83</td></tr>
<tr><td>8</td><td>22.7</td><td>12.30</td><td>9.66</td><td>73.50</td><td>32.36</td><td>12.83</td><td>2.44</td><td>3.08</td><td>1.57</td><td>3.55</td><td>3.62</td><td>3.70</td><td>3.77</td><td>3.85</td></tr>
<tr><td>10</td><td>23.5</td><td>15.13</td><td>11.87</td><td>88.43</td><td>37.68</td><td>15.64</td><td>2.42</td><td>3.04</td><td>1.56</td><td>3.58</td><td>3.66</td><td>3.74</td><td>3.81</td><td>3.89</td></tr>
</table>
$F_{N1} = 2F_1 \leqslant [\sigma]A_1$
$F_1 \leqslant \frac{1}{2}[\sigma]A_1 = \frac{1}{2} \times 120 \times 10^6 \times 2 \times 4.8 \times 10^{-4}\ \text{N}$
$= 57.6 \times 10^3\ \text{N} = 57.6\ \text{kN}$
</td>
<td>自主查询课后附录表中等边槽钢横截面。
根据强度条件写出载荷公式并代入数值计算。
思考为什么取最小值</td>
<td>带领学生查课后附录表中等边角钢面积。
让学生参考斜杆计算步骤练习，分析取最小值原因，得到三脚架的许可载荷，取斜杆和水平杆中较小值</td>
</tr>
</table>

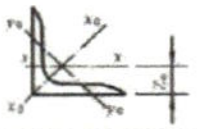

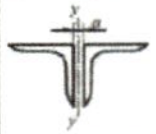

（续表）

教学组织	教师活动	学生活动	设计意图
主体部分3：例题讲解	3. 根据水平杆的强度，求许可载荷 $F_{N2} = -F_{N1}\cos a = -\sqrt{3}F$ $F_{N2} = \sqrt{3}F_2 \leq [\sigma]A_2$ $F_2 \leq \dfrac{1}{\sqrt{3}}[\sigma]A_2 = \dfrac{1}{1.732} \times 120 \times 10^6 \times 2 \times 12.74 \times 10^{-4}$ N $= 176.7 \times 10^3$ N $= 176.7$ kN 4. 许可载荷 $F \leq \{F_i\}_{\min}\ \{57.6\text{kN}\quad 176.7\text{kN}\}_{\min} = 57.6\text{kN}$	自主查阅课后附录表中等边角钢、等边槽钢横截面。 根据强度条件写出载荷公式并代入人数值计算。 思考为什么取最小值	带领学生查课后附录表中等边角钢面积。 让学生参考斜杆计算步骤练习，分析取最小值原因，得到三脚架的许可载荷，取斜杆和水平杆中较小值
课堂练习（学习通发布）	1. 若一圆截面轴向拉、压杆直径增加一倍，则抗拉强度是原来的（　）倍。 A. 2　B. 4　C. 1/2　D. 8 	在学习通提交答案	教师采用学习通进行课上练习，能够更全面地掌握学生的完成情况。 根据学生的提交情况进行重点讲评

（续表）

教学组织	教师活动	学生活动	设计意图
课堂练习（学习通发布）	2. 受拉杆件，两端受到沿轴线方向力 $F=10\text{kN}$，横截面面积为 0.1m^2，许用应力 $[\sigma]=1\text{MPa}$。 （1）是否满足强度条件？ （2）能够承受的最大力为多少？ （3）满足强度条件的最小面积为多少？ 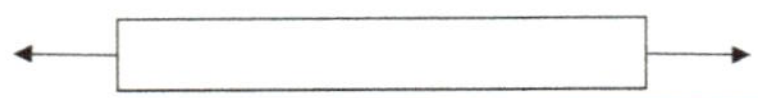	在学习通提交答案	教师采用学习通进行课上练习，能够更全面地掌握学生的完成情况。根据学生的提交情况进行重点讲评
课后作业	某拉伸试验机的结构如图所示。设这试验机的 CD 杆与试样 AB 材料同为低碳钢，其 $\sigma_p=200\text{MPa}$，$\sigma_s=240\text{MPa}$，$\sigma_b=400\text{MPa}$。试验机最大拉力为 100kN。 （1）用这个试验机做拉断试验时，试样直径最大可达多少？ （2）若设计时取试验机的安全因数 $n=2$，则 CD 杆的横截面面积为多少？ （3）若试样直径 $d=10\text{mm}$，今欲测弹性模量 E，则所加载荷最大不能超过多少？ 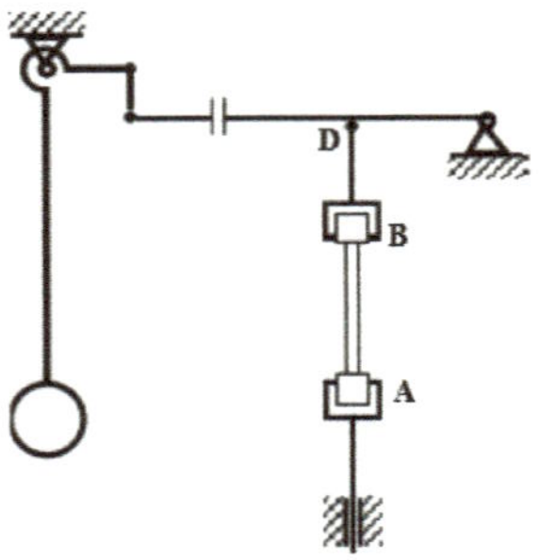 	课后巩固本课程所学基本概念和强度条件应用	通过让学生完成综合性题目，达到巩固提升的目的
课后拓展	2023 年 7 月 23 日，齐齐哈尔某中学体育馆顶坍塌，造成 11 人死亡。  	利用所学内容分析原因并写一篇心得体会	巩固提升，严谨设计，使学生牢固树立安全意识

教学设计 2：机械设计——带传动工作情况分析

一、教学基本情况

（一）课程概况

课程名称	机械设计	授课学时	48
课程类型	专业主干必修课	授课对象	机械设计制造及其自动化专业大三学生
授课内容	带传动工作情况分析	授课学期	5
教材	《机械设计（第十版）》（濮良贵、陈国定、吴立言主编，高等教育出版社 2019 年 7 月出版）		

（二）教学背景

机械设计是机械设计制造及其自动化专业的一门必修课，课程综合运用数学、力学、材料及机械制图等知识，解决通用零部件及机械装置的设计问题，具有内容多、复杂、理论性强、难以理解等特点，其阐述的内容在机械设计及制造领域具有重要的应用价值，肩负着奠定学生基本的机械设计能力的重要使命。因此，针对课程特点及其重要性，改革教学模式，提升人才培养质量的关键。本课程采用线上线下混合式教学，建立了丰富的教学资源，加入大量有针对性的习题，在每一章节后设计章节测验以供线上线下混合式教学，引导学生无分利用省级在线网络教学资源，探究、课程实现自学、小组合作实现评价，课程考核注重过程性评价，突出主动性、积极性、实践性、创新性及学习效果等方面的评价，使学生掌握通用机械设计的一般规律，具备运用机械设计手册分析、设计机械设备和机械零件的能力，形成正确的设计思想和基本的工程素养，发扬团结协作精神，培养求真务实、实践创新、精益求精的工作作风

（三）教学理念

本着 "学生中心、思政引领、能力为重、创新发展" 的教育理念，以工程应用为核心，将专题任务贯穿整个教学过程，设计知识、能力与素质协同的培养体系，通过线上线下融通，结合基于问题导向的互动式、启发式探究式教学法，不断激发学生的学习兴趣与潜能，提高课堂参与度，通过巧妙设计思政点并在适时融人教学活动中，实现知识、能力与素质协同培养

（续表）

（四）教学目标

知识目标	能力目标	素养目标
1. 掌握带传动工作时的受力情况。 2. 掌握影响带传动最大有效拉力的因素。 3. 掌握带传动的应力分布及其大小。 4. 掌握弹性滑动与打滑的区别	1. 能正确分析带传动时的受力情况。 2. 能计算带所受力的大小，通过合理选择参数，提高带传动的有效拉力。 3. 能正确阐述带所受应力的大小及其影响。 4. 正确区分弹性滑动与打滑，并能提出合理措施以有效避免打滑	1. 牢固树立安全意识。 2. 提高分析和解决问题的能力，培养探究能力。 3. 提升学生的团队合作意识，培养严谨、科学的工作态度

（五）学情分析

学生已学习了带传动的基本知识，对带传动的工作原理、应用特点有了一定的了解。此外，在生活实践、创新创业项目研究及创新产品设计中用到带传动的场合较多，部分学生已具备带传动应用的实践经验，为理解本课程内容打下了良好的基础。学生有较强的自学能力，善于思考、钻研，但缺乏一定的自控力，需在教学中善于引导，积极互动，抓住学生学习关键点，使学生做好课前预习及课后巩固，提升学习效果

（六）教学内容分析

带传动工作前所受到一定的初拉力，工作后所受力将发生变化，一边放松，一边拉紧，此时产生的拉力差就是带传动的有效拉力，工作时希望在一定范围内提升有效拉力以提高传递的功率。如何提升有效拉力？在力的作用下，带在工作时，会受到拉应力、弯曲应力和离心拉应力的作用，应力过大将直接导致带传动失效。因此，正确分析应力分布并明确最大应力产生的原因尤为重要。此外，带传动在工作时会出现弹性滑动与打滑现象，应分析其产生打滑的原因及影响，为合理使用带传动的设计打下基础

教学重点	1. 带传动的受力分析 2. 最大有效拉力及其影响因素 3. 带传动的应力分析 4. 弹性滑动与打滑
教学难点	1. 带传动的受力分析及最大有效拉力 2. 打滑与弹性滑动的区别

（续表）

教学难点分析及对策	难点一：带传动的受力分析及最大有效拉力。 教学对策：通过回顾动力学的相关知识，加深学生对力、力矩计算过程的理解，通过形象的图片展示及有条理性、细致的推导，结合启发式、互动式讲解，逐渐完成力的分析，通过小组研讨，主题讨论，分析带传动的有效拉力何时达到最大值，进一步加深对带受力的理解，通过翻转课堂，解决影响最大有效拉力的因素，同时发挥学生的主动性，提升分析和解决问题的能力。 难点二：弹性滑动与打滑。 教学对策：弹性滑动比较抽象，通过动画演示，将抽象问题形象化，形象直观，化难为易，通过问题探究，借助生活中的实例讲解打滑的现象及出现的原因，最后发布讨论主题，明确弹性滑动与打滑产生的原因及影响
教学创新思政融入	1. 课前推送大国工匠相关资料，让学生学习专注、坚守、脚踏实地、精益求精的工匠精神。 2. 课中通过分析铡草机皮带断裂引发事故两个案例，使学生牢固树立安全意识，培养学生严谨、认真的态度。通过观看带传动断裂引发严重后果的视频，进一步警示学生安全防范，正确操作的重要性，唤起学生的责任意识，树立正确的设计思想。 3. 课后推送学科领域最新科研进展，拓展学生视野，提升工程素养
教学方法	（七）教学方法与环境资源
	学法 1. 自主式学习：学生课前根据自主学习任务单，准备资料自主学习。 2. 探究式学习：课中完成主题讨论，探究环节，将感性认识升华为理论知识。 3. 合作式学习：课前、课中进行小组合作，课后合作探究科技前沿热点，提高团队协作能力和综合素养
	教法 1. 任务驱动式教学：结合自动包装机传动系统的设计及创新竞赛项目制作的 4 项任务，引出本课程的教学内容。 2. 启发式教学：采用提出问题—分析问题—解决问题的方式，引导学生层层挖掘相关知识点，加强师生互动，在解答问题的过程中发挥学生的主观能动性，培养学生的思维方式。 3. 探究式教学：通过小组讨论，探究如何提高有效拉力及如何保证运行的安全等问题，培养学生的发散性思维，团队合作意识及分析和解决问题的能力。 4. 翻转课堂式教学：通过课前发布小组任务，让学生收集资料，进行课堂翻转，提升学生合作探究、自主学习的能力与语言表达能力

（续表）

教学资源准备	1. 课前教师根据教学内容，结合学情，收集相关教学资源，制作并发布自主学习任务单至学习通、QQ群。 2. 推送大国工匠典型事迹视频。 3. 在学习通发布主题讨论。 4. 其他资源：多媒体课件、动画，带断裂引发严重事故的相关视频、课后测试题等
信息化手段	教学资源： 1. 视频与动画 2. 超星网络教学平台 3. 线上学习交流平台

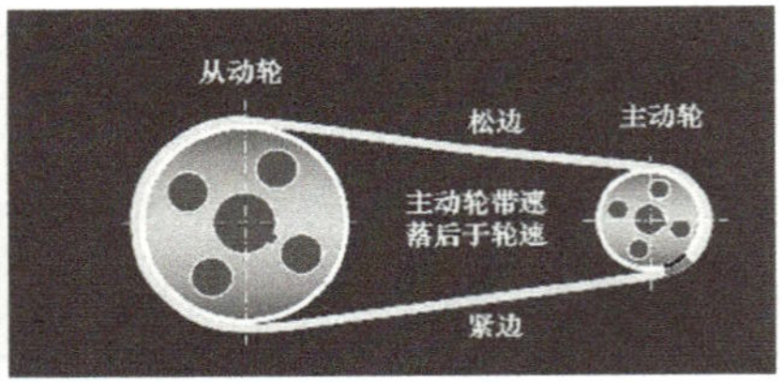

二、教学流程

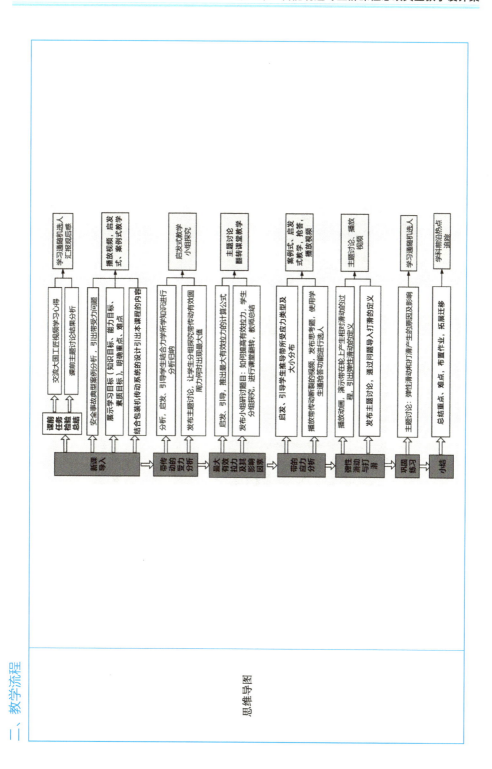

思维导图

三、教学实施过程

（一）课前准备

教学环节	教学内容	师生活动		设计意图
		教师	学生	
课前	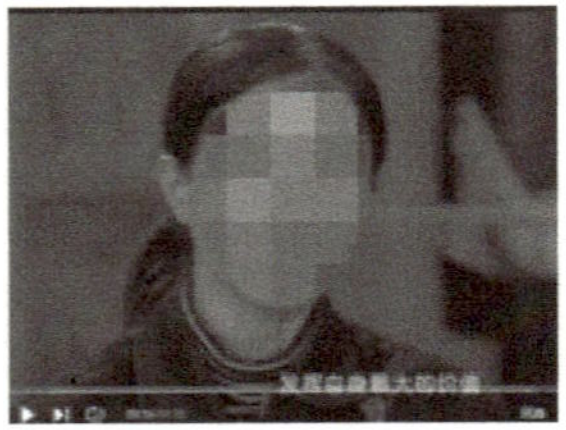 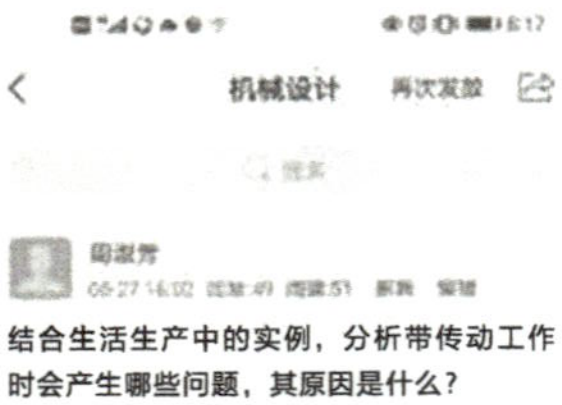 1. 教师制作自主学习任务单并发布在学习通，督促学生观看视频进行课前学习。 2. 课前推送大国工匠典型事迹供学生观看学习，在学习通发布主题讨论 	1. 制作自主学习任务单并上传至学习通。 2. 搜集大国工匠典型事迹视频并推送到QQ群。 3. 设计主题讨论并发布在学习通	1. 登录学习通查看任务单，观看视频，完成预习。 2. 观看大国工匠视频，撰写观后感。 3. 参与主题讨论	1. 通过自主学习任务单为学生学习提供指导。 2. 让学生观看大国工匠视频，培养对未来工作岗位的敬畏，对精益求精的坚持。 3. 使学生通过主题讨论对带传动工作情况有基本的认识，提高课前自学效率

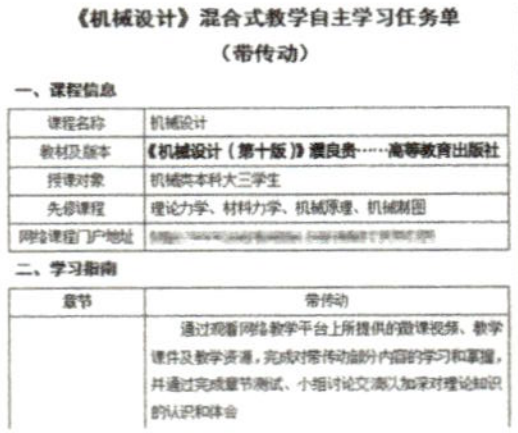

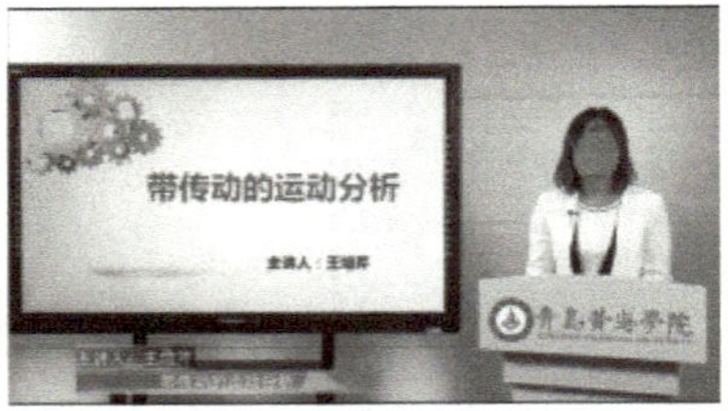

（续表）

（二）课堂实施

教学环节	教学内容	师生活动		设计意图
		教师	学生	
新课导入	1. 谈谈观看大国工匠视频心得 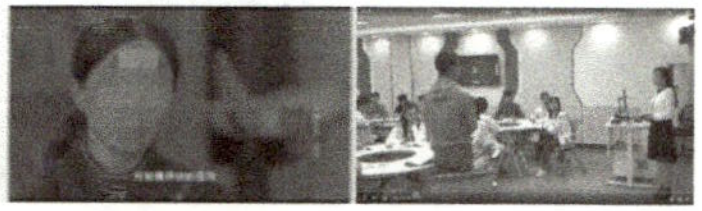 2. 课前主题讨论结果分析 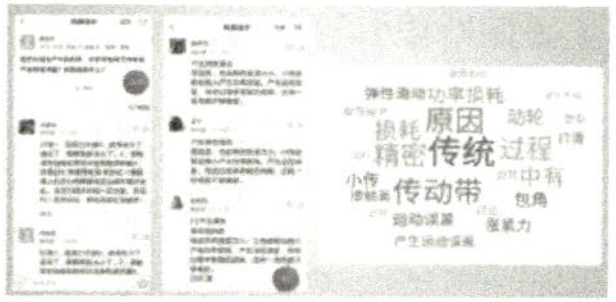 3. 进行案例分析 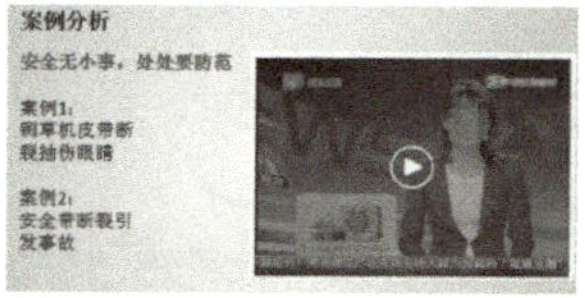 4. 任务导入——激发动机 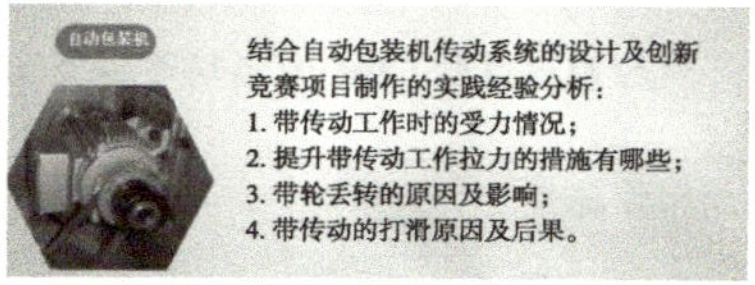 结合自动包装机传动系统的设计及创新竞赛项目制作中的实践经验分析： 1. 带传动工作时的受力情况； 2. 提升带传动工作能力的措施有哪些； 3. 带轮丢转的原因及影响； 4. 带传动的打滑原因及后果。 	1. 让学生谈心得。 2. 分析学生参与的情况及对学生的答案。 3. 讲解 2 个事故案例。 4. 介绍自动包装机中带有的应用，导入本课程的 4 项学习任务	1. 就大国工匠视频谈心得体会。 2. 了解主题讨论参与情况，明确主题讨论结果。 3. 了解事故过程，思考工作时要注意的事项。 4. 明确学习任务	1. 检验学生课前观看情况，使工匠精神的培养落地。 2. 通过分析主题讨论结果，督促学生积极参与，提前进行课程自学并能分析和解决实际问题。 3. 通过事故讲解，使学生牢牢固树立安全意识，并导入本课程相关知识。 4. 通过任务驱动式教学，使学生学习有目的性，针对性，培养学生在知识探索中发现问题并解决问题的能力

（续表）

教学环节	教学内容（重点、难点）	师生活动		设计意图
		教师	学生	
探索新知	1. 带传动的受力分析（重点、难点） 	1. 针对工作前、工作时带的受力情况进行分析，引导学生结合力学所学知识进行分析归纳。 2. 发布主题讨论，让学生分组探究圆周带传动时出现最大值。	1. 回顾力学知识，结合创新项目设计经验和教师的引导，分析受力情况，最终明确各力之间的关系。 2. 小组研讨、钻研教材，分析何时出现最大有效圆周力。	1. 通过回顾已学知识，解决新问题，形成系统的知识体系。 2. 通过启发式教学，引导学生主动思考与学习。 3. 通过主题讨论，使学生深入思考、分析和解决其问题的能力，并引出下一个知识点。
	2. 最大有效拉力及其影响因素（重点、难点） $$F_{ec}=2F_0\frac{e^{f\alpha}-1}{e^{f\alpha}+1}=2F_0\left(\frac{1-\frac{1}{e^{f\alpha}}}{1+\frac{1}{e^{f\alpha}}}\right)$$ F_{ec} 最大有效拉力 	1. 结合主题讨论得出的结论，进一步分析何时出现最大有效拉力，结合欧拉公式，推出最大有效拉力的计算公式。 2. 发布小组研讨题目：如何提高有效拉力？ 3. 根据学生讲解的情况总结影响的三个因素，并进行辩证分析。	1. 认真梳理前面所学的公式，明确最大有效拉力的计算公式。 2. 小组派代表上台讲解研讨结论。	通过翻转课堂、促使学生课前充分预习，对知识点加以归纳、梳理，锻炼学生知识归纳、分析和解决问题的能力及语言表达能力。

（续表）

教学环节	教学内容	师生活动		设计意图
		教师	学生	
探索新知	3. 带的应力分析（重点） 	1. 引导学生梳理带传动的受力情况，根据受力推导所受应力的种类。 2. 结合应力分布图，详细说明应力分布情况，并引导学生找出最大应力发生的位置和最大应力值。 3. 播放带传动断裂的视频，发布思考题。	1. 结合"手拉手转圈"的自身体会，分析教师的引导应力的种类。 2. 根据教师的引导，找出最大应力发生的位置及最大应力值。 3. 观看视频，小组探究，参与互动。	1. 通过与学生讨论"手拉手转圈"时身体的感觉引出离心应力，结合包角的形成引出弯曲应力。 2. 通过视频，说明带传动受到应力易产生疲劳断裂，断裂将引发严重后果，使学生明白应力对带传动设计的重要性。 3. 通过抢答、积分奖励，提升课堂趣味性和学生的积极性，并培养学生树立安全意识和保持科学、严谨的工作作风。
	4. 弹性滑动与打滑（重点、难点） 	1. 介绍带作为弹性体的特征，引出变形与应力产生的原因与关系。 2. 播放动画，演示带在轮上产生相对滑动的过程，引出弹性滑动的定义。 3. 发布思考题，通过问题导入打滑的定义	1. 观看动画，了解弹性滑动产生的因及现象。 2. 思考带传动载荷过大会出现的现象	1. 通过动画，使抽象形变得形象、直观，加深学生对弹性滑动的理解。 2. 通过发布思考题，引导学生查看教材深入思考，引出后面的知识

（续表）

教学环节	教学内容	师生活动		设计意图
		教师	学生	
巩固练习→检测评价	主题讨论：弹性滑动和打滑产生的原因及影响	发布主题讨论并分析学生答案	小组研讨、梳理相关知识，及时参与课堂互动	进一步巩固学生对弹性滑动与打滑的理解
拓展迁移	课后讨论：为什么带传动通常放在高速级？	发布讨论内容，要求课下合作完成	小组研讨、确定结论	设计课外知识，深入分析课本课程内容，并进行知识点的拓展迁移
课堂小结		总结课程内容	在教材中标识重点内容	回顾、总结课程内容，加深学生对重点难点的理解

（三）课后提升

教学环节	课后任务	师生活动		设计意图
		教师	学生	
课后提升	1. 制作课程内容笔记	提出具体要求，在学习通发布作业	完成课程内容笔记，完成作业并提交	让学生进一步了解了所学内容，形成完整的知识体系
	2. 完成学习通作业	发布作业——进行带传动力的计算，批改作业	完成作业并提交作业	进一步巩固对重点内容的学习
	3. 学科前沿热点追踪：自主水下航行器的自适应跟踪技术	发布科技热点	搜集资料、小组探究	拓宽视野，提升工程素养

教学设计 3：数控加工技术——螺纹的数控车削编程与加工

知识目标	★ 教学目标 ★	掌握螺纹编程指令的基本格式及各个参数的意义。 掌握螺纹加工的相关工艺知识。 掌握不同螺纹车削编程指令的应用
能力目标		通过对螺纹加工工艺及编程指令的深度学习，能够对零件的螺纹部分进行正确的工艺分析及数值计算，能够正确选择合适的编程指令并运用仿真软件完成螺纹表面的加工
素养目标		塑造工程师的使命感和责任感，培养严谨求实、安全的工程素养
教学内容		1. 螺纹加工的相关工艺知识。 （1）螺纹加工时失败出现的现象。 （2）螺纹加工的相关参数：螺距、导程、大径、牙型、线数、切入切出行程设置等。 2. 螺纹车削指令 G32、G92、G76。 （1）指令格式。 （2）各参数意义及确定原则。 3. 螺纹加工应用举例及练习
	★ 课程资源 ★	
	数控加工技术在线课程。 学银在线。 智慧树。 大国工匠思政链接	
	★ 教学分析 ★	
教学重点及对策	重点	螺纹车削指令各参数的意义、坐标终点的计算
	对策	1. 通过图文结合的方式对各参数意义进行解释。 2. 动画演示、理论结合实际强化对各参数的理解。 3. 通过实例进行演示，逐步讲解每一个参数意义及坐标的计算方法。 4. 通过课堂练习，查看学生对基本知识的掌握程度。 5. 布置课后作业来拓展知识的应用

（续表）

教学难点及对策	难点	螺纹加工的相关工艺知识
	对策	1. 通过课堂讨论日常生活生产中的螺纹及螺纹的表面特征，让学生深入理解相关工艺知识，进而表现与普通圆柱、圆锥表面的区别，强化理解。 2. 通过前面的课程相关内容，图文并茂地详细分析相关工艺知识。 3. 通过复习实例展示、动画演示、视频学习等，使学生进一步巩固知识
教学难点	★ 学情分析 ★	
优势		1. 学生已通过其他课程学习过部分相关专业知识，也有一定的螺纹加工实践经历。 2. 生活中螺纹到处可见，有助于激发学生的学习积极性，使学生学习目的性增强，对理论知识的背景和工程应用感兴趣
不足		本课程内容之对于参数 F，此处由小到大，但是很多同学会理解成原来学习过的 F 表示进给速度，尤其要注意避免出现混淆导致失误的情况
	★ 教学思想 ★	
教学思想一		按照"生活实例引入，提出问题——金工实习螺纹部分讨论——学生线上自主学习相关内容梳理——学生自主学习成果展示——小组探究式学习——教师巡回释疑——小组汇报学习结果——引入工程实例——仿真加工演示——课堂练习，小组讨论——问题反馈"的思路路线进行课程相关内容安排，一步步引导学生自主探究式地掌握相关知识，激发学生的学习兴趣和学习潜力，解决螺纹加工的目的，实例贴近生产实际，难度由小到大，主题讨论注重中心词并逐步突破，师生同频互动，提升学生的自主研究能力
教学思想二		递进式安排教学内容，让学生线上自主学习第一层的 G32，探究后能够小组完成指令程序编制，带着困惑点来到线下课堂。通过对线上成果展示、对比，引导学生自主发现问题，进行共性和异性的思考，进而探究学习第二层的指令 G92，并开展翻转课堂，通过学生表现发现问题并讨论解决。而第三层的 G76 指令通过引用较复杂的工程实例切入，学习、讨论等不断解决困难，课后辅以线上仿真视频限练达到知识点的目的，使学生递进式地掌握三个指令的应用。课程配合超星网络教学平台信息化手段的使用，融合多种资源，调动学生学习的主动性，发挥学生自主学习并提出问题，课堂更加突出以学生为中心的思想，有用、有趣，讲授做到有趣、有用，教师协助引导解决问题，提升学生解决问题的能力

（续表）

教学模式	★教学模式及手段★		
	课前预习—实例引入—指令讲解—动画演示—课堂练习—问题提出—主题讨论—指令应用—课后思考		
教学手段	1. 引入生活中的螺纹件，引导学生思考螺纹的加工，与原先学过的相关课程内容相联系，展开讨论，使学生意识到螺纹在国民生产中的重要作用，并通过安全事例让学生深刻意识到加工不合格或者检修不及时等都将造成的严重后果，从而培养其严谨求实的工匠精神。 2. 利用信息化（视频、图片、在线互动等）功能，增添课堂多样性，丰富课堂教学手段，生主导地位，将重点和难点——讲解到位。 3. 以解决实际生产中的大导程双线梯形螺纹为主线，理论结合实际，强化知识的应用		

★教学过程★

教学环节	教学内容	学生活动	设计意图
课堂导入	1. 展示生活中的螺纹件及加工视频 	在线上预习的前提下观看系列图片，意识到螺纹件应用之广泛，认识到螺纹加工的重要性	通过诸多螺纹件的实例展示让学生认识到螺纹件的普遍性及重要性，同时培养学生安全、严谨的工程素养
	2. 主题讨论 螺纹在生产生活中起到什么作用？ 	观看螺纹加工视频，思考，讨论螺纹表面与普通表面的区别，讨论加工时的不同点，通过关键词梳理讨论结果	使学生对螺纹加工有直观的认识，有助于学生带着问题去开展后续学习，调动学生的参与积极性，使课堂富有活力

（续表）

教学环节	教学内容	学生活动	设计意图
课堂导入	3. 螺纹相关安全隐患事例 	通过交流螺纹加工不合格、选材不合格、使用过程不注意维护、检修不合格等造成的安全事故，引发精益求精的工匠精神思考	身边的例子更能激发学生的认同感，逐渐培养学生在学习过程中认真的工作作风和细致的态度
教学活动1：分析学生提出的困惑点	1. 从线上自主学习目标入手，引出大家的学习结果 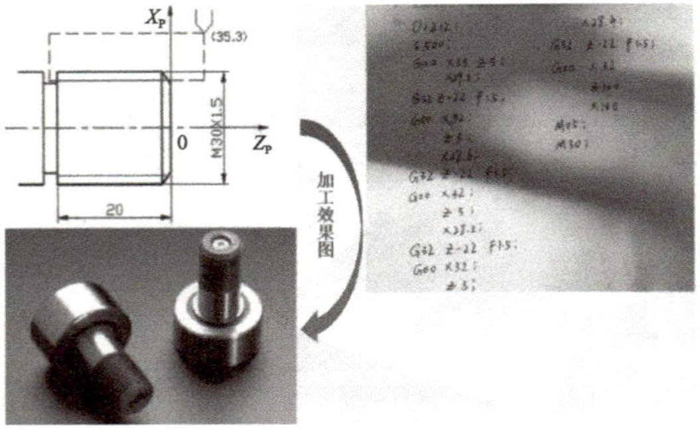 2. 分析自主学习的困惑点 在进行螺纹切削时，进刀段、退刀段应该怎么确定？可不可以不体现出来？ 升速、降速的意义是什么？为什么要如此设置？大家在学习过程中有什么困惑点吗？ 关于 G32 螺纹加工内容，大家在学习过程中有什么困惑点吗？ G32 的指令格式看着和以前学过的 G01 没什么区别？怎么实现了螺纹表面的加工呢？  	查阅资料，对比不同的名词，同时思考为什么会有不同的数值，有何区别？ 理解指令格式中 F 为螺纹螺距，与直线插补指令不同，详细分析其区别，并说明一旦选择错误会出现的后果	肯定学生的学习结果，激起学生的学习热情，更能体现螺纹式教育模式。 说明螺纹加速表面的形状特点，举例说明加速度表面实例，使学生更好地理解切入，切出长度的选择

（续表）

教学环节	教学内容	学生活动	设计意图
教学活动 1：分析学生提出的困惑点	3. 概括使用 G32 指令时的注意事项，必须考虑起刀点、升速段、降速段、导程等参数的重要性 详解螺纹加工的特点，讲解螺纹加工的重要性 G32指令注意事项 1. 车螺纹期间的进给速度倍率、主轴速度倍率无效（固定为100%）； 2. 螺纹切削前应注意在两端设置足够的升速进刀段δ1和降速退刀段δ2。车螺纹期间不要使用恒表面切削速度控制，而要使用G97； 3. 螺纹切削过程中，不能换挡。否则会产生乱牙； 4. 因受机床结构及数控系统影响，车螺纹时主轴的转速有一定的限制。	学习使用 G32 指令的注意事项，并且思考不遵守注意事项时将会发生的事情。学会如何查表、如何使用数值	学生类比后能够更好地记住螺纹加工的特点，有助于长期记忆。在学生掌握了牙型高度的计算之后给出查表表格，逐渐训练学生摆脱工具依赖

公制螺纹

螺距 P	1.0	1.5	2.0	2.5	3.0	3.5	4.0
牙深 H	0.649	0.974	1.299	1.624	1.949	2.273	2.598
切削次数及吃刀量（直径）（值mm） 1次	0.7	0.8	0.9	1.0	1.2	1.5	1.5
2次	0.4	0.6	0.6	0.7	0.7	0.7	0.8
3次	0.2	0.4	0.6	0.6	0.6	0.6	0.6
4次		0.16	0.4	0.4	0.4	0.4	0.6
5次			0.1	0.4	0.4	0.4	0.4
6次				0.15	0.4	0.4	0.4
7次					0.2	0.2	0.4
8次						0.15	0.3
9次							0.2

（续表）

教学环节	教学内容	学生活动	设计意图
教学活动2：探究式学习螺纹切削G92指令	1. 小组讨论交流，梳理学生提交的程序   2. 小组汇报学习所得的走刀路线 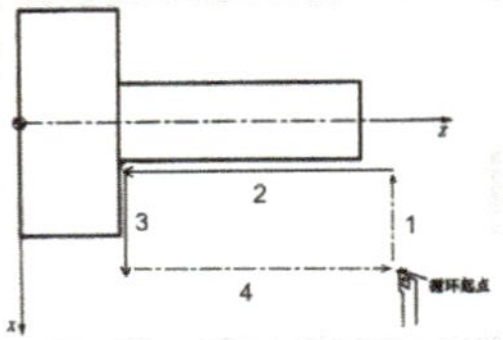  	分组讨论不同颜色的程序段都有什么意义，可以实现什么功能，通过思考和讨论得到相同点，并逐渐发现相同的程序段，考虑能否简化	通过引导学生自主讨论、自主发现规律，提升学生的自我探究学习能力和归纳总结能力，为引出G92做好铺垫

（续表）

教学环节	教学内容	学生活动	设计意图
教学活动 2：探究式学习螺纹切削 G92 指令	3. 演示 G92 的仿真动画 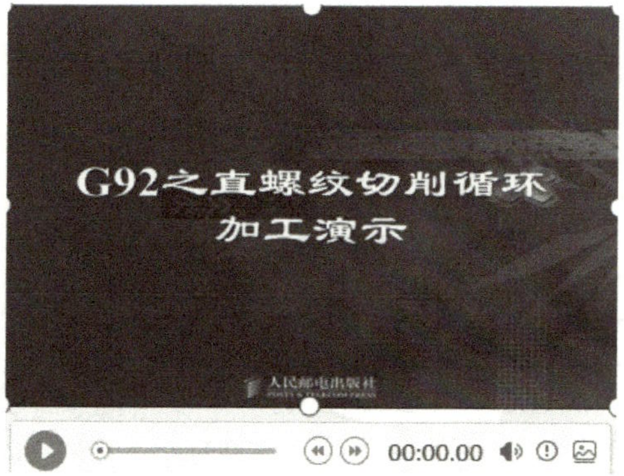 4. 指令格式讲解 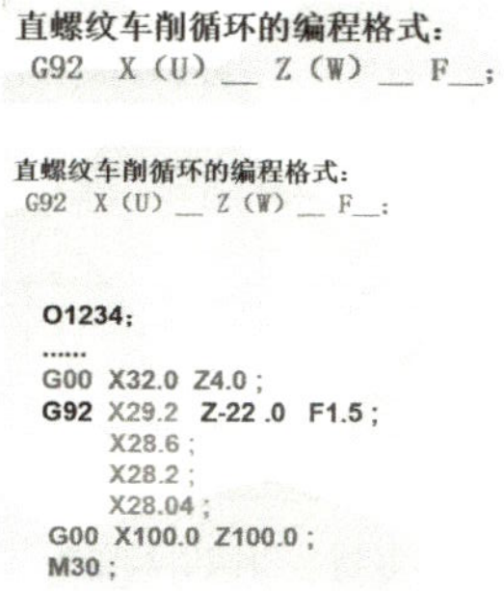 直螺纹车削循环的编程格式： G92 X（U）＿ Z（W）＿ F＿； 直螺纹车削循环的编程格式： G92 X（U）＿ Z（W）＿ F＿； O1234： …… G00 X32.0 Z4.0； G92 X29.2 Z-22.0 F1.5； 　　 X28.6； 　　 X28.2； 　　 X28.04； G00 X100.0 Z100.0； M30；	发现 G92 走刀路线的特殊之处，理解以数字和先后顺序表示的每一步所实现的加工功能。 观察 G92 的走刀路线，总结规律	通过视频和程序的对应关系，让学生能够发现循环指令简化的优点，逐渐产生学习的乐趣

145

（续表）

教学环节	教学内容	学生活动	设计意图
活动 2：探究式学习螺纹切削 G92 指令	5. 锥螺纹切削指令简介 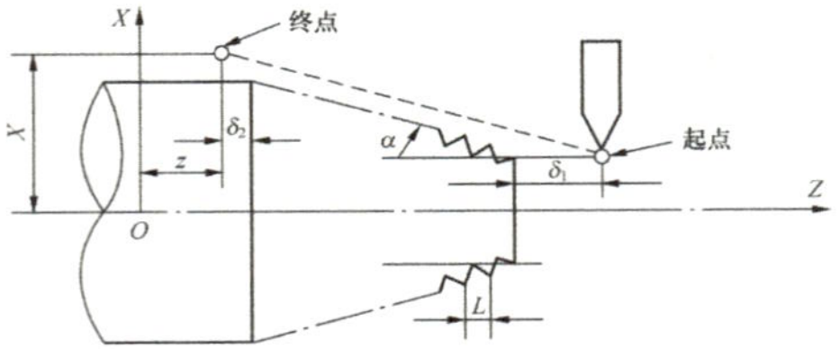 圆锥螺纹车削循环的编程格式： G92 X (U) — Z (W) — R — F； R 为锥螺纹起点与终点的半径差。 R= (X起点 -X终点)/2 6. 注意事项 （1）螺纹加工前工件直径一般取 D大=D公 − 0.1F。 （2）螺纹切削时应注意在两端设置足够的升速进刀段 δ1 和降速退刀段 δ2。 （3）螺纹切削过程中，不能换速，否则会产生乱牙。 （4）不能使用进给速度修调功能和进给暂停功能。 （5）螺纹加工的进刀量可以自行以按照速递减原则确定，但是建议查表获得	对比发现指令参数的相同点和不同点。 依据新认识的 G92 指令，完成线上写的 G32 指令程序段简化。 对比直螺纹和锥螺纹的区别，自行思考如何实现锥螺纹的锥度。 认真学习使用指令时的注意事项，并思考还有无遗漏。 分组做练习，要求做完后，自行讲解每一行编程指令的意义	使学生放小组自行讨论指令格式，并且注意其参数与 G32 的区别。 让学生尝试编程，难免出错，注意正向引导，避免类似错误出现。 让学生思考从原来的直行路径变成倾斜路径所需参数设定，使学生知其所以然

（续表）

教学环节	教学内容	学生活动	设计意图
教学活动2：探究式学习螺纹切削G92指令	7. 随堂练习 （图样：104、56、30，螺纹程为1.5） O9003 N20 M03 S300 T0101（主轴以300r/min 顺转） N30 G00 X35 Z104 N40 G92 X29.2 Z55 F1.5（切削螺纹到螺纹切削终点，降速段1mm） N50 X28.6（第2次切削，吃刀深0.6mm） N50 X28.2（第3次切削，吃刀深0.4mm） N60 X28.04（第4次切削，吃刀深0.16mm） N70 G0O×100 Z120 T0100（回换刀点并取消刀补） N80 M05（主轴停） N90 M30（主程序结束并复位）	快速分组自主练习，对比直螺纹和锥螺纹	通过指令之间的递进关系，层层地引导学生学习，逐渐培养学生的自我探究能力，对比分析能力、归纳总结能力
教学活动3：企业真实案例解决——螺纹切削循环G76指令	1. 思考企业真实生产导程为6的双线体型螺纹在加工时需要几把切刀？程序段会有多少行？ 2. 观看 G76 仿真视频 	观察图样中螺纹部分标注，对比和前面的三角形螺纹的区别，进而考虑螺纹加工的方法。观看视频，发现程序很短，却能够反复完成螺纹表面的加工，产生学习兴趣	用视频充分引起学生注意，使其认识到程序的简便，现出令参数的复杂

（续表）

教学环节	教学内容				学生活动	设计意图
知识总结	1. 螺纹加工的相关工艺知识。 2. 螺纹编程指令 G32、G92、G76。 3. 螺纹加工的注意事项				整理课堂笔记，体现格式、参数意义、应用范围、注意事项等。 根据所学知识对比完成表格研究内容	让学生通过自我整理进行知识的串联，对于重点的指令卡片形式，有助于记忆。要求学生整理成卡片形式，有助于利用碎片化时间进行强化记忆
	项目	G32	G92	G76		
	功能	加工等螺距圆柱、圆锥螺纹，也可以用于加工端面螺纹	加工圆柱、圆锥螺纹	加工不带退刀槽的圆柱螺纹和圆锥螺纹		
	加工特点	刀具的切入、切出、返回都靠编程来实现，加工程序较长，一般用于小螺距螺纹加工	刀具从循环起点开始进行自动循环，最后回到自动循环起点。一个循环包括切入、切螺纹、退刀、返回四个过程	刀具多次自动循环完成螺纹切削，切深和进刀次数等设置后就可以自动完成		
	切削方法	直进式切削，两侧刃同时工作	直进式切削，两侧刃同时工作	斜进式切削，单侧刀刃工作		
	加工精度	加工牙型精度较高，多用于小螺距螺纹加工	加工牙型精度较高，多用于小螺距螺纹加工	刀具负载较小、排屑容易，一般用于大螺距螺纹加工		
课后思考和作业	1. 完成仿真跟练 仿真跟练				课后根据线上的仿真视频完成仿真跟练，同时思考复习合表面的加工，应该如何把所学指令进行有机融合	使学生思考不同的螺纹加工注意事项及其区别，以及在实际生产中应该如何根据实际情况进行不同螺纹指令的选择

（续表）

教学环节	教学内容	学生活动	设计意图
课后思考和作业	2. 思考题 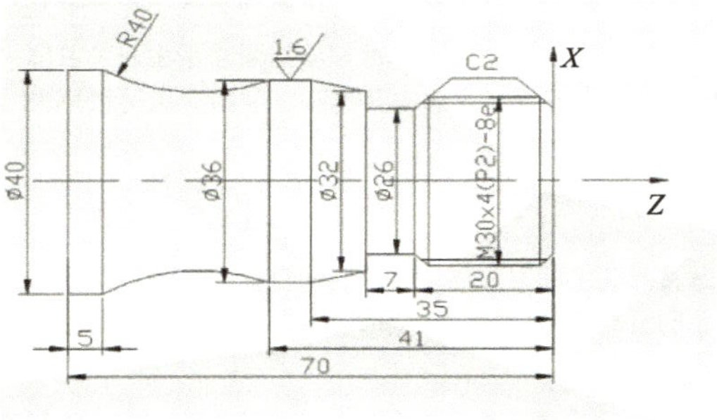	课后根据线上的仿真视频完成仿真跟练，反馈问题，同时思考复合表面的加工，应该如何把所学指令进行有机融合	使学生思考不同的螺纹加工的注意事项及其区别，以及在实际生产中应该如何根据实际情况进行不同螺纹指令的选择

4.5　机器人工程专业课程思政典型教学设计

教学设计 1：自动控制原理——控制系统导论

★ 教学目标 ★

知识目标	理解自动控制的基本原理；分析自动控制系统示例；识记自动控制分类；掌握自动控制系统基本要求
能力目标	通过理解自动控制基本原理，自动化领域实例分析，培养学生专业知识技能和团队协作能力，以及科学、严谨的态度和创造性，研究性思维
素养目标	培养学生科技兴国的思想和想大国工匠精神，塑造工程师的使命感和责任感，培养安全、节约的工程素养

（续表）

教学内容		1. 自动控制的基本原理。 2. 分析自动控制系统示例。 3. 自动控制分类。 4. 自动控制系统基本要求	
		★ 教学分析 ★	
教学重点及 对策	重点	掌握反馈的概念、自动控制系统的分类及基本要求	
	对策	1. 通过列举生活实例，使学生理解反馈概念，自动控制系统的分类及基本要求。 2. 例题讲解，理论结合实际，强化对知识的应用。 3. 课堂练习，查看学生对基本知识的掌握程度。 4. 布置课后作业来拓展知识的应用	
教学难点及 对策	难点	自动控制系统的实例分析	
	对策	1. 通过教师讲解、原理讲解、课堂巩固等，使学生掌握拉氏变换的性质。 2. 温故知新，引导学生思考，激发学生的求知欲	
		★ 学情分析 ★	
优势		1. 学生已经具备较为充足的数学知识，为本课程的学习打下了基础，能够做到触类旁通。 2. 思维活跃，学习目的性较强，对理论知识应用工程和背景应用感兴趣。	
不足		学生缺乏理论联系实际的能力	
		★ 教学思想 ★	
教学思想一		重点讲解重点内容，把握教学节奏，关注学生课堂表现。合理应用教学方法，配合课程实践练习，结合不断的思考、分析、归纳、对比，使学生掌握所学内容 ★	
教学思想二		选择丰富有趣又贴近生活和与专业相关的工程实例，配合超星网络教学平台信息化手段的使用，融合多种资源，调动学生学习的积极性，让学生看到枯燥学习的另一面，让课堂所讲授的知识有趣、有用 ★	
		★ 教学模式及手段 ★	
教学模式		课前预习—视频导入—指导教学—知识应用—课后思考 ★	

（续表）

教学环节	教学内容	学生活动	设计意图
教学手段	1. 在学习通发布视频，让学生提前预习。 2. 利用信息化（视频、图片、在线互动等）功能，增添课堂多样性，丰富课堂教学手段。 3. 实际案例讲解，强调课程重要性的同时提高学生的学习兴趣。 4. 知识归纳与总结。 5. 分析实例，理论结合实际，强化知识的应用		

★ 教学过程 ★

教学环节	教学内容	学生活动	设计意图
课堂导入	1. 在学习通发布视频。 2. 实例引入 	观看视频，认识自动控制的重要性。 根据工程中自动控制的实例，分析自动控制过程	通过视频让学生认识到自动控制的重要性，培养安全、严谨的工程素养。 通过工程实例提出问题，引导学生思考，以提高学生的学习兴趣和科学习积极性
主体部分 1：自动控制概念、发展过程、反馈	1. 自动控制 自动控制是指在没有人直接参与的情况下，利用外加的设备或装置（称控制装置或控制器）使机器、设备或生产过程（称被控对象）自动地按照预定的规律运行。 例如：数控车床按照预定程序自动切削工件。 2. 自动控制理论的发展过程 列举不同阶段实例：指南车、候风地动仪等中国古代控制装置	观看中国古代实物图片并思考、分析。 观看相关视频或图片	使学生理解自动控制的概念。 使学生关注中国传统文化，培养文化自信和民族自信，激发学生的爱国情怀

（续表）

教学环节	教学内容	学生活动	设计意图
主体部分1: 自动控制概念、发展过程、反馈	 列举航空航天技术、蛟龙载人潜水器、机器人等各领域的先进工程。案例: 2023年5月30日，神舟十六号载人飞船在酒泉卫星发射中心圆满发射成功  第一阶段: 经典控制理论（或古典控制理论）的产生、发展和成熟。 第二阶段: 现代控制理论的兴起和发展。 第三阶段: 大系统控制兴起和发展阶段。 第四阶段: 智能控制发展阶段	观看中国古代图片并思考、分析。观看相关视频或图片	使学生理解自动控制的概念。使学生关注中国传统文化，培养文化自信和民族自信。激发学生的爱国情怀

（续表）

教学环节	教学内容	学生活动	设计意图
主体部分 1：自动控制概念、发展过程、反馈	3. 反馈控制原理 在反馈控制系统中，控制装置对被控对象施加的控制作用，是取自被控量的反馈信息，用来不断纠正被控量与输入量之间的偏差，从而实现对被控对象进行控制的任务。 实例：人用手拿桌上的书。汽车司机操纵方向盘驾驶汽车沿公路行驶。 4. 反馈 取将输出量送回输入端，并与输入信号相比较以产生偏差的过程。 负反馈：反馈信号与输入信号相减，使产生的偏差越来越小。 正反馈：反馈信号与输入信号相加，使产生的偏差越来越大。 思政案例：将人生比作一个自动控制系统，引导学生在工作与学习过程中要善于使用反馈控制方式，及时纠正思想上的偏差，抵抗诱惑与干扰，提高个人修养，在反思中砥砺前行。 实例分析：热压炉温度控制系统 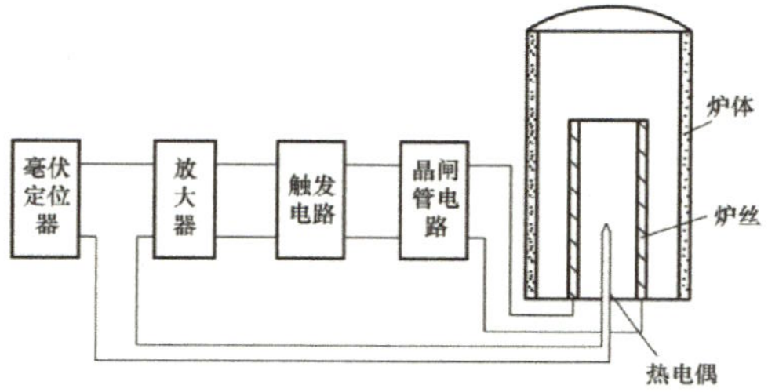 	听讲并思考问题。 分组讨论并总结闭环自动控制系统的特点	培养学生求真务实、精益求精的精神，让学生进行案例分析，得出反馈控制的基本意思，理解正负反馈概念。 通过分组讨论，使学生会对闭环自动控制系统进行分析，引导学生总结闭环自动控制系统的特点

（续表）

教学环节	教学内容	学生活动	设计意图
主体部分1：自动控制概念、发展过程、反馈	**实例分析**：水箱的水位控制系统。 5. 反馈控制系统的基本组成	听讲并思考问题。 分组讨论并总结闭环自动控制系统的特点	培养学生求真务实、精益求精的精神，让学生进行案例分析，得出反馈控制的基本意思，理解正负反馈概念。 通过分组讨论，使学生会对闭环自动控制系统进行分析，引导学生总结闭环自动控制系统的特点
主体部分2：分类	自动控制系统的分类 1. 按控制方式可分为开环控制、闭环控制、复合控制等。 实例分析：	设定一个目标，隔一段时间就进行总结、反思，是越来越接近还是偏离自己设定的目标	培养学生批评与自我批评与自我批评意识，自主学习和终身学习的意识，提升学生不断学习和适应发展的能力，为以后的学习打好基础。 使学生掌握开环和闭环控制，为以后的学习打好基础。 使学生掌握线性和非线性的分类，启示学生人生要有规划，并且要为实现目标而努力奋斗

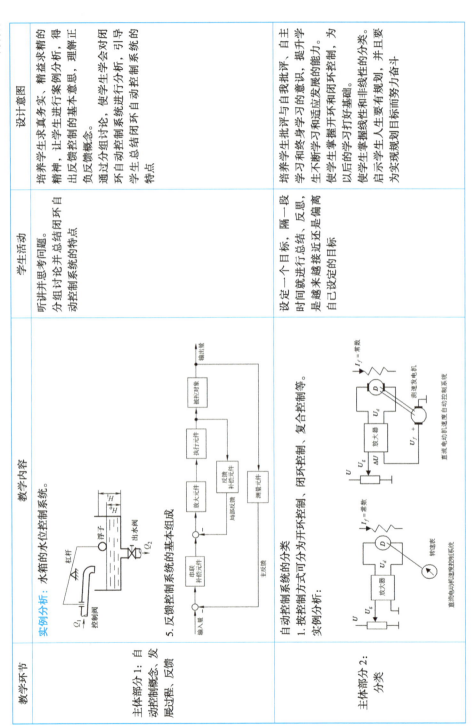

直流电动机调速控制系统

直流电动机速度自动控制系统

（续表）

教学环节	教学内容	学生活动	设计意图
主体部分2：分类	2. 按元件类型可分为机械系统、电气系统、机电系统、液压系统、气动系统、生物系统等。 3. 按系统性能可分为线性系统和非线性系统、连续系统和离散系统、定常系统和时变系统等。 4. 按输入量变化规律可分为恒值控制系统（镇定系统）、随动系统和程序控制系统等。 实例分析： 天问一号火星车的运行轨迹及着陆过程分析	设定一个目标，隔一段时间就进行总结、反思，是越来越接近还是偏离自己设定的目标	培养学生批评与自我批评、自主学习和终身学习的意识，提升学生不断学习和适应发展的能力。使学生掌握开环和闭环控制，为以后的学习打好基础。使学生掌握线性和非线性的分类，启示学生人生要有规划，并且要为实现规划目标而努力奋斗
主体部分3：基本要求	自动控制系统的基本要求： 稳、准、快。 实例分析： 	思考、互动、理解	使学生掌握稳、准、快这三个自动控制系统的基本要求
课堂练习	在学习通上发布课堂练习题	思考并在学习通自主完成课堂练习	采用学习通进行课堂练习，能够更全面地掌握学生的学习情况
知识总结	1. 自动控制的基本原理。 2. 分析自动控制系统示例。 3. 自动控制分类。 4. 自动控制系统基本要求	总结	串联知识点，强化学生记忆，帮助学生对本课程内容和知识结构进行梳理和总结
课后作业	P21 1-2题，1-7题	课后思考	考查学生对本课程知识运用的熟练程度
课后拓展	现代科技产品无人机是否有自动控制？其工作原理和控制难点是什么	查阅资料，自主完成	使学生深刻体会科技强国力量，培养文化、专业自信，提升自主学习能力

155

教学设计 2：机器人感知系统——机器人视觉系统的基础与应用的设计

	★教学目标 ★
知识目标	1. 理解机器人视觉的基本概念和工作原理。 2. 掌握常见的图像处理技术和视觉算法。 3. 了解机器人视觉在实际应用中的典型场景
能力目标	1. 能够使用常见的视觉软件（如 OpenCV、In-Sight 等）进行图像处理。 2. 能够设计和实现简单的机器人视觉系统。 3. 能够分析和解决机器人视觉系统中的常见问题
素养目标	1. 培养学生的创新思维和团队协作能力。 2. 培养学生严谨的科学态度和安全意识。 3. 激发学生对机器人技术的兴趣和探索精神
教学内容	1. 机器人视觉概述。 （1）机器人视觉的定义和应用领域。 （2）机器人视觉系统的组成和工作流程。 2. 图像处理基础。 （1）图像采集与预处理（灰度化、滤波、边缘检测等）。 （2）图像特征提取与匹配（SIFT、SURF 等算法）。 （3）目标检测与识别（Haar 特征、HOG 特征等）。 3. 视觉软件的使用。 （1）OpenCV 的基本操作与编程。 （2）In-Sight 的安装与使用。 4. 机器人视觉系统的设计与实现。 （1）基于视觉的机器人导航与定位。 （2）基于视觉的物体抓取与分拣

（续表）

★ 板书设计 ★

1. 机器人视觉系统概述。
2. 图像采集与预处理。
（1）图像采集设备。
（2）预处理技术。
3. 图像特征提取与匹配。
（1）特征提取方法。
（2）特征匹配算法。
4. 物体识别与定位。
（1）识别算法。
（2）定位技术。
5. 机器人视觉系统设计与实践。
（1）设计流程。
（2）实践案例

★ 教学分析 ★

教学重点及对策	重点	1. 图像处理的基本技术和算法。 2. 机器人视觉系统的设计与实现
	对策	1. 图像处理的基本技术和算法的对策 （1）分层次教学，循序渐进。将图像处理技术分为基础、中级和高级三个层次，逐步引导学生掌握。 （2）理论与实践结合。将理论讲解与算法实操作紧密结合，帮助学生理解解算法的实际应用。 （3）可视化教学。通过可视化工具展示算法的中间结果，帮助学生理解解算法的执行过程。 （4）问题驱动学习。通过提出问题引导学生思考算法的优缺点和应用场景。 （5）案例教学。通过实际案例讲解图像处理技术的应用

教学重点及对策	对策	2. 机器人视觉系统的设计与实现的对策 （1）模块化设计。将机器人视觉系统分解为多个模块，逐步实现。 （2）项目驱动教学。通过实际项目驱动学生学习。 （3）仿真与实物结合。先通过软件系统设计，再在实物机器人上实现。 （4）调试与优化。引导学生掌握系统调试和优化的方法。 （5）跨学科知识融合。将机器人视觉与知识结合，传感器技术等知识结合，帮助学生理解系统的整体设计。 （6）安全与规范教育。在系统设计中融入安全意识和规范操作的教育。通过案例分析讲解系统安全的重要性。在实验操作中强调规范流程和安全注意事项
教学难点及对策	难点	1. 视觉算法的理解与应用。 2. 机器人视觉系统的调试与优化
	对策	1. 通过实例演示和案例分析，帮助学生理解机器人视觉系统的实际应用。 2. 引导学生参与项目实践，通过动手操作对理论知识的理解
★ 学情分析 ★		
优势		1. 学生具备一定的计算机编程和图像处理基础。 2. 对机器人技术有浓厚的兴趣和好奇心
不足		1. 缺乏将理论知识应用于实际系统的经验。 2. 在处理复杂图像问题时可能遇到困难
★ 教学思想 ★		
教学思想一		选择贴近机器人实际应用的案例，通过任务驱动的方式激发学生的学习兴趣
教学思想二		强调理论与实践相结合，通过项目实践提升学生的综合能力
★ 教学模式及手段 ★		
教学模式		任务驱动教学：通过实际任务引导学生学习和实践。 启发式教学：通过问题引导学生思考和探索。 合作学习：使学生通过小组讨论和合作完成任务

（续表）

教学手段	多媒体课件：通过动画和视频展示机器人视觉的工作原理。 实验操作：通过实验让学生动手操作，掌握视觉软件的使用方法。 案例分析：通过实际案例分析机器人视觉的应用			
学习方法	★ 学法分析 ★			
	分析归纳：通过分析案例和任务，归纳出机器人视觉系统的核心知识点。 合作探究：通过小组合作，共同探究机器人视觉系统的设计和实现方法。 实践操作：通过动手操作，加深对理论知识的理解，提升实践能力			
教学环节	★ 教学过程 ★			
	教学内容	预设学生活动	设计意图	
课堂导入	通过展示机器人视觉在实际中的应用（如自动驾驶、工业机器人等），激发学生的学习兴趣。 提出问题：机器人是如何通过视觉感知环境的？ 	跟随教师思路，思考自动驾驶是如何实现的	创设情境，引起学生对机器人视觉的兴趣，激起求知欲望	
任务安排	给定设计任务：设计一个简单的机器人视觉系统，用于识别并定位特定物体。 设置问题：引导学生思考如何实现图像采集、预处理、特征提取与匹配、物体识别与定位等功能	分组讨论机器人视觉在生活中的应用实例	通过讨论激发学生的兴趣，使其理解机器人视觉的实际意义。 培养学生的表达能力和团队协作能力	

159

（续表）

教学环节	教学内容	预设学生活动	设计意图
知识讲解及实验	1. 讲解机器人视觉的基本概念和工作原理，包括模式识别、视觉传感器、三维重建、视觉伺服、图像处理。2. 介绍常见的图像处理技术和视觉算法，包括图像分割、图像预处理技术、特征提取与描述、目标检测与识别、应用。演示如何使用图像处理工具（如 OpenCV）对图像进行灰度化、去噪、边缘检测等操作。3. 让学生分组进行实验，使用 OpenCV 或 In-Sight 进行图像处理。实验内容：图像采集、预处理、特征提取、目标检测等	1. 认真听讲，积极思考，跟随互动，尝试理解，拓展思维。2. 使用手机图像（如教室、户外、静物等）。3. 在课堂上展示并讨论不同场景下图像的特点（如光照、噪声、清晰度等）。4. 使用 OpenCV 或 In-Sight 提取图像中的特征点，并对不同图像中的特征点进行匹配	1. 帮助学生建立对机器人视觉的基本认知。强调为实现本课程任务做好知识储备，激励学生科技创新对国家发展的重要性，树立科技报国的理想。2. 理解图像采集的过程，理解图像质量对机器人视觉系统的学习奠定基础，为后续图像处理的学习奠定基础，通过实验培养解决实际问题的能力。3. 让学生直观感受图像采集系统的学习奠定基础，培养解决实际问题的能力。在课堂教学项目中，强调团队协作，强调学生分工合作、互相合作、互相学习，通过介绍优秀工程师和科学家（如钱学森、黄旭华）的故事，弘扬精益求精的工匠精神
知识与能力拓展	通过图像处理技术实现某一颜色球的检测 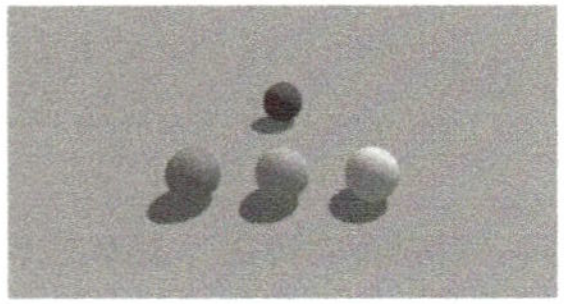	通过查阅资料，完成任务	**通过小组任务，进行拓展提升，培养学生搜集资料、整合知识、团队协作、勇于创新等能力**
小结	总结机器人视觉技术的基本原理和应用。反思实验中的问题和解决方法	撰写学习反思，总结自己在课程中的收获、不足和改进方向	帮助学生总结学习经验，明确改进方向。通过分享学习经验，促进学生之间的交流和学习。培养学生的自我反思和表达能力

（续表）

教学环节	教学内容	预设学生活动	设计意图
布置作业	通过图像模板匹配技术实现人脸检测	1. 在测试图像上运行模板匹配算法，检测人脸位置。 2. 对检测结果进行可视化，并分析算法的准确性和健壮性	1. 让学生直观感受模板匹配在人脸检测中的效果。 2. 通过结果分析培养学生的批判性思维和问题解决能力。 3. 帮助学生理解算法性能评估的重要性

教学设计 3：机器人技术基础——机器人的感知系统

★ 课程信息

授课专业	机械设计制造及其自动化	授课时数	2
授课地点	实验室	授课形式	讲授
教材分析	1. 难易适中，重点突出。 2. 对工业机器人的应用介绍全面		
课程资源	1. 玩转工业机器人——学银在线。 2. 玩转工业机器人（山东联盟）——智慧树网		

★ 学情分析

优势	1. 授课对象为机械设计制造及其自动化专业大三学生，绝大多数学生具有适合自己的学习方法。 2. 学生在机器人实训室了解了机器人本体时，提前接触一些传感器
不足	机器人的感知系统与其他课程内容交叉较少，学生可能遗忘了前置课程的内容，在学习本课程内容时有些卡壳

★ 教学目标

知识目标	理解机器人传感器的定义。 熟悉机器人各种内部传感器的基本原理。 掌握光电编码器的工作原理及应用
能力目标	能根据系统要求对各类传感器合理选型。 能进行机器人常用传感器的正确安装和调试
素养目标	培养学生关心科技、热爱科学、勇于创新的精神。 培养安全为先、严重、细致的工作态度和良好的工作习惯

★ 教学思想

教学思想一	按提出问题—新课内容讲解—课堂练习—小组讨论—归纳总结的顺序，以"问题导向 + 自由探索"的方式进行课程内容安排，一步一步引导学生自主掌握相关知识，辩证地看待问题，探讨机器人与人类共存等话题，逐步掌握每种传感器的工作原理及特点，提高学生的自主研究能力
教学思想二	本课程是机械设计制造及其自动化专业的选修课程。机器人的感知系统在本课程中仅占一章的内容，因此删减了常规的传感器技术课程中的理论分析与信息处理部分，保证"够用、适用、实用"，发挥学生的学习主动性

★ 教学模式及方法

教学模式	实例引入—问题提出—知识讲解—课堂练习—主题讨论—课后作业
教学方法	1. 采用启发式、讨论式的教学方法，以学生为中心，活跃课堂气氛。 2. 利用信息化（视频、图片、在线互动等）功能，增添课堂多样性，丰富课堂教学手段，将重点和难点——讲解到位。 3. 讲解机器人技术发展与人类的关系，激发学生思考，将知识转化为探索能力

教学环节	教学内容	学生活动	设计意图
课程导入	1. 人的感官系统（动画） 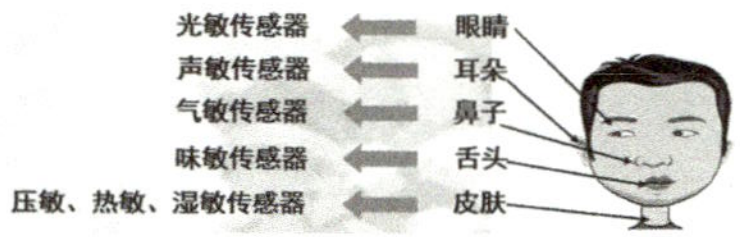 眼睛——光敏传感器 耳朵——声敏传感器 鼻子——气敏传感器 舌头——味敏传感器 皮肤——压敏、热敏、湿敏传感器 提出问题： 机器人因为有了传感器，才具有类似人的反应能力和感知能力。 2. 展示传感器实物图 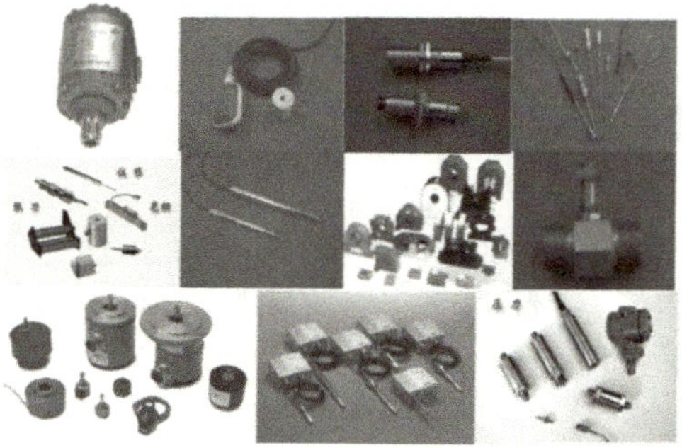 3. 学习目标 （1）理解机器人传感器的定义。 （2）熟悉机器人各种内部传感器的基本原理。 （3）掌握光电编码器的工作原理及应用（重点）	了解感知系统发展的前沿理论和技术，开阔专业视野	介绍感知和系统发展的前沿理论和技术，培养学生的逻辑思维能力

★ 教学过程

163

（续表）

教学环节	教学内容	学生活动	设计意图
主体部分 1：机器人 传感器概述	1. 传感器的定义 传感器指按一定规律实现信号检测并将被测量（物理的、化学的和生物的信息）通过变送器变换为另一种物理量（通常是电压或电流量的信息。总而言之，一切取得信息的仪表器件都可称为传感器。 2. 传感器的组成 传感器一般由敏感元件、转换元件组成。 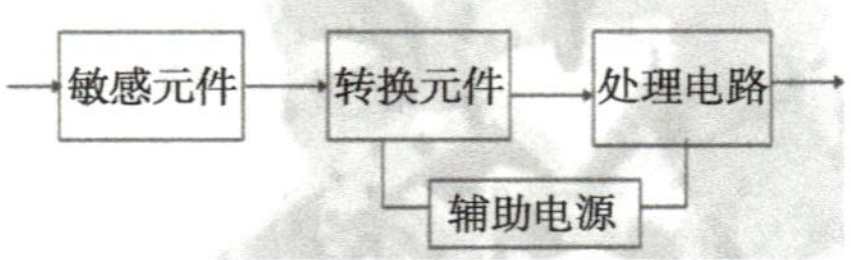 敏感元件 → 转换元件 → 处理电路 辅助电源 3. 机器人传感器的特点 机器人感觉顺序分两步进行： （1）变换——通过硬件把相关目标特性转换为信号； （2）处理——把所获信号变换为规划及执行某个机器人功能所需要的信息，包括预处理和解释两个步骤 	思考：水银体温计是传感器吗？ 小组讨论之后，回答问题：三指机械手成功拿起鸡蛋，需要哪些传感器的配合	以机器人准确抓起咖啡壶为例，引发学生思考：人类可以很容易地拿起桌面上的物体，那么机器人是怎么做到的？ 锻炼学生独立思考能力。 根据传感器在机器人中的分布情况，分类介绍内部传感器与外部传感器，引出触觉传感器及角度传感器。让学生体会到：机械手上一个动作的完成需要多个传感器的配合

（续表）

教学环节	教学内容	学生活动	设计意图
主体部分 1：机器人传感器概述	4. 机器人传感器的分类 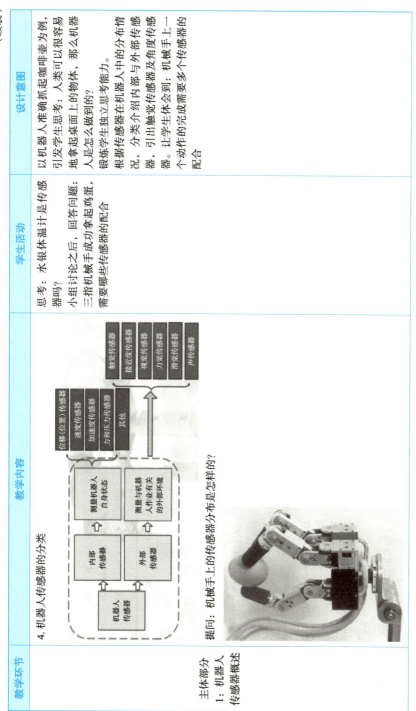 提问：机械手上的传感器分布是怎样的？	思考：水银体温计是传感器吗？ 小组讨论之后，回答问题：三指机械手成功拿起鸡蛋，需要哪些传感器的配合	以机器人准确抓起咖啡壶为例，引发学生思考：人类可以很容易地拿起桌面上的物体，那么机器人是怎么做到的。 锻炼学生独立思考能力。 根据传感器在机器人中的分布情况，分类介绍内部与外部传感器，引出触觉传感器及角度传感器：机械手上一个动作的完成需要多个传感器的配合

（续表）

教学环节	教学内容	学生活动	设计意图
主体部分2：位移（位置）传感器（重点）	1. 电位计 电位计由一个线绕电阻（或薄膜电阻）和一个滑动触头组成。 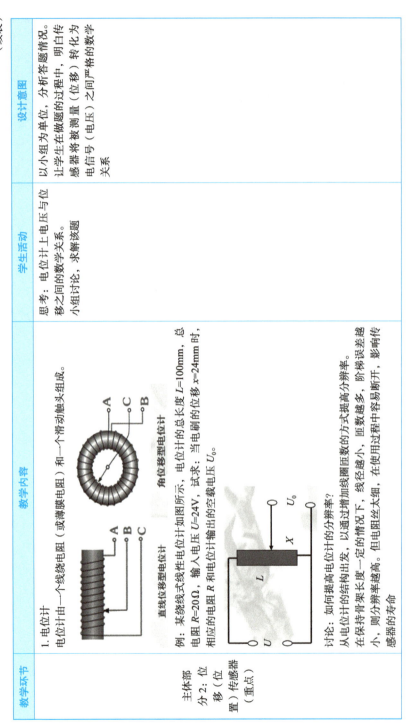 直线位移型电位计　　角位移型电位计 例：某绕线式线性电位计如图所示，电位计的总长度 $L=100mm$，总电阻 $R=20\Omega$，输入电压 $U=24V$，试求：当电刷的位移 $x=24mm$ 时，相应的电阻 R 和电位计输出的空载电压 U_0。 讨论：如何提高电位计的分辨率？ 从电位计的结构出发，以通过增加线圈匝数的方式提高分辨率。在保持骨架长度一定的情况下，线径越小，匝数越多，阶梯误差越小，则分辨率越高。但电阻丝太细，在使用过程中容易断开，影响传感器的寿命	思考：电位计上电压与位移之间的数学关系。 小组讨论，求解该题	以小组为单位，分析答题情况，明白在做题的过程中，感器将被测量（位移）转化为电信号（电压）之间严格的数学关系

166

（续表）

教学环节	教学内容	学生活动	设计意图
	为了解决以上问题，又研发了如下电位器。 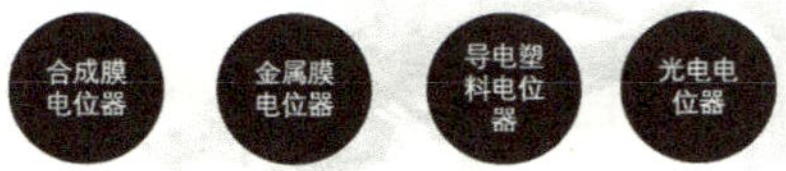 总结特点：  易磨损，电位器的可靠性和寿命受到一定程度的影响，电位计式位移传感器在机器人上的应用有一定的局限。近年来随着光电编码器价格的降低而逐渐被取代。	理解分辨率是衡量精度的重要指标	使学生辩证地看待和解决问题，提高学生分析问题的能力
主体部分 2：位移（位置）传感器（重点）	2. 光电编码器（重点） 光电编码器是角度（角速度）检测装置，通过光电转换，将输出轴上的机械几何位移量转换成脉冲数字量，具有体积小、精度高、工作可靠等优点，应用广泛。 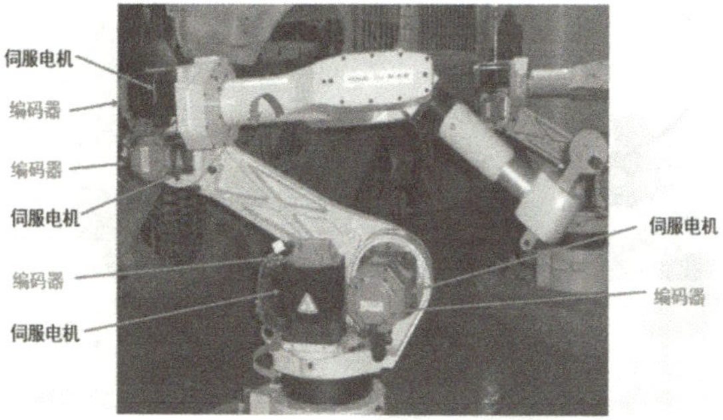 	总结出提高电位计分辨率的方法	理论与实际相结合，具备实操能力，对机器人本体、感知系统有更深刻的认识

（续表）

教学环节	教学内容	学生活动	设计意图
主体部分 2：位移（位置）传感器（重点）	编码器和伺服电动机同轴安装 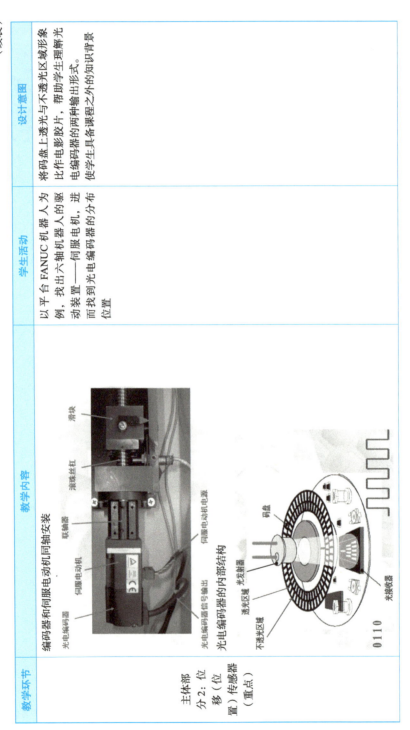 光电编码器的内部结构	以平台 FANUC 机器人为例，找出六轴机器人的驱动装置——伺服电机，进而找到光电编码器的分布器位置	将码盘上透光与不透光区域形象比作电影胶片，帮助学生理解光电编码器的两种输出形式。使学生具备课程之外的知识背景

（续表）

教学环节	教学内容	学生活动	设计意图
主体部分 2：位移（位置）传感器（重点）	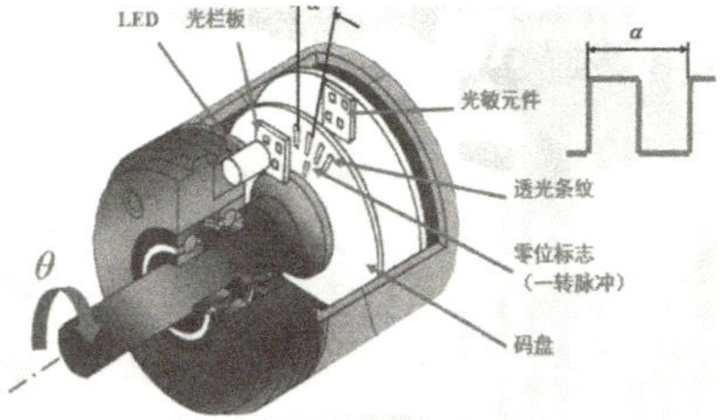 1. 动画讲解，分步介绍光电编码器的内部组成。 2. 介绍码盘上透光区域与不透光区域的输出信号形式。 光电编码器的分类 增量式编码器（重点）  绝对值编码器 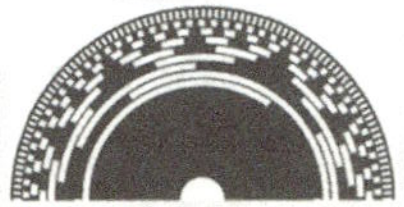 LED 光栅板 θ 增量式编码器的结构图 光敏元件　透光零位　零位标志（一转脉冲）　码盘 a 思考：如何辨别方向？ 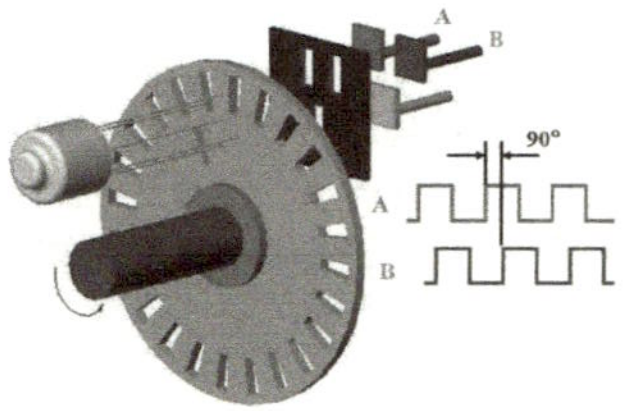 A B 90° A B	认真听讲每个组成部分的作用。 掌握计算分辨率的方法： 分辨率 $\alpha = 360° / n$ $= 360° / 1024$ $= 0.352°$ 思考：电机转速是一个矢量，既有大小又有方向，怎么辨别方向呢？ 依据动画分析二进制编码的形成方法。 提交答案并归纳总结	本着"够用、适用、实用"的原则，删减了复杂的信号处理与转换电路，着重培养学生自主探究的能力。 根据绝对值编码器的码盘，引导学生分析绝对值编码器的测量原理。通过例题的讲解，使学生除码盘直接影响光电编码器的体积。 了掌握理论知识之外，还要熟悉本知识之外的相关内容

（续表）

教学环节	教学内容	学生活动	设计意图
	光敏元件所产生的信号 A、B 彼此相差 1/4 周期，用于辨向。当码盘正转时，A 信号超前 B 信号 1/4 周期；当码盘反转时，B 信号超前 A 信号 1/4 周期。绝对值编码器（重点） 编码器 α 0000	多数学生会从制作工艺即增加码道数进行提高	通过测验验证，引导学生注意在使用增量式编码器前必须进行校准。又以打印机开机有"嘎里啪啦"的响声为例，告诉学生打印机扫描仪使用的就是增量式编码器，开机的声音表示示校准找零点的过程
主体部分 2：位移（位置）传感器（重点）	随堂练习：一个 8 位光电码盘对应的最小分辨率是多少？如果要求每个最小分辨率对应的码盘圆弧长度至大为 0.01mm，则码盘半径应至有多大？ 归纳：两种编码器的特点。 增量式编码器 优势：原理构造简单，可靠性高，适用于长距离传输 劣势：只能输出相对位置，断电数据丢失，需要找参考点。 适用：轻载/同服机器人控制。 绝对值编码器 优势：能输出轴的绝对位置，测量精度度偏大 劣势：安装调试难度偏大	讨论：如何提高光电编码器的分辨率？ 制作工艺： 增加码盘的码道数，即增加刻线数；但是，由于制作工艺的限制，当增量到一定数量后，工艺就难以实现。 数学算法： 绝对值编码器的插值法、增量式编码器的倍频法	当遇到创新瓶颈或者百思不得其解的问题时，不妨另辟蹊径。例如，制作工艺不能再实现的时候，可以从软件算法上实现，同样可以提高分辨率

（续表）

教学环节	教学内容	学生活动	设计意图
主体部分 3：速度传感器和加速度传感器	速度传感器： 测速发电机：把机械转速变换成电压信号，使输出电压与输入的转速成正比。 1—永久磁铁；2—转子线圈；3—电刷；4—整流子 直流测速发电机的结构原理 加速度传感器： 压电式加速度传感器　压阻式加速度传感器 为了抑制振动问题，有时在机器人的各杆件上安装加速度器，测量振动加速度。	认真听讲，思考压电传感器在实际生活中的应用	本着"够用、适用、实用"的原则，选择机器人中比较常用的速度和加速度参数进行介绍，提升学生学习的积极主动性
主体部分 4：力传感器	原理：力传感器经常装于机器人关节处，通过检测弹性体变形来间接测量所受力。 应用：力传感器可用来检测机器人自身关节力和机器人与外部环境物体之间的相互作用力。 分类：关节力传感器、腕力传感器、指力传感器。 力敏感元件：应变片。 动画演示应变效应；简述应变片的制作方法	思考：还有哪些材料可以作为力敏感元件	课前，下发一篇有关力传感器的研究论文，要求下次课以小组为代表，做一个读书笔记的分享活动

171

（续表）

教学环节	教学内容	学生活动	设计意图
课堂小结	1. 传感器按一定规律实现信号检测并将被测量变换为电信号，一般由敏感元件、转换元件组成。 2. 位置（位移）传感器既可用于检测位移，也可用来检测运动位置。 3. 光电编码器通过光电转换，将输出轴上的机械几何位移量转换成脉冲数字量，分为增量式编码器和绝对值编码器。 4. 速度传感器：测速发电机。 加速度传感器：压电式加速度传感器、压阻式加速度传感器。 力传感器：应变式。	归纳总结，梳理出所学的内容。 讨论：随着机器人智能化程度的提高，机器人将来能取代人类吗	使学生复习，巩固本课程中所学习的知识点，培养学生自主学习的能力

4.6 船舶与海洋工程专业课程思政典型教学设计

教学设计 1：船舶结构力学——力法的基本知识

★ 课程信息

授课专业	船舶与海洋工程	授课时数	2
授课地点	教室	授课形式	理论
教材分析	1.《船舶结构力学（第 2 版）》（吴梵主编，国防工业出版社出版）。 2. "十二五" 普通高等教育本科国家级规划教材。 3. 本课程包含 10 章，本课选自 3.2 节力法的基本知识		

（续表）

课程资源	1. 本课程采用线上线下混合式教学，线上教学资源为教师团队建设的线上课程。 2. 教学资源库

★ 学情分析

学生知识经验分析	本课程以船体结构中的连续梁为研究对象，介绍力法的基本原理及求解步骤，需要的先修知识有：船舶结构力学计算模型的建立、弯曲要素表的使用。以上知识点可以通过力法计算得到进一步巩固和提高，同时本课程内容中可以为后续求解简单刚架结构奠定基础。本课程与先修知识关联较大，而且选取力法基本体系易出错，力法方程难理解，所以是船舶结构力学课程的难点内容。在课程导入与前测中，应做适当的复习，了解知识间的关联，清楚力法在课程中的作用和重要性
学生群体特征分析	船舶与海洋工程专业班级男生人数明显多于女生。结合男女生的学习特点，在教学过程中，将本课程中的基本概念融入实际工程，调动每一位学生的学习主动性及提高参与度。将学生分为 4 组，安排分组讨论时注意男女搭配，用深入浅出的形式和多元化的教学方法进行阐述。思政教育、前沿技术，自然而然地让一位学生的学习主动性及提高参与度
学生学习能力分析	本课程知识点难理解、易出错、较复杂，学生力学基础较薄弱，这样既有利于巩固现有知识，又可以为学习后续知识打下良好基础知识点从单跨梁跨越过渡到连续梁结构

★ 教学目标

知识目标	1. 能够描述力法的基本原理。 2. 能够概括力法的基本步骤
能力目标	能够结合实际工程应用力法的基本原理及解题步骤求解船舶连续梁结构的横弯曲问题
素养目标	1. 将力法知识应用于实际工程中，获得学以致用的成就感。 2. 具备科学严谨的探索精神和精益求精的工匠精神，具有辩证思维能力。 3. 具备团队合作和沟通交流能力。 4. 具有创新意识和工程伦理意识

★教学分析

教学内容分析	力法是船舶结构力学中的一种基本方法，它可以通过研究外力与结构变形之间的关系，揭示结构的内在规律。在船舶结构力学中，力法被广泛应用于船体结构的分析，如单跨梁、连续梁、刚架、板架和板等。力法通过确定船体承受的外部载荷，并考虑这些载荷与船体结构变形之间的关系，可以得出船体结构在不同情况下的应力分布情况。这对船体结构的设计和优化是至关重要的，因为它可以帮助工程师了解船体在不同情况下的强度和稳定性，从而确保船体的安全性和性能。同时，力法还可以与其他方法（如位移法、能量法等）相结合，进一步丰富和完善船舶结构力学的理论和方法。因此，力法在船舶结构力学课程中具有重要的地位和作用。力法不仅可以为后续课程及研究生课程的学习打下坚实的基础，而且能够使学生具备发现、分析和解决海洋工程专业的学生来说是必要的，它不仅可以为后续课程及研究生课程的学习打下坚实的基础，而且能够使学生具备发现、分析和解决问题的能力，从而更好地应对实际工程中的挑战
强调重点	【重点】 （1）力法的基本原理。 （2）力法的求解步骤。 【解决方法】 （1）通过学习下发课前学习任务——观看超静定结构视频，使学生通过视频回顾静定结构与超静定结构的概念。 （2）通过图文结合的方式对力法的原理进行讲解。 （3）利用有限元分析软件展示超静定结构转化为静定结构的等效效果。 （4）由学生讨论，归纳力法求解的基本步骤。
突破难点	【难点】 （1）基本体系的选取。 （2）力法方程的建立。 【解决方法】 （1）通过例题的讲解对力法进行具体运用。 （2）利用学习通设置分组任务，各小组分别对问题进行讨论，派出代表对题目进行讲解
思政元素融入方式	1. 以生活中的连续梁结构——清水河特大桥为例导入课程，该桥梁通过连续梁结构以析代墩，既解决了高原冻土地带路基不稳定的问题，还为藏羚羊等野生动物提供了自由迁徙的通道。由此可见，在工程设计过程中需要注意人与自然的和谐共生的问题。 2. 由分析得到的多余约束并不是真切的多余，从而引出，团结协作，齐心协力才能提高效率和获得成功，在科学研究时要善于融入团队，懂得发挥自身优势，为团队贡献出自己的一份力量

★ 教学资源使用

资源名称	设计意图
多媒体教学课件	采用文本、图片、视频、动画设置等有机组合方式吸引学生注意，激发学生学习兴趣，辅助学生解决在学习中遇到的困难
在线开放课程	通过学习教师团队建设的线上课程，培养学生自主学习能力。课前上传学习课件、视频资料，辅助学生完成课前预习，课中让学生进行团队展示、头脑风暴、讨论互动，课后进行学习反馈和问答讨论
学习任务	课前通过学习通发布任务，让学生明确所学习内容及要求，并使学生通过网络、教材等查询相关学习内容，任务驱动将"要我学"变为"我要学"

★ 教学方法

教学方法	设计意图
任务驱动式教学	课前通过学习通发布学习任务，课中以这项任务为教学载体，采用"做中教"的方式，有效组织项目导入、任务分析、先修知识检测，夯实理论、任务实施、总结拓展等教学内容
启发式教学	采用提出问题—分析问题—解决问题的方式，引导学生层层挖掘相关知识点，通过互动讨论等方式加强师生互动，在解答问题的过程中充分发挥学生的主观能动性，培养学生的科学思维
探究式教学	使学生分组，并选一名技能较好且有责任感的学生作为组长（即助教），有效促进小组内、小组间的交流、互动，培养学生团队协作能力，提高学习效率，同时也方便小组内和组间评价

★ 教学流程

教学环节	教学内容	教学设计	设计目的	教学方法
项目导入	连续梁结构	连续梁应用实例导入——桥梁；船体结构中的连续梁应用	1. 引入研究对象——连续梁结构。 2. 课程思政切入点——工程伦理问题	任务驱动式教学
任务分析	教学目标	知识目标、能力目标、素养目标	明确重点	成果导向
先修知识检测	单跨梁的求解方法	学习通互动测试	对先修知识进行检测，为学习本课程内容做准备	课堂互动 随机提问
夯实理论	力法的基本概念；力法的基本步骤	分组讨论：如何将超静定结构转化为静定结构；讲解基本概念；探究思考：弯曲要素的计算方式；思维导图，总结求解步骤	1. 通过启发、探究、讨论环节相机使学生对力法的基本原理。 2. 培养学生的探究能力和团队协作能力	主题讨论 探究式教学 启发式教学
任务实施	连续梁结构的求解	分组任务：连续梁结构的求解；分组讨论、课程思政：多余约束的作用	1. 通过分组任务的实施，检查掌握情况。 2. 培养学生团队协作能力。 3. 课程思政切入点	分组任务 小组讨论
总结拓展	总结；实验结构计算	梳理总结；工程实例：军辅船甲板纵桁	1. 培养学生总结、概括的能力。 2. 通过工程案例，培养学生解决实际工程问题的能力	工程案例

★ 教学思想

教学思想一	重点内容重点讲解，把握教学节奏，关注学生课堂表现。合理应用教学方法，如启发提问法、小组讨论法、比较分析法、互动式教学、沉浸式教学等，配合团队项目案例情景设计的头脑风暴进行实践练习，让学生通过教师讲解、配合思考，讨论与实践对比，掌握所学内容
教学思想二	选择学科领域最新科研进展，配合学习通的使用，融合多种资源，调动学生学习的积极性，让学生看到枯燥学习的另一面，让课堂所讲授的知识有趣、有用
教学思想三	在进行教学设计和课件制作时，使用 PPT 图文并茂授课，使知识传授深入浅出，让学生更容易理解课堂所讲内容，增强学习信心，从而更好地保持学习积极性

★ 教学评价

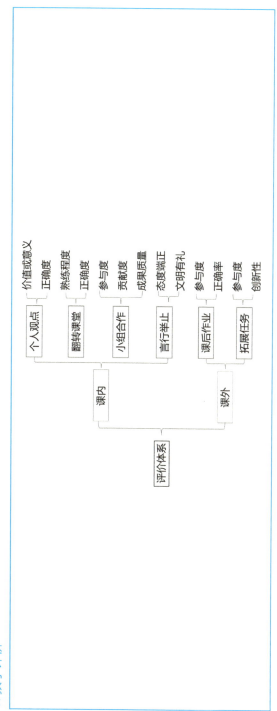

★教学过程

环节	教师活动	学生活动	信息化应用	设计意图
课前	【发布自主学习任务单】 1. 制作自主学习任务单并上传至学习通。 2. 学习通课前视频——超静定结构	【线上自主学习】 1. 查看自主学习任务单，完成预习。 2. 通过观看视频理解超静定结构的概念及超静定次数的判定，为学习新内容奠定基础	1. 利用网络教学平台推送学习微课和资源库网址。 2. 让学生通过群聊方式实时反馈任务完成进度和与教师交流过程中的困难，激发小组之间的互帮互助意识。 3. 通过网络教学平台查看学生课前学习情况	1. 利用自主学习任务单为学生学习提供指导。 2. 帮助学生回顾超静定结构的概念及超静定次数的判定，为学生学习新内容奠定基础
项目导入	【教师讲解】 生活中的连续梁结构：清水河特大桥，讲解其以桥带路的设计理念。 【回扣主题】 船体结构中的连续梁结构。 【提出问题】 如何对连续梁结构进行求解	【听讲思考】 回顾连续梁结构计算模型及其对应的船体结构	清水河特大桥视频介绍 PPT展示	【课程思政】 清水河特大桥采用连续梁结构设计，既解决了高原冻土地带路基不稳定的问题，还为藏羚羊等野生动物提供了自由迁徙的通道。由此可见，在工程设计过程中需要注意人与自然和谐共生的问题
任务分析	【教学内容】 (1) 方法的基本概念。 (2) 方法求解的基本步骤。 课程导入，展示学习目标，明确重难点	【听讲思考】 清楚本课程的学习目标及掌握重难点	PPT展示	明确学习目标及重难点，便于学生评价课堂学习效果
先修知识检测	【发布问题】 1. 单跨梁结构的求解方法。 2. 超静定次数的判定	【思考回答】 思考回答发布的问题	利用学习通发布主题讨论及随机提问	通过随机提问及头脑风暴，检查学生对课前视频基础内容的掌握情况，提升学生的注意力

（续表）

环节	教师活动	学生活动	信息化应用	设计意图
夯实理论	【教师讲解】以最简单的双跨连续梁弯曲问题的求解来说明方法原理	【听讲思考】思考针对超静定结构的求解思路	利用 PPT 进行讲解说明	在进行方法的讲解过程中，从最基础、最简单的连续梁结构入手，便于学生理解和掌握力法原理
	【设置分组讨论】如何将双跨连续梁结构转化为静定结构？引导学生思考如何将该超静定结构的双跨连续梁转化为静定结构	【思考探究】【小组协作】两种转化方式　方法1 方法2	利用学习通发布主题讨论	在教学过程中逐步引导学生进行自主分析，增强学生的学习信心
	【教师讲解】针对方法 1 给出基本结构、基本未知量、基本体系的概念	【听讲思考】明确基本结构、基本未知量、基本体系的概念	利用 PPT 进行讲解说明	强调基本概念，使学生明确基础知识
	【提出问题】如何求解 v_{iq} 和 v_{iR}？分析基本体系与原结构的联系，列出变形协调方程	【思考回答】回忆求解弯矩要求表的使用方法	PPT 学习通 弯曲要素表	涉及弯曲要素的部分由学生查表查得结果，考查学生对所学知识的掌握和运用情况
	【教师讲解】针对方法 2，对基本结构、基本未知量进行讲解。求解基本未知量 M 的思路	【听讲思考】明确基本结构、基本未知量、基本体系的概念	PPT	强调基本概念，使学生明确基础知识

（续表）

环节	教师活动	学生活动	信息化应用	设计意图
夯实理论	【提出问题】如何求解端面转角？	【思考回答】运用求解单跨梁的求解方法，查弯曲要素表 $\ell_{10} = \dfrac{Ml}{3EI} - \dfrac{ql^3}{24EI}$ $\ell_{12} = \dfrac{Ml}{3EI} + \dfrac{ql^3}{24EI}$ $M = \dfrac{ql^2}{8}$	PPT 学习通 弯曲要素表	涉及弯曲要素的部分由学生查表查得结果，考查学生对所学知识的掌握和运用情况
	【设置分组讨论】总结两种方法的共同点	【头脑风暴】通过小组讨论，总结两种方法的共同点	通过学习通主题讨论生成词云	由学生总结两种方法的共同点，培养学生归纳总结的能力
	【总结概括】力法的求解原理及求解步骤	【听讲思考】根据力法的求解步骤绘制流程图	PPT 思维导图	归纳总结求解步骤，使学生明确解题思路
任务实施	【分组任务】设置分组任务，求解不同的连续梁结构，并由小组选派学生进行讲解。	【思考探究】【小组协作】【学生讲解】	PPT 学习通	通过习题的讨论与讲解，使学生掌握力法的求解

（续表）

环节	教师活动	学生活动	信息化应用	设计意图
任务实施	【分组讨论】多余约束是否真的多余？ 【梳理总结】 1. 力法的基本概念。 2. 力法求解的一般步骤： 分析结构、判定超静定次数 ↓ 确定基本结构、基本未知量、基本体系 ↓ 根据变形协调条件建立力法方程 ↓ 求解基本未知量 ↓ 求解结构弯曲要素	【探究思考】连续梁有中间支座，它的变形和内力通常比单跨梁要小 【思考总结】	PPT 学习通 思维导图	【课程思政】通过求解得出连续梁有中间支座，它的变形和内力通常比单跨梁要真梁要小。可见多余约束并不是真的多余，从而引出，因结构比单跨梁要得成齐心协力才能提高效率和获得成功，在科学研究时要善于融入团队，懂得发挥自身优势，为团队贡献出自己的一份力量 串联知识点、强化学生记忆，有助于学生对主要教学内容和知识结构进行梳理和总结
总结拓展	【实解结构计算】以某军辅船的甲板为研究对象，试求解此甲板纵衍，画出其弯矩图与剪力图	【小组协作】 【拓展学习】	学习通 实船算例	布置课后作业，考查学生对课堂教学重点的掌握情况，培养学生自我总结和分析的能力

181

（续表）

环节	教师活动	学生活动	信息化应用	设计意图
	【拓展提升】利用有限元分析软件建立梁结构模型进行求解分析，并与解析结果进行比较	【小组协作】【拓展学习】	Ansys 有限元分析软件	使用有限元分析软件建立连续梁结构模型，对比解析结果，使学生清晰、直观地看到结构的变形及应力分布情况，同时通过简单的算例使学生掌握有限元分析软件的基本操作，为后续专业课程的学习奠定基础
总结拓展	【拓展提升】推送知网论文 	【论文研读】【拓展学习】	知网论文	通过学术论文的推送，让学生了解力法的前沿应用情况

教学设计 2：船舶原理——初稳性公式和初稳性高

★ 课程信息

授课专业	船舶与海洋工程	授课时数	2
授课地点	教室	授课形式	理论
教材分析	1.《船舶原理（上册）（第二版）》（高新船舶与深海开发装备协同创新中心组编，上海交通大学出版社出版）。 2. 全国优秀教材二等奖，首届全国教材建设奖。 3. 本科课程包含 9 章，本课程内容选自 4.3 节"初稳性公式和初稳性高"		
课程资源	1. 本课采用线上线下混合式教学，线上教学资源为教师团队建设的线上课程。 2. 教学资源库中的实船数据库，行／企业规范及专业前沿知识		

★ 学情分析

学生知识经验分析	初稳性公式及初稳性高是衡量船舶稳性能的主要指标，是贯穿初稳性一章性能计算的基础，与后续知识点紧密联系。本课程的先修知识有：稳性的定义和复原力矩的形成等。以上知识点需要通过初稳性公式和初稳性高的计算和应用得到进一步的巩固和提高。同时，本课程内容也为后续分析各种因素对初稳性性能影响的计算奠定基础。本课程的理论性较强，前后联系密切，公式记忆复杂，注重实践应用的方法和技巧，所以是船舶原理课程的重难点内容。在课程导入和测试中，需适当重复习，让学生清楚概念及公式表达；在后续巩固和拓展延伸中，应通过多手段、多途径加深记忆，让学生掌握初稳性计算
学生群体特征分析	船舶与海洋工程专业班级男生人数明显多于女生。结合男女生的学习特点，在教学过程中，将本课程中的基本概念融入实际工程、思政教育、前沿技术，用深入浅出的形式和多元化的教学方法进行阐述。对学生进行分组，安排分组讨论时注意男女搭配，调动每一位学生的学习主动性及提高参与度
学生学习能力分析	本课程知识点难理解、易出错、复杂、难应用。学生数学基础薄弱，可能有明显的畏难情绪。授课过程中应该循序渐进，自然而然地让学生从单跨梁结构过渡到连续梁结构，这种既有利于巩固先修知识，又可以为学习后续知识打下良好基础

★教学目标

知识目标	掌握初稳性公式，可以利用初稳性公式分析船舶三种平衡状态及条件，熟练应用初稳性公式进行实船稳性计算
能力目标	通过初稳性高与水面船舶平衡状态的关系判断、计算，培养学生的逻辑性、创新型和研究性思维
素养目标	具有严谨重的科学思维、创新应用能力和团队合作意识

★教学分析

教学内容分析	船舶初稳性是船舶第二航行性能稳性的一种，涉及船舶航行安全的计算和分析，也是后续稳性内容的基础，是课程内容的基础。本课程具有公式多、难记忆，应用难的特点。通过线上理论知识的学习，运用初稳性公式在课前理解初稳性高及初稳性高的推导过程，掌握其表达方法。通过线下课程的实船计算，运用初稳性公式及初稳性高，验证船舶纵稳性能大于初稳性案例，使学生掌握船舶初稳性高的计算方法。通过案例，学生可以理解船舶初稳性的含义，结合初稳性公式和初稳性高计算，进一步理解船舶平衡状态和船舶主尺度之间的关系，并能够利用总结的步骤方法进行计算，提升学生运用所学专业知识解决工程实际问题的能力。初稳性公式和双体船初稳性对比，课后通过项目拓展，改善学生对本课程内容的掌握情况和提升学生运用所学专业知识解决工程实际问题的能力
强调重点	【重点内容】记忆船舶初稳性公式、初稳性高公式，熟练应用公式进行船舶初稳性的计算。 【解决对策】 1. 通过自学导学案要求学生自学线上教学视频，掌握初稳性公式和初稳性高公式的理论推导过程。 2. 通过翻转课堂，学生讨论，总结实船初稳性高计算的方法
突破难点	【难点内容】结合船舶平衡状态判断依据，得出实船平衡状态，并给予充分证明。 【解决对策】 1. 通过实船案例导入，进行小组讨论，确定船舶平衡状态的判断步骤。 2. 将计算结果与行业规范对比，验证所学内容，强化知识记忆，并提升应用能力。 3. 参与企业横向课题，将理论应用到工程实践中

（续表）

思政元素融入方式	1. 以"东方之星"沉船事件视频作为导入案例，使学生重视船舶航行安全，增强学生的安全意识。 2. 以头脑风暴方式发起"初稳性高是否越大越好"的论题，学生小组讨论，自行总结，从而培养学生的辩证思维，强化学生遵循事物发展规律的意识。 3. 通过介绍我国深潜器的发展历程及在深潜器稳性问题的研发中遇到的困难，使学生树立兴海报国的奋斗目标

★ 教学资源使用

资源名称	设计意图
多媒体教学课件	采用 PPT、图片、视频、动画等方式吸引学生注意，激发学生学习兴趣，辅助学生解决在学习中遇到的困难
在线开放课程	学习通在线开放课程。 通过使学生学习学习通上的在线课程，培养学生自主学习能力。课前上传导学案、学习资料，辅助学生完成课前预习，课中让学生进行小组汇报、讨论、头脑风暴、随堂测试等，完成课程知识的深度学习，课后进行作业反馈和课外拓展推送
学习任务	课前通过导学案推送学习任务，使学生明确学习内容及要求，设置分组汇报，使学生成为课堂的主体

★ 教学方法

	教学方法	设计意图
学法	自主学习	通过学习通发布的自学导学案，完成学习任务，根据线上视频、PPT 和其他教学资源进行自主学习
	探究式学习	根据教学内容完成主题讨论、探究环节，深化知识理解与应用
	合作式学习	课前、课中、课后进行小组合作，培养团队协作意识和提高集体凝聚力
	实践体验	通过实船性能和企业横向项目计算应用练习，强化理论知识应用，培养实践应用能力和工程素养
教法	启发式教学	采用提出问题—分析问题和企业—解决问题的方式，引导学生层层挖掘相关知识点，在解答问题的过程中发挥学生的主观能动性，培养科学的思维方法
	翻转课堂式教学	通过发布小组任务，让学生收集资料，进行课堂翻转，培养学生的合作探究、自主学习能力与语言表达能力
	任务驱动式教学	结合线上教学视频内容完成船舶初稳性高的计算和应用，掌握课程的重难点
	实船、项目实践教学	通过实船航行性能的计算参与企业横向课题的计算分析，提升课程理论知识的应用能力

★ 教学流程

教学环节	教学内容	教学设计	设计意图	教学方法
课前自学 视频导入	船舶稳性	学习通观视频学习 2015年"东方之星"沉船事件 稳性在航行性能的重要性	1. 课前线上自学，使学生掌握初稳性公式和初稳性高的基础知识。 2. 实船视频导入，激发学生对船舶航行安全的重视。 3. 培养学生安全第一、遵守职业道德的职业素养。	任务驱动 视频导入 问题思考
	教学目标	知识目标、能力目标、素养目标	明确课程学习内容重点	成果导向
自学检测	初稳性公式	学习通互动测试	检测学生线上学习成果	随堂测试
理论推导 实船计算 规范计算校核	初稳性高	总结：初稳性高是衡量船舶初稳性的主要指标 头脑风暴：初稳性高宜越大越好 翻转课堂：初稳性计算的主要指标及行业规范要求	1. 通过课堂测试，引发学生思考，总结船舶初稳性高是衡量船舶初稳性的主要指标。 2. 通过头脑风暴培养学生辩证思维。 3. 培养学生按照行业规范要求计算的规范意识	头脑风暴 启发式教学 翻转课堂 分组讨论 理论推导 实例讲解 规范校核 知识拓展
	初稳性高 实船计算	结论：实船计算初稳性高 分组讨论：单体船与双体船的初稳性高计算 结论：双体船初稳性高大于单体船	1. 以学生为主体，通过翻转课堂、分组讨论计算实船的初稳性，并与实践探究相结合。 2. 通过纵向对比初稳性的实例计算，培养学生处理主次矛盾的辩证思维。 3. 培养学生的团队协作能力	
	平衡状态 判断	知识拓展：深横摇的稳性平衡 讲解：水面船舶及潜体的平衡状态判断 实船总结：平衡状态与船体主尺度的关系	1. 以成果为导向，通过理论推导—实船验算使学生加深知识理解与掌握。 2. 引入我国深潜器在研发阶段遇到的困难，使学生学习我国科学家的勇于探索、不畏艰难的科学、奉献精神	
课堂小结 项目应用	总结 课后拓展	知识图谱：考研预习计算 项目应用：使用数值模拟软件对某海洋结构物的初稳性进行计算	1. 总结梳理，培养学生良好的学习习惯。 2. 课后应用：拓展学生专业知识，培养学生自主学习，善于运用专业知识解决工程问题的创新精神。	思维导图 项目应用 计算机辅助 船计算

★教学思想

教学思想一	以学生为主体，采用翻转课堂、小组讨论、头脑风暴等形式将课堂变为展示学生学习成果的舞台，提高学生课堂参与度
教学思想二	强化理论应用，引用考研例题、实船计算、企业项目分析等真实案例，使枯燥的公式变得更生动，提高学生知识的获得感和实践应用能力
教学思想三	采用视频、图片等形式将"东方之星"沉船事件、深潜器的初隐性探索因难等思政元素渗透到课堂中，培养学生的安全意识、辩证思维，以及科学创新、不畏艰难、兴海报国的精神

★教学评价

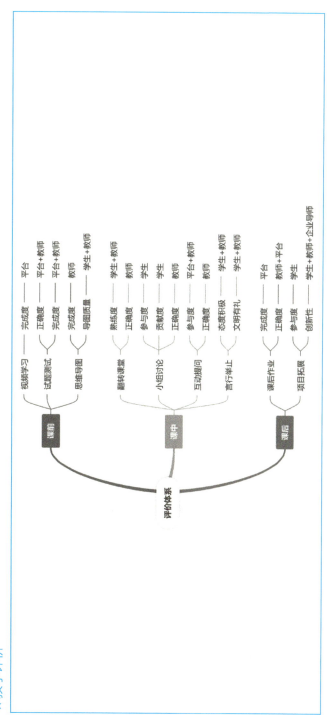

★教学过程

环节	教师活动	学生活动	信息化应用	设计意图
课前	【发布自学导学案】 1. 制作线上自学导学案，上传至学习通。 2. 在学习通发布线上视频学习任务——初稳性公式和初稳性高。 3. 安排翻转课堂分组任务。 4. 发布线上自学成果测试题	【线上自主学习】 1. 查看线上自学导学案，明确线上自学任务。 2. 观看学习视频，掌握初稳性公式和初稳性高的表达方法，为学习线下新授课程内容奠定基础。 3. 总结线上自学知识图谱，为线下翻转课堂做准备。 4. 完成随堂测试	1. 在网络教学平台推送基础知识学习视频和课程资源库网址。 2. 学生通过班级群实时反馈学习过程中与教师交流任务完成进度。 3. 通过网络教学平台查学生课前学习情况。 4. 根据测试题统计结果判断学习中的难点、疑点	1. 利用线上自学导学案为学生提供学习指导。 2. 使学生进行初稳性计算基础知识线上自学，为学习新授课程奠定基础。 3. 使学生分组汇报学习成果，激发小组成员间互帮互助和团结协作的精神
视频导入	【视频观看】 引入2015年6月1日"东方之星"沉船事件新闻报道。 【引发思考】 海上船舶航行安全的重要性、船舶失事原因探讨 【回扣主题】 船舶初稳性的重要性。 【提出问题】 船舶初稳性的衡量标准及判断方法	【观看视频，思考"东方之星"沉船原因 【回答问题】 通过复原力矩或初稳性公式判断船舶初稳性性能	"东方之星"沉船视频报道 PPT展示 PPT展示	【课程思政】 "东方之星"沉船事件是我国航运史上的一次重大事故，通过视频使学生重视船舶航行安全，增强学生的安全意识 通过提问的方式检验学生对初稳性概念及公式的掌握情况，导入本课程所学内容

188

（续表）

环节	教师活动	学生活动	信息化应用	设计意图
任务分析	【教学目标】 教学内容： （1）初稳性公式的表达； （2）初稳性高的计算与应用。 课程导入，展示学习目标，明确重难点	【听讲思考】 清楚本课程的学习目标及重难点	PPT 展示	使学生明确学习目标及重难点，便于学生评价课堂学习效果
先修知识检测	【发布问题】 1. 初稳性公式的表示方法。 2. 重心、稳心和浮心三点的位置关系。 $\overline{GM} = \overline{KB} + \overline{BM} - \overline{KG}$ $= \overline{BM} - \overline{BG}$	【思考回答】	学习通发布主题讨论及选人答题 PPT 展示	通过随机提问及主题讨论检测学生对课前线上自学的基础内容的掌握情况，提升学生的课堂注意力
夯实理论	【教师讲解】 1. 由稳性定义，结合理论力学课程的力矩知识，讲解复原力矩的形成机制，引出初稳性公式和纵稳性公式。 $M_R = \Delta \cdot \overline{GZ} = \Delta \cdot \overline{GM} \sin\varphi \approx \Delta \overline{GM}\varphi$ $M_{RL} = \Delta \cdot \overline{GZ} = \Delta \cdot \overline{GM}_L \sin\theta \approx \Delta \overline{GM}_L\theta$ 2. 根据公式表达，定量分析，复原力矩越大，其稳性性能越强的结论。 【头脑风暴】 小组讨论"初稳性高是否越大越好"	【理解思考】 1. 掌握初稳性公式和纵稳性公式。 2. 思考初稳性高是否越大越好。 【讨论探究】 依据所学知识自由表达，输出观点。 【深入理解】 掌握行业规范对船舶性能的约束	PPT 展示 学习通发布主题讨论	在初稳性公式的讲解中，结合力学课程的力偶矩得到稳性性能的衡量指标是初稳性高。 【头脑风暴】【课程思政】 发起头脑风暴，让学生讨论"初稳性高是否越大越好"，从而培养学生的辩证思维，增强学生遵循事物发展规律的意识

（续表）

环节	教师活动	学生活动	信息化应用	设计意图
夯实理论	【教师总结】 结合规范中"各类船舶横稳性高的范围"，总结初稳性高的数值要选取适当。 | 渔轮	0.5～1.0	潜水艇（水上）	0.3～0.8
航空母舰	2.7～3.5	潜水艇（水下）	0.2～0.4		【理解思考】 1. 掌握初稳性公式和纵稳性公式。 2. 思考初稳性高是否越大越好。 【讨论探究】 依据所学知识自由表达，输出观点。 【深入理解】 掌握行业规范对船舶性能的约束	PPT展示 学习通发布主题讨论	在初稳性公式的讲解中，结合力偶稳性的力偶矩的衡量指标是得到稳性性能的衡量指标是初稳性高。 【头脑风暴】 【课程思政】 发起头脑风暴，让学生讨论"初稳性高是否越大越好"，从而培养学生遵循事物发展规律、增强学生遵循事物发展规律的意识
任务实施	【教师讲解】 利用重心、稳心、浮心三者之间的位置关系确定初稳性高的计算公式。 【翻转课堂】 实船初稳性高和纵稳性高的计算。 **方形船稳心半径的计算** 主尺度：$L \times B \times d$ 【应用小结】 $$\frac{BM_L}{BM} = \left(\frac{L}{B}\right)^2$$ 船舶的纵稳性比初稳性大得多	【听讲思考】 【学生讲解】 小组讲解实船的初稳性高和纵稳性高的计算方法和结论。 【听讲思考】 【讨论探究】 【小组讲解】 计算说明双体船的初稳性高大于单体船	PPT展示 在学习通评价小组翻转课堂效果 在学习通发布主题讨论	利用翻转课堂将所讲解的理论公式应用到实船计算中，提升学生对知识的应用能力，锻炼学生的计算和表达能力。 验证两条稳性结论，提升学生知识应用能力，使学生能够运用所学专业知识解释、分析实际问题同题和工程实例

（续表）

环节	教师活动	学生活动	信息化应用	设计意图
任务实施	【教师讲解】 现代新型船舶——双体船的发展及性能优势。引发思考 "双体船的初稳性高为什么比单体船大"。 【小组讨论】 单体船和双体船的初稳性高计算。 [图] 【计算总结】 $\overline{BM_\text{S}} = 7\overline{BM_\text{D}}$ 双体船的初稳性高大于单体船	【听讲思考】 【学生讲解】 小组讲解实船的初稳性和纵稳性高的计算方法和结论。 【听讲思考】 【讨论探究】 【小组讲解】 计算说明双体船的初稳性高大于单体船	PPT 展示 在学习通评价小组翻转课堂效果 在学习通发布主题讨论	利用翻转课堂将所讲解的理论公式应用到实船计算中，提升学生对知识的应用能力，锻炼学生的计算和表达能力。 让学生从实船计算中自行验证两条稳性结论，提升学生知识应用能力，使学生能够运用所学专业知识解释、分析实际问题和工程实例
	【知识拓展】 我国深潜器的发展历程及遇到的深潜器稳性的研发困难。 【引入主题】 初稳性公式和初稳性高的应用：判断水面船舶与潜体平衡状态。 【教师讲解】 从复原力矩和横倾方向之间的关系，可以判断船舶平衡状态的稳定性能	【听讲思考】 掌握船舶平衡状态的判断方法。 【小组讨论】 讨论、总结初稳性高的计算及应用	PPT 展示 采用图片、视频等方式导入我国深潜器发展历程	【课程思政】 通过介绍我国深潜器的发展历程及在深潜器稳性研发中遇到的困难，海报国的奋斗目标，使学生树立兴海报国的奋斗目标。 通过引入人考研真题，分情况讨论初稳性计算的两种情况，强化记忆，深化应用

（续表）

环节	教师活动	学生活动	信息化应用	设计意图
任务实施	【实船案例】船舶平衡状态与船舶主尺度之间的计算 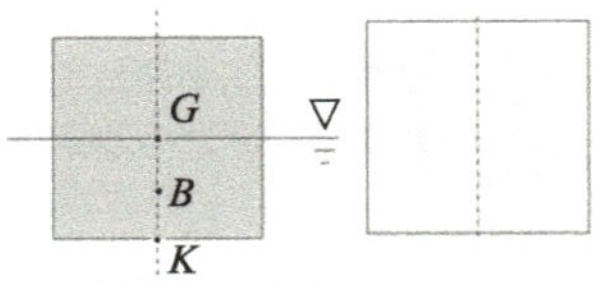 方形船 $L\times B\times D=l\times l\times l$，$\omega=0.5$ 判断某初稳性生船（图中：G、B、K）	【学生总结】初稳性计算中常见的两种计算步骤。 1. 已知船舶主尺度判断船舶平衡性能。 2. 已知船舶平衡状态判断船舶主尺度大小	PPT展示 采用图片、视频等方式导入我国深潜器发展历程	【课程思政】通过介绍我国深潜器的发展历程及在深潜器稳性研发中遇到的困难，使学生树立兴海报国的奋斗目标。通过引入考研真题，分情况讨论初稳性计算的两种情况，强化记忆，深化应用
	【图谱总结】（思维导图：初稳性公式、初稳性值等） 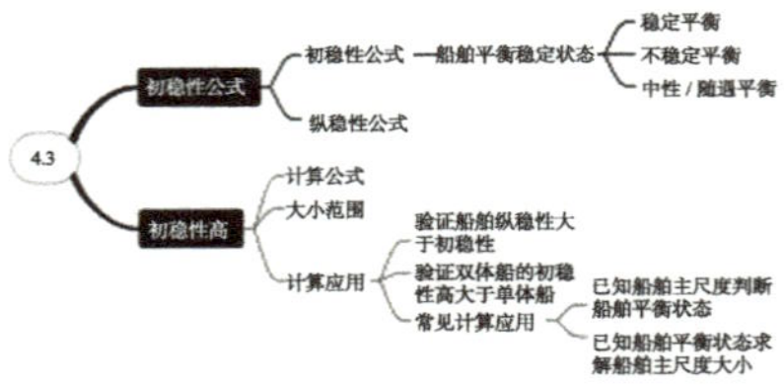	【思考总结】	【思维导图】	使用思维导图绘制知识图谱，进行总结、串联知识点，强化记忆和应用
总结拓展	【课后巩固】学习通发布考研习题。 正三角形截面的实心船舶，其密度为 ω_1，在密度为 ω_2 的液体中航行，问：ω_1 与 ω_2 满足什么条件，此船舶能否保持稳定平衡。	【课后巩固】	【考研习题】	通过推送考研习题和课后内容，考查学生对本课程内容的掌握情况，培养学生的分析和应用能力

（续表）

环节	教师活动	学生活动	信息化应用	设计意图
总结拓展	【项目应用】 通过学习通发布课后延伸：小组分工合作，使用数值模拟软件对海洋结构物稳性进行计算，并将数值模拟计算结果发布到作业区	【小组合作】 【课后延伸】	学习通	通过联合企业，开展项目应用，让学生分组分工合作，自学软件完成项目计算，培养学生运用所学知识解决工程实际问题的实践创新能力

教学设计 3：船舶 CAD——应用阵列绘制双层底剖面图

课　题		应用阵列绘制双层底剖面图	
课程名称	船舶 CAD	所属章	船舶 CAD 绘图编辑
课程性质	专业选修课	学分	2
授课学时	64	授课学期	5

★ 教学背景

船舶 CAD 课程为国家级一流专业建设点——船舶与海洋工程专业必选课程，是一门实践性非常强的学科专业课程，在船海类专业领域有着广泛应用。随着学校办学定位的确定及对学生培养目标的要求的提高和后续课程的专业知识到的深入，船舶 CAD 课程趣味来趣受到重视，一直在不断建设与完善中。本课程中船体结构图绘制是对船体结构的巩固与延伸，为掌握计算机辅助船体建造软件的使用打下了基础

★教学理念

本课程秉承"理论、实践、能力、创新"的教育理念，通过单元项目化教学，实现"由知识学习向能力培养迁移，由以教师为中心向以学生为中心迁移，由成绩产出向成果产出迁移"（三个迁移）的教学方法，使学生在项目实例练习的同时掌握船舶 CAD（Computer Aided Design，计算机辅助设计）绘图，计算机辅助船体建造软件的实际应用方法

★学情分析

本课程开发对象为船舶与海洋工程专业大三学生，学生在前期已经系统学习了船体结构的组成和船舶图纸的识读，初步具备手工制图的经验，为用计算机绘制船体图纸打下了良好的基础。学生思维敏捷，计算机运用能力较强，且有着强烈的好奇心和求知欲，容易接受新事物、新观念，适应性强，但也缺乏一定的自控力和动手实践能力，需在教学中善用问题引导，借助信息化手段，增强学生的学习兴趣。在教学中，教师应该注重船体结构图纸与 CAD 绘图实例的结合，加强二维和三维之间的思维转换训练，培养学生自主学习及动手操作的能力，通过 CAD 操作熟悉船体图纸的设计、绘制过程，让学生在实践中学习、进步

★教学目标

知识目标	1. 熟练掌握船舶绘图实例——实肋板所在双层底剖面图。 2. 掌握图形编辑命令——阵列的调用和操作方法。 3. 掌握矩形阵列、环形阵列和路径阵列的应用
能力目标	1. 能够熟练应用 CAD 图形编辑命令——阵列。 2. 能够灵活应用所学命令绘制船体图
素养目标	1. 在小组合作中，养成认真、扎实的职业素养，增强共同进步的团队意识。 2. 在任务分析过程中，培养化繁为简、模块分割、逐个突破的能力和思维方式。 3. 在绘图过程中，培养二维和三维之间的思维转换意识

★教学内容

| 教学重点 | 船舶绘图实例；图形编辑命令——阵列 |
| 教学难点 | 利用图形编辑命令绘图 |

（续表）

教学内容融合思政元素	图形编辑是计算机船舶绘图不可缺少的一部分，利用图形编辑命令可以非常方便地对线、圆、多边形等简单图形进行修改和构造，生成更为复杂的图形，从而大大地提高绘图效率，同时有效地降低绘图难度。想成为新时代优秀的工程师，除了应具有认真扎实的基本品质，还应有敢于开拓创新的能力，将图形编辑命令应用于船体结构图绘制，从而实现复杂图形的快速绘制。课前导入举例：一张复杂船体结构图的构成。

★ 教学方法与环境资源

教学方法	课中通过实例分析和绘制，培养化繁为简，模块分割，逐个突破的能力和思维方式，在拓展迁移环节，通过介绍计算机辅助船体建造软件来讲解 CAD 软件的二次开发，培养学生勇于开拓的创新意识，在小组讨论环节，培养学生的团队意识 1. 采用任务驱动式教学、启发式教学，通过项目实例引导学生解决问题，开展小组讨论，探究式学习；通过实践演示教学，使学生完成二维和三维图形之间的思维转换。 2. 使学生课前通过自主式学习激发主观能动性；课中通过项目实践练习，进行合作式学习；课后根据设置的主题进行小组合作，探究式学习
教学资源准备	1. 教师：任务图纸、讨论话题、多媒体课件、练习作业、CAD 实训室、网络教学资源等。 2. 学生：借助学习通完成课前任务，进行自主学习
信息化手段	1. 三维动画 2. 操作视频二维码 3. 线上教学平台

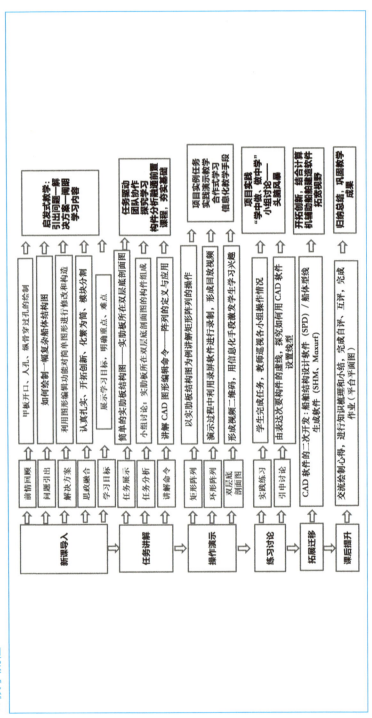

★教学流程

★教学过程

（一）课前准备

教学环节	教学活动		教学意图	课时
	教师活动	学生活动		
准备工作	1. 在学习通发布课前小练，进行知识回顾。 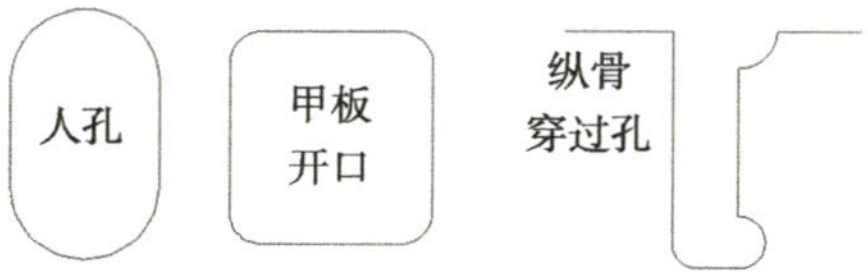 （甲板开口、人孔、纵骨穿过孔 图示） 2. 调试 CAD 绘图软件。 3. 准备绘图实例和三维动画	1. 熟悉基本图形编辑命令。 2. 利用图形编辑命令绘图	检验学生命令的掌握情况和课前状态	10 分钟

（二）课堂教学

教学环节	教学活动		教学意图	课时
	教师活动	学生活动		
新课导入	1. 展示一张复杂船体结构图，分析构成。 2. 引导学生思考如何对简单图形进行修改和构造。 3. 解决方案：使用图形编辑命令。 4. 展示学习目标，明确重难点	1. 参与图纸分析讨论。 2. 积极思考，寻求解决方案。 3. 清楚本课程的学习目标及重难点	培养学生化繁为简、模块分割、逐个突破的能力和思维方式	10 分钟

（续表）

教学环节	教学活动		教学意图	课时
	教师活动	学生活动		15 分钟
任务讲解	1. 教师发布绘制任务——绘制实肋板所在双层底剖面图，并从一张简单的实肋板结构图入手，引导学生如何利用编辑、形编辑命令对人孔、甲板开口等简单结构进行组合和编辑，实现复杂图形的绘制。 2. 教师讲解实肋板所在双层底剖面图。 命令选用：绘制该图，可使用直线、圆、多段线等基本图形编辑命令，以及阵列和复制等图形编辑命令。 3. 教师讲解 CAD 图形编辑命令——阵列。 定义：阵列命令可以用已经绘制好的实体对象复制出等距离或者等角度环形排列的实体对象。 特点：阵列可用来快速、准确地复制一个对象，并根据对行数、列数、中心点的设定来任意摆放和排布这个对象	1. 借助网络平台上的三维动画及实验室的节点模型，分析图纸上的构件组成，位置和尺寸。 2. 小组派代表讲解分析结果。 构件组成：由内底板、外板、桁材、外底纵骨、圆形减轻孔、纵骨穿过孔、助板垂直扶强材组成。 位置尺寸：圆形减轻孔在水平方向为等间距布置，纵骨穿过孔、助板垂直扶强材除在旁桁材位置处空缺外，其他也等间距布置。 3. 融通前置船体结构与制图课程，夯实基础	1. 采用任务驱动画式教学完成项目实例的教学和实践。 2. 使学生团队协作，探究式学习，锻炼学生分析问题和解决问题的能力。 3. 培养学生的空间思维能力，使其完成二维和三维图形之间的思维转换	

198

（续表）

教学环节	教学活动		教学意图	课时
	教师活动	学生活动		20 分钟
操作演示	1. 通过 CAD 软件演示矩形阵列的使用方法。 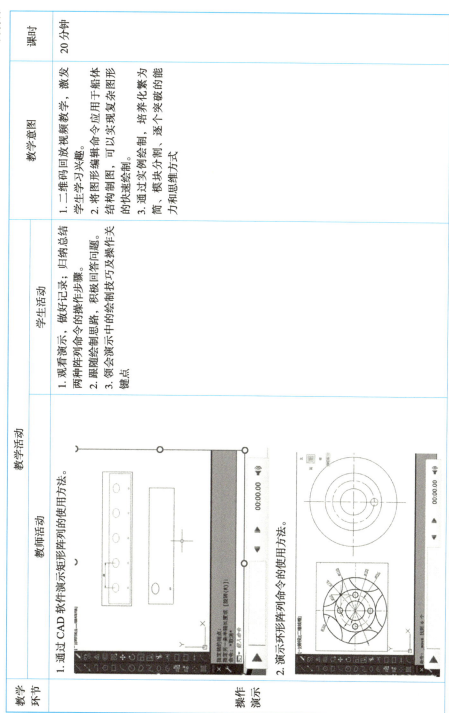 2. 演示环形阵列命令的使用方法。	1. 观看演示，做好记录；归纳总结两种阵列命令的操作步骤。 2. 跟随绘制思路，积极回答问题。 3. 领会演示中的绘制技巧及操作关键点	1. 二维码回放视频教学，激发学生学习兴趣。 2. 将图形编辑命令应用于船体结构制图，可以实现复杂图形的快速绘制。 3. 通过实例绘制，培养化繁为简、模块分割、逐个突破的能力和思维方式	

（续表）

教学环节	教学活动		教学意图	课时
	教师活动	学生活动		
操作演示	3. 演示双层底剖面图的步骤和操作方法。 （1）使用多段线命令绘制带有线宽的内底板、外板、桁材、外底纵剖面线。 （2）用直线命令和圆命令绘制最左侧的圆，纵骨穿过孔和助板垂直扶强材主视图。 （3）使用阵列命令 array 复制圆，纵骨穿过孔和助板垂直扶强材。 （4）在操作演示过程中利用录屏软件进行录制并形成二维码，方便学生重复复习难点、疑点。	1. 观看演示，做好记录；归纳总结两种阵列命令的操作步骤。 2. 跟随绘制思路，积极回答问题。 3. 领会演示中的绘制技巧及操作关键点。	1. 二维码回放视频教学，激发学生学习兴趣。 2. 将图形编辑命令应用于船体结构制图，可以实现复杂图形的快速绘制。 3. 通过实例绘制，培养化繁为简、模块划分、逐个突破的能力和思维方式	20 分钟
练习讨论	1. 在教室内巡视各小组完成的过程，了解他们的掌握程度和出错的地方。 2. 结合学生完成任务的情况，提出问题以引发学生思考"如何用 CAD 软件设置线型"	1. 进行绘图操作（可借助视频二维码）。 2. 小组讨论：发现问题、讨论问题、解决问题。 3. 结合问题进一步思考，探究软件新命令的使用	利用任务绘制实践，在"学中做、做中学"的过程中提升学生的绘图能力	35 分钟

（续表）

教学环节	教学活动		教学意图	课时
	教师活动	学生活动		
课堂小结/拓展迁移	1. 根据学生课堂学习情况，对课堂教学进行简明扼要的知识梳理和小结，指出学生需要课后复习、巩固的内容。 2. 用鼓励性语言对学生进行整体评价。 3. 介绍船舶结构设计软件（SPD）/船体型线生成软件（SHM、Maxurf）	1. 交流绘制心得。 2. 完成自评、互评。 3. 提交绘制练习。 4. 了解 CAD 软件的二次开发	1. 培养学生梳理、总结的习惯，巩固教学成果。 2. 开拓创新，结合计算机辅助船体建造软件拓宽视野	10 分钟

（三）课后提升

教学环节	教学活动		教学意图	课时
	教师活动	学生活动		
课后提升	1. 在学习通发布课后作业。 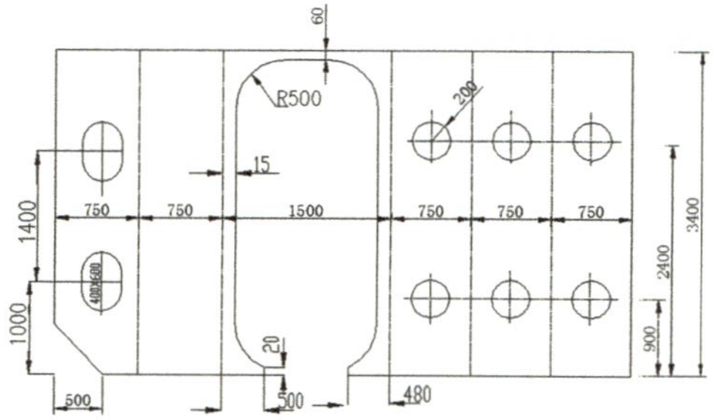 2. 批改作业，记录、反馈学生的问题和易错点。	1. 利用课上所学完成绘图作业。 2. 完成课程内容笔记，提交作业	使学生形成完整的知识体系	30 分钟

★ 绘制任务

实肋板所在双层底剖面图

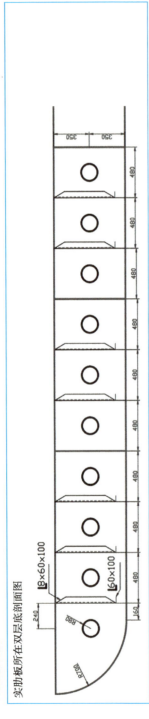

4.7 智能交互设计专业课程思政典型教学设计

教学设计 1：智能交互设计专业导论——眼动实验

★ 课程信息

授课专业	智能交互设计
授课地点	教室
相关资料	1. 英伟达的智能用户体验驾驶舱视频。 2. 学术文献——关键词：眼动评价
课程资源	1.《智能交互设计专业导论》在线开放课。 2.Tobii 眼动仪直播课——眼动研究的实验设计
授课时数	2
授课形式	线上线下混合式教学

★ 教学目标

知识目标	1. 掌握眼动实验的一般流程。 2. 掌握眼动追踪的主要分析指标——可视化分析指标和量化分析指标。 3. 了解眼动追踪技术最新研究进展
能力目标	1. 能够针对不同设计对象，分析其特点，设计眼动实验。 2. 能够根据眼动数据进行量化分析
素养目标	培养解决问题的能力，以及科学严谨、精益求精的工匠精神

★ 教学分析

教学内容	1. 眼动研究技术指标。 2. 眼动实验案例。 3. 眼动研究发展趋势		
教学重点及 对策	重点	1. 眼动技术分析指标。 2. 眼动研究发展趋势
	对策	1. 通过日常生活中的实例，让学生理解眼动技术分析指标，通过对其进行深度讲解使学生掌握。 2. 对眼动研究发展趋势进行总结，梳理现实应用
教学难点及 对策	难点	1. 眼动实验设计。 2. 眼动实验数据分析
	对策	1. 给出案例，让学生课上分组进行数据分析。 2. 设定案例，让学生分组实操。 3. 课后强化练习，让学生分组完成给定参考资料的实验设计

★ 学情分析

优势	1. 新建人机工程学实验室有眼动仪设备，学生可直接进行实验。 2. 学生对眼动数据采集、评价有较浓厚的学习兴趣，是自主学习的内在动力源。 3. 前期的学习内容为眼动评价打下了良好的课程基础
不足	1. 学生综合运用知识的能力略显不足，欠缺实验设计经验。 2. 眼动数据的分析指标较为复杂，理解较为困难

★ 教学模式及手段

教学模式	采用 BOPPPS 六步教学法，包括：课程导入、学习目标、预评估、参与式学习、后评估、总结
教学手段	1. 目标导向：使学生能够在问题驱动和目标导向的情境中，主动参与学习，积极思考和互动，进一步提高自主学习和有效发展的能力，将所学知识内化为自己的能力，提高对眼动技术的理解能力，同时也能够通过实际应用。 2. 启发式教学：采用提出问题—分析问题—解决问题的方式，引导学生逐步进入学习主题，并检验学生学习效果。 3. 小组任务：设置眼动实验分组任务，培养学生的合作，表达和沟通能力，提高学生的课堂参与度

★教学过程

教学环节	教学活动	教学内容	设计意图
课堂预热	教师活动：课前发放调研问卷。学生活动：提出本课程想讨论的问题	课前开放问卷： 必答【简答题 12 月 24 日，课堂上想讨论、学习的问题。有问题的同学写，没问题的请忽略。】 〈关键词设计〉 问卷　三　填截表图〉 产品设计 引导 思维 想象力 已看了？	增强学生的课堂参与意识，自主学习意识
课堂导入	教师抛出问题，学生分组讨论	1. 以常见的红绿灯为例，抛出问题：色盲（弱）的人如何识别红绿灯？引发学生的好奇心和兴趣。 2. 以眼动应用视频为引，提出本课程研究问题：（1）眼动分析的数据有哪些？（2）眼动研究的指标是什么？鼓励学生参与讨论	引导学生多关注身边的设计，同时对周边事务多思考
学习目标	教师讲解	**知识目标** 1. 掌握眼动实验的一般流程。 2. 掌握眼动追踪的主要分析指标——可视化分析指标和量化分析指标。 3. 了解眼动追踪技术最新研究进展。 **能力目标** 1. 能够针对不同设计对象，分析其特点，设计眼动实验。 2. 能够根据眼动数据进行量化分析。 **素养目标** 培养解决问题的能力，以及科学严谨、精益求精的工匠精神	使学生明确本课程学习目标，有针对性地进行学习

（续表）

教学环节	教学活动	教学内容	设计意图
课程教学环节1：眼动追技术指标	教师提出问题，学生回答，教师补充新内容	眼动类型：注视、眼跳和追随运动	设问本课程核心内容，引发学生思考，使学生快速进入状态。提高学生分析和解决问题的能力，同时锻炼学生的联想能力
课程教学环节2：眼动追踪的主要分析指标	教师进行基本概念引入与讲解，引导学生分析每个指标的应用情景	案例：热点图、注视轨迹图。引出眼动追踪的主要分析指标：可视化分析指标、量化分析指标。 1. 可视化分析指标。 热点图：展示出被试者在刺激材料上的视线分布情况。 注视轨迹图：显示出被试者在刺激材料上的视线位置、顺序和对某个区域的观察时间。 兴趣区：划分出有意义的行为和事件发生的时间段。 2. 量化分析指标。 首次进入兴趣区的时间。 注视点的持续时间总和。 注视点的持续时间总和所占百分比。 看到的人数百分比	借助案例图片将理论内容层层剥开，引导学生全面理解，使学生可建构不同的评价指标间的递进关系，为实验设置和分析打好理论基础

（续表）

教学环节	教学活动	教学内容	设计意图
课程教学环节 3：（翻转课堂、生评生评）眼动实验案例	**分组任务** 根据眼动分析指标，试分析该广告的眼动实验结果，并指出该广告的设计亮点与不足	问： 1. 图片的线索是否吸引了顾客？ 2. 该广告的设计是否成功？ 3. 该广告主要应用了哪些可视化分析指标？简述其作用 Benetton 广告的注视图 A. 0～5s 时，单个被试 B. 1～2s 时，46 个被试 C. 2～3s 时，46 个被试	利用生动有趣的实际案例，让学生分组完成案例分析，并进行小组间互相打分，加深对知识的理解和领悟，查漏补缺
课堂实训：实操——眼动实验	**分组实验** 通过实验室眼镜式眼动仪对 HUAWEI Mate 60 Pro 海报进行眼动实验的设计	分组实验： HUAWEI Mate 60 Pro 宣传海报眼动实验。 实验对象：学生。 实验设备：七鑫易维 aSee Glasses。 实验样本：HUAWEI Mate 60 Pro 海报。 实验目的：检验学生对知识点的掌握能力和实际应用能力 	培养学生的民族自豪感和爱国情怀。通过实验检验学生的学习效果

207

（续表）

教学环节	教学活动	教学内容	设计意图
课堂讨论	教师提问	1. 眼动技术指标与眼动追踪分析指标的区别。 2. 举例：眼动实验的应用 	巩固学生对眼动指标的认识及应用
课程教学环节4：眼动研究发展趋势	教师提问：除了主流应用，眼动实验还可以用于哪些方面？学生回答	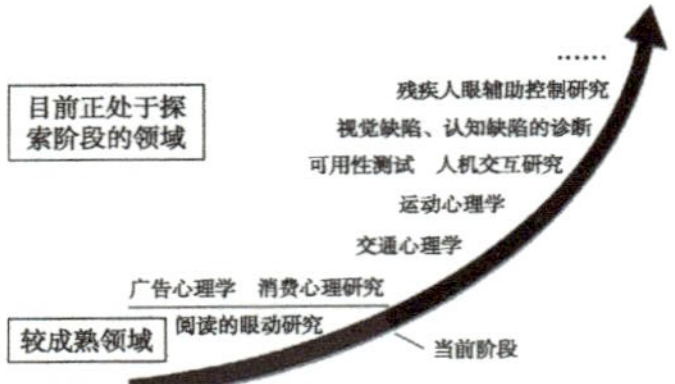 眼动研究发展趋势：可用性、人机交互	抛出最新研究进展，引导学生课外自学
课后拓展提升	布置分组任务，知识延展：参考智慧树上传的眼动实验完成设计和数据采集分析	让学生分组通过查阅资料，小组讨论等形式，完成任务	通过小组任务，进行拓展提升，培养学生文献阅读、知识整合，团队协作，勇于创新等能力
课后调研	教师活动：课后发放调研问卷。学生活动：提出本课程中的不足和期待老师改进的地方	课后匿名调研问卷：  	征集学生对本课程的建议和反馈，体现师生平等，让学生感觉得到尊重和激励

教学设计 2：工程制图——立体的投影

一、教学基本情况

（一）课程概况

课程名称	工程制图	授课学时	32
课程类型	专业基础必修课	授课对象	智能交互设计专业大一学生
授课内容	3.1　平面立体的投影 3.2　回转曲面立体的投影	授课学期	第一学期
教材	《工程制图（第三版）》（张彤、刘斌、焦永和主编，高等教育出版社出版）		

（二）教学背景

复杂的物体都可以看成由若干基本体组合而成。基本体有平面立体和曲面立体两类。平面立体的投影是绘制组合体视图的基础，在内容上属于画法几何部分和机械图样的过渡部分，在整体内容上起到承上启下的桥梁作用。立体的投影是立体各表面投影的总和，因此，运用之前所学习的点、线、平面的投影特性，可以完成平面立体的投影作图

（三）教学理念

坚持"双中心、双核心"的原则。以学生学习为中心，以学习效果为核心价值目标，培养学生的工程素质和职业责任感；以立德树人为核心，制定价值目标，使学生树立社会主义核心价值观；以学习效果为核心价值观；以学生发展为核心，制定能力目标，要求学生能够进行二维、三维形体的正确转换，以三维形体思创教学，开展课程思政教学，坚持立德树人，采用线上线下混合式教学模式，制定知识目标，要求学生读懂和熟练绘制工程图样。在整个教学过程中，基于 OBE 理念，实现塑造品行、传授知识、培养能力、启迪思维、拓展视野，对标"两性一度"的金课目标

（四）教学目标

知识目标	能力目标	素养目标
通过对平面立体的投影的学习，能够完成平面立体的投影作图，完成平面立体点、线的绘制，为截交线的求取奠定理论基础	能够用点、线、面投影知识实现平面立体的投影，以及平面立体点、线的作图	1. 激发求知欲、上进心，培养积极进取、正确的人生观和价值观。 2. 遵守国家标准，培养严谨的工作作风，一丝不苟的大国工匠精神。 3. 在生活和工作中遇到事情要进行分析，比较得到最佳的解决方式，达到事半功倍的效果

209

（续表）

（五）学情分析	
本课程授课对象为本科大一的学生，他们已经在高中学习过立体几何、数学等课程，具备所需的理论基础。开始学习本课程之前，学生已经学习了投影的基础知识，包括点、线、面的投影及相关的投影特性，具备相应理论基础和绘图技能。学生在动手能力上有所欠缺，故在黑板上进行作图示范必须作为不可缺少的教学环节	
（六）教学内容分析	
由立体的分类入手，引入平面立体，采用任务驱动法，引入多个典型案例，分析平面立体的形状，结合前序所学点、线、面知识，完成平面立体的三面投影作图。通过三维立体和实物模型，讲解立体表面点的投影的求法。在教学过程中，采用现代信息化手段和传统黑板示范作图相结合的方式，充分调动学生的积极性，使学生动手绘图，掌握绘图技能。设置课堂教学情境，采用实物和三维模型，充分引导学生思考，为逐步建立空间思维奠定良好的基础。教学中注意引用典型案例，让学生能够充分参与课堂，巩固课堂知识，完成本课程的培养目标	
教学重点	1. 平面立体的投影。 2. 平面立体表面取点、线
教学难点	平面立体表面取点、线
教学难点分析及对策	难点：平面立体表面取点、线。 教学对策：采用制作的模型，结合 PPT 和动画，同时结合点、线、面的投影特性，讲解平面立体表面求点的方法与步骤，让学生在学习新知识的同时，复习、巩固点、线、面投影。同时，将现代信息化手段与传统黑板示范作图相结合，带领学生动手作图，提升兴趣，提高学生课堂参与度，巩固知识，为截交线的作图奠定基础
教学创新思政融入	1. 课前：发布与本课程相关的预习、复习小视频，从点、线、面过渡到体，让学生思考体该如何投影，并通过预习视频，认识立体；小组讨论并举例说明平面立体和曲面立体的定义，以此培养学生的团队合作精神，提升发现问题、探索解决方法的能力，培养自学能力。 2. 课中：通过全国三维数字化创新设计大赛国家奖龙鼎奖图片，激发学生的求知欲、上进心，使学生积极进取、勇于探索、乐于创新，培养正确的人生观和价值观。通过强调平面立体的三视图作图和表面点、线的求取的国家标准，使学生遵守国家标准，培养严谨的作风，学习一丝不苟的大国工匠精神。 3. 课后：发布学科热点追踪任务，拓展学生视野，提升工程素养

（续表）

（七）教学方法与环境资源

教学方法	学法	1. 自主式学习：学生课前根据教师发布的视频及任务，准备资料自主学习。 2. 探究式学习：课中完成主题讨论，探究环节，将感性认识升华为理论知识。 3. 合作式学习：课前、课中进行小组合作，提高团队协作能力；课后讨论学科热点，关注时事新闻，及时了解社会，拓宽视野，增长知识
	教法	1. 任务驱动式教学：结合课堂所讲重要内容，使学生完成课前的学习任务，引出本课程的教学内容。 2. 启发式教学：采用提出问题—分析问题—解决问题的方式，引导学生层层挖掘相关知识点，在解答问题的过程中发挥学生的主观能动性，掌握科学的思维方法。 3. 示范性教学：示范作图，让学生边听边跟随绘制，在掌握知识的同时，充分参与课堂。 4. 探究式教学：使学生通过课前小组合作，完成资料的搜集和讨论，复习、预习任务，培养学生团队合作意识及分析利解决问题的能力
教学资源准备		1. 课前教师根据教学内容，结合学情，搜集相关教学资料，发布预习至学习通、QQ群。 2. 推送相关资料。 3. 在学习通发布主题讨论。 4. 其他资源：多媒体课件、图片、动画、视频、MOOC教学资源、课后测试题、技能考证题目，往年大赛赛题等
信息化手段		1. 视频与图片 2. 超星网络教学平台 　教学资源： 　∧ 第3章 基本立体的投影 　　3.1 平面立体 　　3.2 曲面立体 　　3.3 截交 3. 线上学习交流平台

超星学习通

中国大学MOOC

QQ

二、教学实施过程

（一）课前准备

教学环节	教学内容	师生活动		设计意图
		教师	学生	
课前	1. 发布与本课程相关课的预习、复习小视频，从点、线、面过渡到体，让学生思考体该如何投影。 2. 课前布置任务，使学生通过预习视频，认识立体，小组讨论并举例说明平面立体和曲面立体的定义	1. 推送学习视频，设置简单弹题，引导学生进行预习和复习。 2. 发放思考题目，引导学生搜索资料，分组讨论；布置学习任务	1. 登录学习通观看视频，完成预习。 2. 分组查阅立体的分类、平面立体和曲面立体的定义，参与主题讨论	1. 使学生提前完成预习，提前了解课程内容，带着问题和兴趣参与课堂。 2. 使学生分组查阅立体的分类、平面立体和曲面立体的定义，参与主题讨论，以此培养学生的团队合作精神，发现问题、解决方法的能力，以及自学能力

（二）课堂实施

教学环节	教学内容	师生活动		设计意图
		教师	学生	
新课导入	使学生根据课前要求分组讨论，点评学生分享的讨论内容，选择常见的立体，联系到全国三维设计大赛及其创新设计大赛（奖杯的原型就是长方体），让学生感受大赛创新的魅力，在学生心里埋下竞赛、创新创业的种子 	点评课前讨论内容，引入平面立体、曲面立体，讲解全国三维设计大赛及其创新设计大赛及其他大学生学科竞赛，导入新课，对学生进行思政教育	认真听讲并思考问题，对学科竞赛产生兴趣，在听课的过程中自然而然地接受思政教育	1. 讲解课前任务，由平面立体引入大学生学科竞赛，以此培养学生的民族自豪感、社会责任心和爱国国情怀，同时提高学生学习兴趣。 2. 通过任务驱动式教学，使学生学习有目的性，针对性，培养学生在知识探索中发现并解决问题的能力。

（续表）

教学环节	教学内容	师生活动		设计意图
		教师	学生	
新授	1. 平面立体的投影（重点） 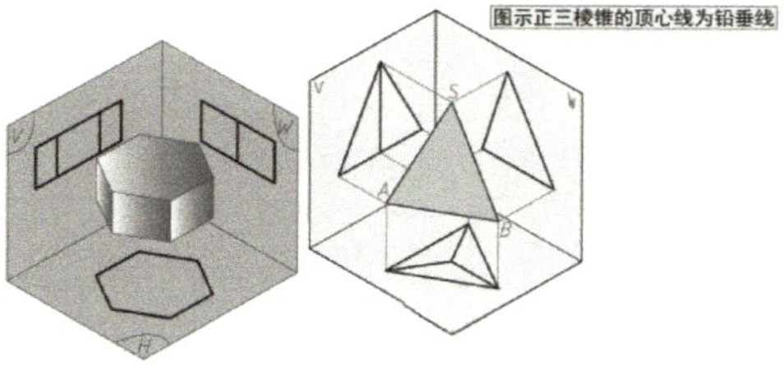 图示正三棱锥的顶点S投影为粗实线	1. 采用启发式教学，带领学生想象，同时借助自制模型、PPT三维模型，构建空间思维能力。 2. 将课前知识应用，结合点、线、面的投影，三视图的形成及本质，讲解如何完成三视图的绘制。 3. 示范性教学，在上课过程中示范作图，边画边强调作图规范	1. 充分思考，参与课堂，培养空间想象。 2. 认真听讲，边听跟讲，边听随绘制，在掌握知识的同时，充分参与课堂。 3. 充分重视作图规范	1. 通过启发式教学，引起学生兴趣，带领学生掌握绘图技能，充分培养空间想象。 3. 使学生增强遵守国家标准的意识，培养严谨的作风，一丝不苟的大国工匠精神
	2. 平面立体表面取点、线（重点、难点） 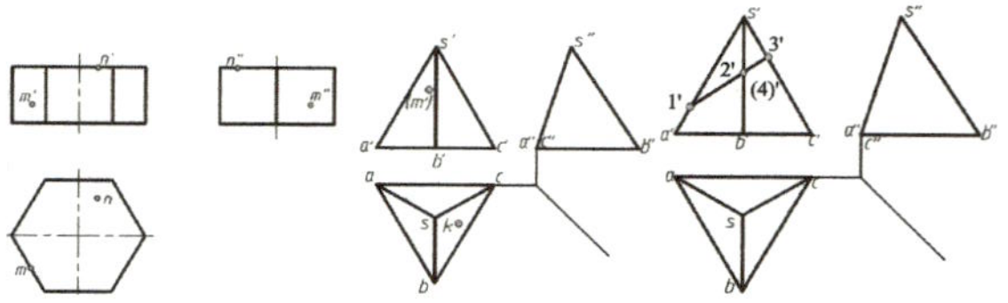 	1. 任务驱动式教学，多举例，通过实物和立体图分析，讲解求取方法。 2. 示范性教学，边作图边讲解，与学生互动，同时强调国家标准	1. 紧跟教师思路进行理解，建立空间思维，完成专项练习。 2. 与教师互动，完成题目。 3. 增强遵守国家标准的意识	1. 通过任务驱动式教学，示范性教学，激发学生兴趣，带领学生掌握求取点的方法，让学生充分参与课堂互动，培养学生的空间想象力。 2. 使学生增强遵守国家标准的意识，培养严谨的作风，一丝不苟的大国工匠精神

（续表）

教学环节	教学内容	师生活动		设计意图
		教师	学生	
巩固练习	小组研讨：已知立体的两面视图及其表面上点、线的一面投影，求立体的第三面视图，并完成立体表面上点、线的另外两面投影 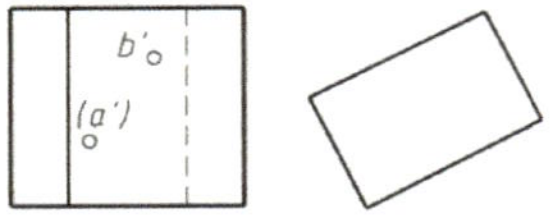	当堂练习，并进行点评，强化学生的空间思维能力	积极思考、讨论答案，完成题目，听教师点评	使学生通过具体题目进行巩固练习，当堂掌握重难点
拓展	采用历届学科竞赛题目，深入研究三视图 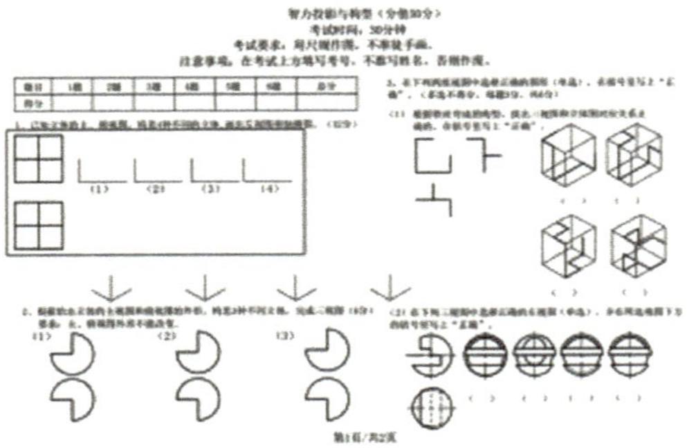	简单分析并发布课后拓展的知识，将本课程所讲内容与学科竞赛相结合	小组合作，针对题目讨论三视图形成的原因	设计与本课程相关的更深层次的题目，将课堂内容与学科竞赛相结合，培养学生的创新意思维，发散思维，引出下次课内容，进行知识拓展
课堂小结	1. 平面立体的投影。 2. 平面立体表面取点、线	总结课程内容	在教材中标识重点内容	回顾、总结课程内容，加深学生对重难点的理解

（续表）

（三）课后提升

教学环节	课后任务	师生活动		设计意图
		教师	学生	
课后提升	1. 制作课程内容笔记	提出具体要求，在学习通发布作业	完成课程内容笔记，提交作业	让学生进一步了解所学内容，形成完整的知识体系
	2. 完成线下习题集作业	布置作业题目，批改作业	完成作业并提交	进一步巩固重点内容
	3. 创新能力提升：练习本课程所发布的竞赛拓展题目，利用所学知识进行简单绘制	进行在线（QQ）辅导或线下（办公室）指导	根据要求完成任务	拓宽视野，提升工程素养，提高创新能力

教学设计 3：人机交互设计——界面设计

★ 课程信息

授课专业	智能交互设计	授课时数	48
授课地点	实验室	授课形式	讲授＋练习
教材分析	1. 体系结构清晰：教材按照人机交互设计的基本流程和方法，将内容分为 5 章，包括"人机交互设计基础""用户研究""需求分析""交互设计""评估与测试"，每一章都有明确的主题和内容，条理清晰，易于学生掌握。 2. 突出实践案例：该教材不仅介绍了人机交互设计的理论和方法，还重点突出了实践案例，帮助学生更好地理解和应用所学知识，每一章都有多个案例分析，涵盖不同类型的应用场景，如网页设计、移动应用程序、虚拟现实等。 3. 着重强调用户体验：该教材在交互设计的过程中，着重强调用户体验的重要性。它介绍了如何进行用户研究、需求分析及如何设计更符合用户期望和需求的界面，这对提高产品或服务的用户满意度和市场竞争力有很大的帮助。 4. 实用性强：该教材的内容比较实用，注重实践应用，每一章都提供了具体的方法和工具，帮助学习如何进行用户调查、如何设计信息架构、如何评估和测试交互界面等，通过这些实用的技能和知识，学生可以更好地掌握人机交互设计的核心要素		

215

（续表）

课程资源

1. 视频与图片

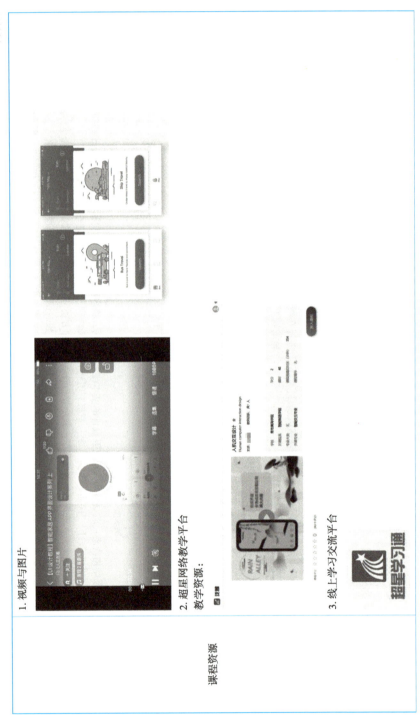

2. 超星网络教学平台

教学资源：

3. 线上学习交流平台

★学情分析

优势	1. 技术素养：学生普遍具备一定的计算机应用和数字技术基础，能够快速掌握界面设计工具和软件的使用，熟悉各种操作系统和设备，对于界面设计所需的技术知识和操作方法较熟悉。 2. 创新意识：年轻学生群体对新颖的设计理念和创新的界面设计有较高的接受度，乐于尝试新的设计思路和方法，愿意探索最新的设计趋势，对前沿技术和新兴平台的应用表现出较强的兴趣和好奇心。 3. 多样化的学习途径：学生获取信息和学习的途径多种多样，可以通过在线资源、开放式课程、论坛等渠道寻找界面设计的相关资料和案例，这使得他们能够扩广了解不同领域和行业的界面设计实践，并从中获得灵感和启发。 4. 艺术审美：部分学生可能具备艺术背景或审美素养，对色彩、形状、布局等视觉要素有较敏锐的感知力，这使得他们能够更好地理解和运用设计原则，提升界面的美观性和吸引力，从而提升用户的体验和满意度
不足	1. 用户研究能力不足：学生在进行界面设计时，往往忽视对用户需求和行为的深入研究。他们可能过于关注技术和视觉效果，而忽略了用户的真实需求和行为模式，导致设计与实际用户需求脱离，影响用户体验和产品的可用性。 2. 实践经验不足：界面设计需要结合实际的产品需求和用户体验，学生缺乏实际项目经验，可能在实践中遇到困难。他们需要更多的机会参与实际的设计项目，了解界面设计流程和团队协作，培养解决问题的能力。 3. 系统性思维不足：界面设计需要考虑整体的信息架构，交互流程和视觉呈现，然而，部分学生可能缺乏系统性思维，难以把握设计的整体性。他们对界面设计的整体框架，导致界面的一致性和统一性受到影响。 4. 对多样性的认知不足：学生在设计过程中，可能对用户群体的多样性和差异性认知不足。他们往往将自己作为典型用户进行界面设计，忽略了其他用户的需求和特点，这使得设计结果无法满足不同用户群体的需求，影响了产品的可持续发展和市场竞争力

★教学目标

知识目标	1. 理解界面设计的基本概念和原则，如可用性、美观性、一致性等。 2. 掌握界面设计的相关工具和技术，如设计软件、颜色搭配、字体选择、布局设计等。 3. 熟悉不同类型的界面设计，如 Web 界面设计、移动应用界面设计、虚拟现实界面设计等。
能力目标	1. 能够根据用户需求和产品功能，进行界面设计，并制定合适的设计方案。 2. 能够运用界面设计工具和技术，如设计软件、颜色搭配、字体选择、布局设计等，优化设计效果。 3. 能够评估和测试用户界面的可用性，如进行用户调查、提供用户反馈等，以改进设计和优化用户体验

217

（续表）

| 素养目标 | 1. 培养对用户的关注和尊重，注重用户界面的可用性和用户体验，提供符合用户需求和期望的设计。
2. 培养沟通和合作能力，能够与团队成员、客户和用户有效地进行交流和合作。
3. 培养创新思维和解决问题的能力，能够在复杂的设计环境中寻找创新解决方案以解决设计问题。
4. 提高审美和美学素养，提高设计的美观性和艺术性，凸显品牌或产品的形象。 | | | |

★教学过程

（一）课前准备

教学环节	教学内容	师生活动		设计意图
		教师	学生	
课前探究	1. 在学习通发布相关课程视频，督促学生观看视频，进行课前预习。 2. 课前布置任务，提供一些关于特定交互方式的应用的真实案例，如虚拟现实在教育中的应用或在医疗中的使用，要求学生阅读这些案例并写下他们的理解和可能面对的挑战	1. 让学生搜集常见的交互方式案例，查阅相关资料。 2. 推送学习视频，设置简单测验题，引导学生进行预习	1. 登录学习通观看视频，完成预习。 2. 搜集常见的交互方式案例，查阅相关资料，参与主题讨论	让学生提前完成预习，提前了解新课程内容，带着问题和兴趣参与课堂

（二）课堂实施

教学环节	教学内容	师生活动		设计意图
		教师	学生	
新课导入	1. 利用虚拟现实（VR）或增强现实（AR）的实际场景模拟，让学生通过头戴显示器或手机应用体验	1. 反馈课前讨论结果，谈谈生活中会用到哪些交互方式	1. 讨论自己常用的交互方式有哪些	1. 让学生在课前亲身体验虚拟现实，不仅能让他们感受技术带来的视觉和情感上的强烈冲击，还能够激发他们对虚拟现实技术应用的潜力的好奇心和兴趣

（续表）

教学环节	教学内容	师生活动		设计意图
		教师	学生	
新课导入	2. 提出引发思考的问题：未来的语音助手是否会取代键盘输入？这会对我们的日常生活造成怎样的影响？引出本课程的主题——交互方式有哪些	2. 结合学生的讨论进行总结	2. 通过案例，明白本课程的主要内容	2. 通过分析主题讨论结果，督促学生积极参与，开阔视野。 3. 通过任务驱动式教学，使学生学习有目的性、针对性，培养学生在知识探索中发现并解决问题的能力
新授	1. 常见文字交互方式 	1. 通过简短的介绍，解释本课程将探讨网页设计中常见的交互方式，强调这些交互方式不仅可以增强用户体验，还能使网页更具吸引力和功能性。 2. 通过提问引发学生思考，例如："你在浏览网页时，有没有注意到文字悬停时会发生什么变化？这种效果是如何实现的？它对用户有什么影响？"这种方式可以让学生开始思考交互方式的设计原理和应用	1. 思考如何增强用户体验，并使网页更具吸引力和功能性。 2. 进行小组讨论、互动分享	1. 通过案例式教学，提高学生学习兴趣，为后续学习奠定基础。 2. 针对提出的讨论问题，进行小组讨论、共同合作，让学生进行交流分享，培养集体责任感和团队合作精神

（续表）

教学环节	教学内容	师生活动 教师	师生活动 学生	设计意图
新授	2. 常用的交互方式 图形用户界面（GUI） 命令行界面（CLI） 语音交互 触摸屏交互 手势交互 视觉交互	1. 借助 PPT 中的知识及案例图片进行简单讲解。 2. 在学习通发布讨论主题，安排学生小组自行讨论这些交互方式的使用环境及载体	进行小组讨论并总结，提交答案	1. 通过案例式教学和小组讨论的结合，有效地提高学生对网页设计交互方式的兴趣，同时培养他们的团队合作能力和责任感，为后续学习打下坚实的基础。 2. 师生共同分析案例中采用的交互方式，讨论它们的设计原理和效果，使学生在分析过程中逐步理解如何将这些技术应用于实际网页设计中，从而提升和加深他们对课程内容的兴趣和理解
巩固练习	1. 任务设计：给学生布置具体的网页设计任务，要求他们在课堂完成，设计一个包含多种交互方式的网页，如文字颜色变化、按钮样式等。 2. 任务要求：每项任务应包括清晰的要求和目标，如实现特定的悬停效果或者设计一个具有创新按钮样式的导航栏	当堂练习，并让学生进行互评，通过练习掌握几种交互方式	积极思考，完成题目，并进行互评	加强学生之间的互动，使课堂气氛更热烈，锻炼学生的表达能力，巩固知识
拓展练习	选择一个特定主题（如旅游、健康、教育等），设计一个完整的网页项目，包括页面结构、交互设计和内容布局，确保设计符合所选主题和目标用户的期望	发布并简单分析课后拓展的知识，将本课程所讲内容与课后练习相结合	小组合作，讨论并确定设计主题	设计与本课程相关的更深层次的题目，将课程内容与工业设计大赛相结合，将学生的创新意识，引出下次课的内容，进行知识拓展
课堂小结	1. 常见文字交互方式。 2. 常用的交互方式	总结课程内容	在教材中标识重点内容	回顾、总结课程内容，加深学生对重难点的理解

第5章

智能制造专业群课程思政典型案例集

5.1 机械设计制造及其自动化专业课程思政典型案例

案例1：数控加工技术——匠心致初心，初心致未来

一、实施背景

目前我国制造业正处于转型升级的关键时期，为了满足新时代制造业的发展需求，人才培养模式也发生了巨大变革。在新时代背景下，我国高等教育正面临前所未有的机遇与挑战。应用型本科高校作为培养高素质应用型人才的重要基地，肩负着为国家经济建设和社会发展输送合格人才的重任。机械类专业的应用型人才培养，不仅要注重专业知识的传授，更要强化学生的思想政治教育和职业道德培养，以满足国家制造业转型升级对人才的新要求。随着数控加工技术在航空、航天、汽车、模具等领域发挥越来越重要的作用，如何培养具有工匠精神、职业素养的高素质应用型人才，成为一个新的挑战，要求在课程中融入思政元素，以提高学生的综合素质。

二、存在的问题

（一）课程内容过于注重技能培训，忽视思政教育

目前，工科的数控加工技术课程大多数过于强调知识传授，而忽视了对学生工匠精神、职业素养的培养，导致学生在实际工作中，难以形成良好的职业道德和职业操守。

（二）教学方法单一，缺乏实践性

传统的数控加工技术课程教学方法较为单一，主要以理论讲授为主，实践操作为辅。这种教学方法容易导致学生学习兴趣不高，难以培养学生的动手能力和创新

能力。

（三）课程评价体系不完善

目前，高校数控加工技术课程评价体系主要侧重于学生的技能水平，对学生的思政素养、职业素养等方面的评价较为欠缺，不利于全面培养学生的综合素质。

三、对策与建议

（一）以成果为导向，思政总体设计

依据专业培养目标要求的分析和解决复杂工程问题、具备设计实践和创新能力、具备团队合作能力等关键要素，明确本课程培养学生成为"善创新、强能力、高素质"的智能制造工程技术人才的课程思政建设方向与重点，进行课程思政总体设计（见图5-1）。以知识传授为中心、价值塑造为引领、行业典型为载体，构建渐进式"五引导"教学策略，课程资源融合专业知识和思政元素，形成多层次立体化教育资源，创建"六位一体"课程思政体系（见图5-2），实践"三课四阶递进、双线四岗融合"混合式教学模式，建立"四维评价"方式。切实做到思政元素"融课程、进项目、入人心"。

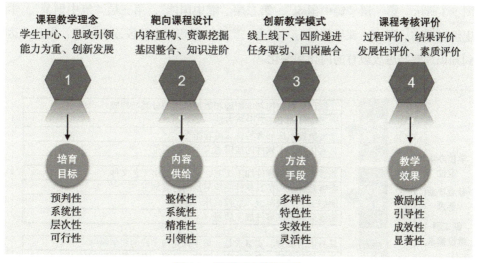

图 5-1　课程思政总体设计

图 5-2 "六位一体"课程思政体系

（二）层层递进设目标

课程遵循育人规律，结合学生特点，进行思政元素的分层目标设立，具体如图 5-3 所示。第一层"铸中国魂"，第二层"赋中国能"，第三层"筑中国梦"。学生经过课前、课中、课后的学习、思考、实践、感悟四个阶段逐步训练、提升，达到知识理解与思政教育的内化和深化。

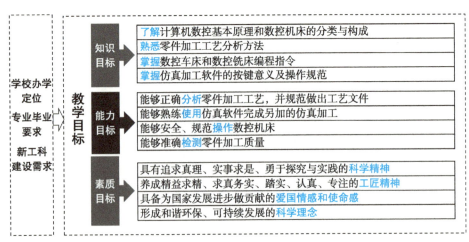

图 5-3 课程教学目标

（三）以案融思挖元素

课程对接青岛市十大新兴产业链的智能制造装备，在船舶海工、汽车等产业链中围绕系列企业真实案例，以案融思挖掘思政元素，将价值导向与职业素养培养巧妙结合，从工作方法、工作精神、工作态度、工作思维四个层面进行学生价值观塑造，具体如图 5-4 所示。

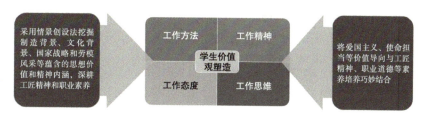

图 5-4　学生价值观塑造

（四）强化主动参与，实践"三课四阶递进、双线四岗融合"混合式教学模式

立足新工科培养解决复杂工程问题的能力，服务学生职业生涯发展，创建新模式。课前、课中、课后"三课递进"，从知识—能力—素养方面层层递进、协同提升；通过"理实课堂—仿真训练—专业竞赛—岗位模拟"进行课训赛岗"四阶递进"，线上线下"双线融合"，依托虚拟工厂的各个工作岗位，创设工艺设计岗、虚拟仿真岗、实践操作岗、检验检测岗等虚拟岗位，实现"四岗融合"，具体如图 5-5 所示。在授课过程中，教学名师讲理论，高级技师练仿真，企业导师强实践，朋辈学习促综合，协作完成各阶段工作，使学生掌握各岗位所需知识和能力。

（五）完善课程评价体系，注重学生综合素质

建立多元化的课程评价体系，既要关注学生的知识水平，也要关注学生的思政素养、职业素养等方面。评价主体由原来的教师，变成教师、学生、企业等，通过评价体系的引导，促进学生在课程学习中不断提高自己的综合素质。

（六）加强师资队伍建设，提高教师思政教育能力

加强对数控加工技术课程教师的培训，提高教师的思政教育能力和专业素养。鼓励教师进入企业实践锻炼，了解行业动态，以便更好地将思政教育融入课程教学。

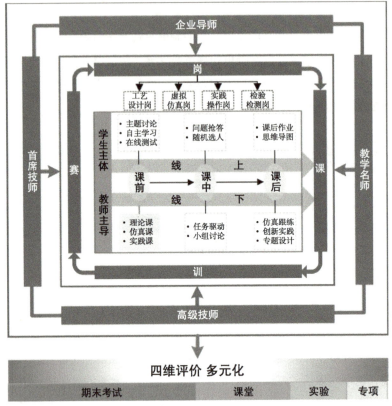

图 5-5 "三课四阶递进、双线四岗融合"混合式教学模式

（七）拓展课程资源，丰富教学内容

积极开发和整合校内外课程资源，邀请校外导师入校开展企业课堂，以企业案例来不断丰富教学内容，提高课程的实践性和针对性。

通过实施以上对策，数控加工技术课程有望培养学生的工匠精神、职业素养，提高综合素质，为我国制造业培养更多高素质应用型人才。

案例2：材料力学——融合专业课程与思政，点燃学生成长"新引擎"

一、实施背景

随着时代的发展，高等教育面临新的挑战，其中尤以大学生的思想道德建设为重点。《纲要》对高校各类课程在教学中如何渗透课程思政进行了统一的规划与指导。新工科时代对人才培养提出了新的要求。高等教育机构是学生成长成才的重要场所，如何在新工科时代培养一大批优秀的理工科人才、如何创新发展理工科教育模式和人才培养方式是每一个教育工作者需要考虑的重要问题。材料力学作为工科专业中一门重要的课程，具备优良的教育效应，为大学生思政教育提供了机会。这门课程不仅是一门技术型课程，同时也是工程伦理和技术伦理的重要载体，可以引导学生领悟材料力学理论与现实生活之间的关系，同时让其深刻认识到先进的材料技术与社会的联系，从而加强他们的社会责任感和工程伦理观念。

　　总之，材料力学课程思政的实施背景包括高等教育面临的挑战、新工科时代的人才培养需求、工业建设的发展需求及高等教育改革的需要等多个方面。这些因素共同推动了材料力学课程思政的实施，为培养具有高尚品德和扎实专业知识的工科人才提供了有力支持。

二、存在的问题

　　目前的大学生以"零零后"为主，这一代学生出生在我国经济高速发展的时期。互联网及各种网络技术的快速发展，使得学生获取各种信息的途径非常多；各种自媒体、社交媒体、游戏、网络平台占用了学生很多课余时间，这些网络信息及平台对学生的思想和价值观产生了很大影响。应充分利用这些技术和平台，将课程思政建设内容及过程有效拓展到学生的碎片化学习中。

　　在材料力学课程思政实施过程中主要存在以下问题。

1. 课程思政理念融入不够深入

　　部分教师可能对课程思政的理解不够深入，没有充分认识到思政教育在材料力学课程中的重要性，导致在授课过程中，思政元素与专业知识的结合不够紧密，难以形成有效的价值引领。

2. 课程思政内容缺乏针对性

　　不同专业的学生对思政教育的需求存在差异，但部分教师在材料力学课程思政教学中，没有充分考虑到学生的专业背景和实际需求，导致思政内容缺乏针对性，难以引起学生的共鸣。

3. 课程思政实施中的师生互动不足

　　有效的思政教育需要师生之间进行深入交流和互动，但在实际教学中，部分教师可能忽视了学生的主体地位，缺乏与学生的有效沟通，导致思政教育难以深入学生的内心。

针对这些问题，需要进一步加强课程思政理念的融入，丰富教学方法和手段，提高思政内容的针对性，完善评价体系，并加强师生互动，以推动材料力学课程思政教学的有效实施。

三、对策与建议

（一）基于工科学生专业背景，完善课程思政协同育人框架

工科专业有着比较明确的实践和应用背景。材料力学作为一门应用性非常强的工科基础课程，在教学内容中结合思政元素时，关键是要基于学生的专业背景及就业方向，选择合适的课程思政元素。以青岛黄海学院机械设计制造及其自动化专业为例，在课程大纲修订过程中围绕培养目标制定适配其专业的课程目标，其材料力学课程目标包括掌握轴向拉伸和压缩、剪切与挤压、扭转、弯曲内力、弯曲应力、弯曲变形、简单超静定问题、应力状态和强度理论、组合变形及连接部分的计算、压杆稳定、截面的几何性质，并要配合一定的材料力学课程相关实验等。通过材料力学课程的学习及实验，学生可以了解材料的力学性能，掌握材料在外力作用下的变形规律，熟悉杆件的强度、刚度和稳定性的基本概念、基础知识，具有比较熟练的计算能力和一定的实验能力，具备分析和解决简单实际工程问题的能力。在课程目标的纲领性指导下，思政案例围绕引导学生树立远大的职业理想并尽早形成学业与职业规划展开，形成了课程思政协同育人框架，具体如图5-6所示。

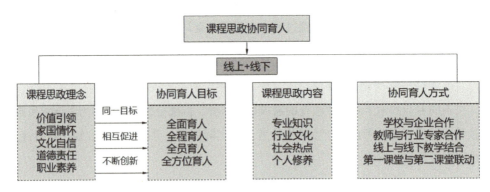

图 5-6　课程思政协同育人框架

（二）引入科学哲理素材

工科课程内容主要涵盖自然科学规律，蕴含大量的自然哲学思想，围绕马克思主义的立场、观点和方法，对问题进行唯物的、辩证的、全面的观察、分析和处理，如实和科学地反映事物的本质和规律。例如，在材料力学课程中分析材料力学性能的影响因素时，要注重主次要因素的影响，即要注重主次矛盾的辩证关系，以及透过现象看本质以揭示影响机理。又如，材料的理论断裂强度和实际断裂强度相差 10 ～ 1000 倍，要注重理论联系实际规律。

（三）引入学科发展史与名师素材

每个学科都有自己的发展史，工科专业课程中理论和公式的建立及学科的进步发展，都离不开名师的贡献。因此，可以挖掘学科发展史，以及学科奠基人和名师，了解他们探索科学、追求真理的人生历程。材料力学的起源可以追溯到亚里士多德（公元前 384—前 322 年）。《诗经·小雅·角弓》有"骍骍角弓，翩其反矣"；《考工记·弓人》中记载"量其力，有三均，均者三，谓之九和"。说明我国早在春秋战国时期就已经有测试弓力的实验，比胡克的弹簧实验要早 2000 多年。后东汉经学家郑玄（见图 5-7）注《考工记·弓人》："假令弓力胜三石，引之中三尺，弛其弦，以绳缓擐之，每加物一石，则张一尺。"可谓力与变形成比例的最早历史记载。

东汉经学家郑玄（127—200）
图 5-7　郑玄

在整个学科的发展过程中，无数中外科学家为各种理论及研究方法的发展和进步做出了重要贡献。教师在教学过程中，应充分挖掘与每一章教学内容相关的有育人价值的科学家及其背后的故事，让学生既学习到理论知识，又了解到背后一个个鲜活的人物及其事迹；在讲述这些人物故事时，让学生充分感受到科学家们善于发现问题、提出问题，敢于质疑权威，善于通过观察、实验等手段验证自己观点的精神，从而使学生在解决实际工程难题或其他生活中遇到的问题时不盲从、不迷信权威，学会独立思考，做出自己的判断和选择；在讲述过程中，注重引导学生不要被形形色色的网络言论所左右，要用辩证的方法去分析问题，形成清晰且全面的判断。教师在挖掘人物故事时，除了发展史中的关键人物，还应重点结合我国老一辈力学家如钱学森、钱伟长、郭永怀、周培源等的故事，讲述他们的求学生涯，以及学成以后为我国国防、科技、教育等方面做出的贡献，培养学生家国情怀、爱国主义精神，引导学生发挥应用型人才的优势，积极投身于祖国的建设事业当中。

（四）引入超级工程及工匠精神素材

近几十年来，我国综合国力快速提升，建成了一大批世界级的超级工程（见图5-8）。可以从武汉火神山医院、雷神山医院建造过程中工程机械的拉压杆强度分析，引入火神山医院建造实现"5小时出设计方案，24小时出初步设计，60小时出施工图"的"火神山速度"的故事。火神山医院从开始设计到建成完工，仅仅用了10天。奇迹的背后是我国强大的资源调动能力和各行各业坚定的执行力，以及"一方有难，八方支援"、不计回报、全力以赴的爱国情怀的体现。同时，可以通过中国制造相关故事，把强国志融入学生人生观、价值观的塑造过程中，使学生铭记使命与担当，用所学知识服务于国家需要和民族复兴。这些超级工程的背后有着一个又一个的工程及科学难题，在解决这些问题的过程中，涌现出了一大批具有精益求精工匠精神的工人、工程师。教师在教学过程中应将这些素材与教学内容充分结合，如讲解物体受力分析、运动学及动力学引入部分时，可以从受力分析对超级工程建设的重要作用、运动学及动力学的理论在这些工程中的应用等角度出发，讲解我国工程师在遇到难题时如何迎难而上、克服困难；在教学过程中，需要注意教学手段及教学方法，如可以在课前、课间休息时在教室里播放关于这些超级工程的纪录片、短视频，引发学生思考与探索。学生了解这些伟大工程，可以激发其民族自豪感，使其理解国家"集中力量办大事"的优势，增强对国家体制的认同，提升制度自信。

图 5-8　超级工程素材

（五）引入国内外时事热点素材

在复杂多变的国际国内形势下，国家之间的竞争和技术封锁日益加剧，当代大学生应该了解国内外时事热点，了解国内外最新形势、党和国家重大方针政策等。讲解材料发展"卡脖子"的关键技术难题、国际紧张的材料竞争环境和"十四五"规划发展的具体内容，可拓宽学生的视野，使学生透过专业知识对时事政治和热点有切身的体会，从而加深理解，提升学生的认知能力、思辨能力和理论素养，增强实现中华民族伟大复兴的责任感与使命感。

（六）引入行情、省情、校情素材

每个行业、省份和高校都有其发展经历和特色，可挖掘其与专业相关的思政教育资源。在行情方面，可通过《了不起我的国》《大国重器》《大国工匠》《辉煌中国》等纪录片中关于行业的伟大成就，拓宽学生的视野，树立专业自信，培养工匠精神。在省情方面，可引入山东青岛的胶州湾海底隧道和跨海大桥等与材料行业相关的素材。在校情方面，可利用学校的发展历史和现状、教师的材料研究成果、学生参赛获奖案例等思政资源，引导学生发扬学校精神。

四、结语

实施材料力学课程思政，应深入融合专业知识与思政教育，旨在培养既有扎实理论基础，又具备高尚道德情操的新时代优秀工科人才。课程思政强调德才兼备的重要性，注重培养学生的实践能力和创新意识，同时引导他们承担起社会责任，为社会发展做出贡献。在课程思政教育的过程中，应始终坚持立德树人的根本任务，深入挖掘材料力学课程中的思政元素，将其与专业知识有机结合，让学生在掌握专业技能的同时，提升思想道德素质。要注重培养学生独立思考和创新的能力，以适应快速变化的社会需求；同时，也要引导学生正确处理科技与社会的关系，培养社会责任感和使命感。

总之，材料力学课程思政的实施是一项长期而艰巨的任务，需要高校不断探索和实践，为培养新时代优秀工科人才贡献力量。

案例 3：机械设计——三段联动全链条，全方位践行思政育人

一、实施背景

（一）政策支持

《纲要》中指出："要紧紧抓住教师队伍'主力军'、课程建设'主战场'、课堂教学'主渠道'，让所有高校、所有教师、所有课程都承担好育人责任……使各类课程与思政课程同向同行……构建全员全程全方位育人大格局。"《山东省教育厅关于深入推进高等学校课程思政建设的实施意见》（鲁教高字〔2021〕4号）指出，要将课程思政融入课程教学全过程，创新课堂教学方式，改革课程考核方式，完善课程思政教学体系，专业课以培育科学精神、爱国情怀和职业道德为主线，实现科学素养与人文素养同步提升。从教育部到山东省教育厅，均下发了推进课程思政建设的相关文件，充分显示了课程思政是落实立德树人根本任务的战略举措，是全面提高人才培养质量的重要任务，是培养德才兼备、引领未来发展的优秀人才的重要举措。

（二）课程概述

机械设计课程是机械类专业的主干课程，覆盖专业多，在专业人才培养过程中起到承上启下的育人作用。课程综合运用数学、力学、材料及机械制图等方面的知识，解决通用零部件及机械装置的设计问题，使学生掌握通用机械零件的设计原理、方法和机械设计的一般规律，具备运用机械设计手册分析、设计机械设备和机械零件的能力，形成正确的设计思想和基本的工程素养，发扬团结协作精神，树立求真务实、实践创新、精益求精的工作作风。机械设计作为机械类专业课程的典型代表，建立一套规范可操作的课程思政教学体系将起到重要的示范引领作用。

二、存在的问题

（一）学生主体地位被忽略，解决复杂工程问题与创新的能力培养不足

在教学过程中，学生主体地位不突出，"学生中心"理念未能有效贯彻落实，"以教定学""满堂灌"、教学方式方法单一的课堂仍然存在，教学内容更新过慢，与产业需求存在一定程度的脱节，对学生的培养停留在"基础、够用"层面，学生参与复杂工程案例的机会较少，且在过程性考核中，创新环节要求不高，致使学生在解决复杂工程问题和创新方面的能力提升较慢。

（二）思政教育资源匮乏，课程思政未能融入教学全过程

工科专业普遍存在专业教师思政素养不高，育德意识和育德能力欠缺等问题，较大程度限制了思政元素的挖掘，致使思政资源匮乏、单一，且教学过程中未能将课程思政落实到课程目标设计、教学大纲、教案课件、课堂授课、作业测验及教学评价各环节，思政教育与专业教学未能良好地融会贯通。

（三）思政成效考核困难，思政教学质量评价体系急需完善

课程思政评价体系建设是课程思政教学改革的难点。思政育人成效难以通过考试、测验等形式评测，当前对课程思政实施效果缺乏有效的评价方式，过程性考核也体现不足，评价体系亟须完善。

三、对策与建议

（一）课程思政建设总体设计情况

1. 总体设计思路

针对应用型与创新型人才培养的定位，依据专业培养目标要求，基于"学生中心、思政引领、能力为重、创新发展"的教育理念，开展从专业到课程再到课堂的逆向设计、正向实施的课程建设，以"强基—铸魂—培能"为主线，建设"理论—实验—创新"进阶式课程内容体系（见图5-9）。创新"理论—实验—专题—创新"四段递进式教学模式，开展"双主三段六步"混合式教学，构建"三段联动全链条"课程思政育人体系，实现知识、能力与素质"三位一体"的课程目标。建立过程和结果相结合，知识、能力与素质考核并行的综合性考核与评价方式。

图 5-9　进阶式课程内容体系

2. 建设目标与内容供给

实施基于 OBE 理念的课程体系四分程建构，从培养目标、内容供给、方法手段、教学效果四个方面，分别确立指标点（如培养目标体现预期性、系统性、层次性及可行性，内容供给体现整体性、系统性、精准性及引领性等），完成教学总体方案设计（见图5-10）。

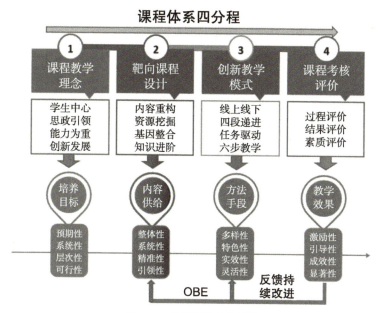

图 5-10　教学总体方案设计

　　按照从专业到课程再到课堂的逆向设计、正向实施的教学标准，确定课程目标（见图 5-11），基于课程目标，设置思政目标，并建立思政目标关系矩阵，通过各级指标详细进行思政目标设计（见表 5-1）。基于线上线下教学平台，将思政目标有机融入课前、课中及课后三个阶段，实施"三段联动全链条"思政育人。

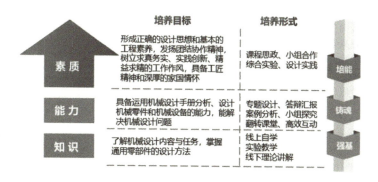

图 5-11　课程目标

表 5-1　思政目标设计

思政目标	一级指标	二级指标	三级指标	教学策略及内容
1.能够准确应用机械设计相关的知识完成机械装置的设计与开发，培养规范意识和严谨的科学素养 2.能够依据机械设计行业的技术标准、规范，与团队合作，进行机械设计典型零部件的设计、计算与校核，养成法律法规意识、实事求是的科学精神和精益求精的工匠精神 3.能够从生态、安全、健康、经济、工程和文化等方面对机械装置的不同结构方案进行比较分析，并对其技术水平进行基本评价，养成严谨的职业道德，树立生态文明理念 4.了解机械设计的前沿技术及发展趋势，引导学生厚植爱国主义情怀，树立振兴中华、报效祖国的远大理想及正确的世界观、人生观、价值观	个人修养	马克思主义理论与方法	辩证思维	主题讨论
			实事求是	纠错作业、测验考核
			道德观、人生观	主题讨论、热点追踪
		个人修养与法律	学习能力、个人素养	线上视频
			主动学习品格、应变能力	选人、抢答
			语言表达、分析和解决问题的能力	翻转课堂、答辩汇报
			健康心态、团结协作	小组任务、案例分析
	理想信念	中国文化精神	文化自信、家国情怀	热点讨论、学科发展简介
		社会主义核心价值观	安全、生态	综合设计、科创竞赛
		科技报国	振兴中华、报效祖国	科技创新活动、专题设计
	科学思维	科学逻辑	逻辑思维	作业测验
			学科交叉	专题设计、科创竞赛
	创新精神	创新思维	创新意识	科创竞赛、专题设计
		科学精神	求真务实	大创项目、设计实践
	生态理念	和谐环保	生态和谐	社会热点探究、专题设计
			安全环保	安全事故、低碳环保案例
	工匠精神	职业素养	行为习惯	签到
			工程素养	小组任务
		工作态度	精益求精、一丝不苟	设计实验、专题设计
			认真严谨、实事求是	实验报告

（二）课程思政教学实践

1.全视角挖掘思政元素，建设课程思政教学指南

（1）从学科发展历程、现实状况、未来趋势、重大科技成果、科学家模范事迹

等方面挖掘元素，培养学生责任感、爱国精神、奋斗与开拓精神等。

（2）采用任务驱动、案例导入、线上自学等模式，使学生独立思辨，建立科学思维，掌握科学的认识论与方法论。

（3）从学生未来职业素养需求、中国文化与精神、国内外时事等三个方面挖掘思政元素，培养学生职业素养、家国情怀和国际视野等，坚定"四个自信"，建立正确的世界观。

（4）将课程思政融入课前、课中、课后三个阶段，分别融入教学设计、线上自学、课堂组织、实践教学中，形成思政与知识内容的有机融合。

2. 制定课程思政目标与章节内容关系矩阵

依据相关指南，结合专业人才培养方案与课程特色，设置人才培养课程思政目标，并建立课程思政目标与章节内容关系矩阵（见表 5-2），完成各维度思政目标设计。

表 5-2　课程思政目标与章节内容关系矩阵（部分）

课程思政目标										
个人修养		理想信念			科学思维	创新精神		生态理念	工匠精神	
马克思主义理论与方法 P1	个人修养与法律 P2	中国文化精神 P3	社会主义核心价值观 P4	科技报国 P5	科学逻辑 P6	创新思维 P7	科学精神 P8	和谐环保 P9	职业素养 P10	工作态度 P11
教学模块	课程目标				内化的思政育人元素		思政教育融入点			思政目标
模块一机械设计总论	**知识**：了解机械设计的概念，课程的内容、性质、任务等基本情况，了解机器的组成及特征、设计机器的一般程序。**能力**：能够正确分析机器的组成及功能，合理阐述机器设计的一般流程，能识别机械零件的失效形式。**素质**：具有强烈的家国情怀、严谨的科学精神、规范意识和责任意识				1. 爱国情怀。2. 顺应机械装备业的发展，与时俱进。3. 科技报国热情。4. 安全责任意识。5. 分析归纳的科学思维。6. 批判和怀疑的科学精神。7. 学好专业知识、参与创新研究的热情。8. "人—社会—自然"的责任感和使命感		1. 机械设计起源和古代机械设计发展历程。2. 赏析我国制造业高端机械装置——五轴联动加工中心助力"中国智造"。3. 天车登梯设计缺陷导致撞人事故案例。4. 国创项目——康复外骨骼机器人设计案例分析。5. 机械产品设计考虑人与社会、自然的关系			P2、P3、P4、P5、P7、P9

（续表）

课程思政目标										
个人修养		理想信念		科学思维		创新精神			生态理念	工匠精神
马克思主义理论与方法 P1	个人修养与法律 P2	中国文化精神 P3	社会主义核心价值观 P4	科技报国 P5	科学逻辑 P6	创新思维 P7	科学精神 P8	和谐环保 P9	职业素养 P10	工作态度 P11
模块二连接系统（螺纹连接）	知识：了解螺纹连接的应用，熟练罗列出螺纹的四要素和主要参数的物理意义，对比区分螺纹连接的类型及应用场合，理解防松的作用及问题，罗列出防松的三种方法。 能力：具备对单个螺栓连接的强度进行计算的能力。 素质：具有严谨求实的科学态度，牢固树立安全与规范意识，培养严谨认真、精益求精的工作作风，提升工程伦理素养				1. 对枯燥学习的坚持、专注与坚守。 2. 脚踏实地、精益求精的工匠精神。 3. 善于钻研，理论联系实际。 4. 中国文化认同感，文化自信。 5. 科学精神和规范意识。 6. 科学文化素养。 7. 严谨认真、注重细节。 8. 安全防范意识。 9. 标准意识，职业素养	1. 大国女工匠薛莹：为大飞机装配百万颗小铆钉，刻出中国制造新名片事迹学习。 2. 古代地动仪结构中的螺纹驱动结构。 3. 横向课题：工字轮机械自锁死夹具中关于螺栓设计问题的研究。 4. 介绍国内最新螺纹连接设计进展，进行前沿知识普及。 5.《螺思》微电影，进行规范安全教育。 6. 浙江金华在建工地塔机发生倒塌事故案例。 7. 讲解工程设计注意事项，提升工程伦理素养			P1、P2、P3、P4、P7、P8、P10、P11

3. 构建"三段联动全链条"课程思政育人体系

依据课程思政内容体系设计思政案例，在课前、课中及课后三个阶段联合实施思政教育，构建"三段联动全链条"课程思政育人体系（见图5-12）。其中，针对课中，从时间维度确定每个模块的思政主题，设计德融教学切入点，形成课程思政案例库。

（1）课前

推送大国工匠典型事迹等视频，发布任务单，包含课程内容、学习要求及在线资源链接，设计自测题。学生完成视频学习及在线测验，参与课程社会热点问题主题讨论，师生通过主题讨论、测验评价互动交流，学生撰写学习笔记，教师通过统计数据掌握预习情况，完善课堂教学内容和活动。课前活动有助于学生提升个人修养，培养实事求是的学习态度。

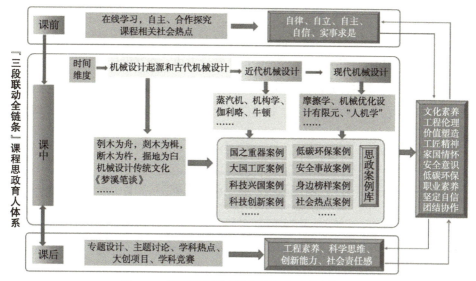

图 5-12 "三段联动全链条"课程思政育人体系

（2）课中

学生观看视频完成弹题，参与课堂讨论，撰写学习总结，完成在线测验，通过线下分组讨论、测验、小组汇报与教师总结，解决线上自学难点。通过案例分析给出具体任务，学生分组探究，利用翻转课堂，获取任务解决方案，教师检测评价，总结任务完成情况，并进行知识点的拓展迁移。从机械设计发展的时间维度挖掘思政元素，结合课程思政目标与课程内容特点，融入我国先进机械装备、典型人物事迹、不良设计案例等资源，潜移默化地对学生进行价值塑造及工程伦理、科学精神、工匠精神等的培养。

每个模块学习结束后，布置大作业并进行答辩汇报，提升学业挑战度。采用任务驱动、案例研讨、小组探究等多种教学手段，按照六步法实施教学，进行线上知识的拓展与延伸，借助翻转课堂、抢答、选人、主题讨论等手段，激发学习兴趣。

（3）课后

教师推送学科前沿热点，拓宽学生视野，提升工程素养，学生完成作业、实验报告，绘制思维导图，参与专题设计、创新创业活动。教师将科技创新融入教学内容，培养学生的科学思维、创新能力和社会责任感。

4. 实施"双主三段六步"混合式教学

课堂实施"双主三段六步"混合式教学（见图5-13），即以教师为主导，学生为主体，针对课前、课中、课后三个阶段从教学方法、交互设计、技术应用三个维度设计教学实施方案，通过前测反馈、任务导入、探索新知、检测评价、巩固练习、拓展迁移六个步骤完成教学，每堂课设计2～3个思政点，形成一条主线贯穿课堂。

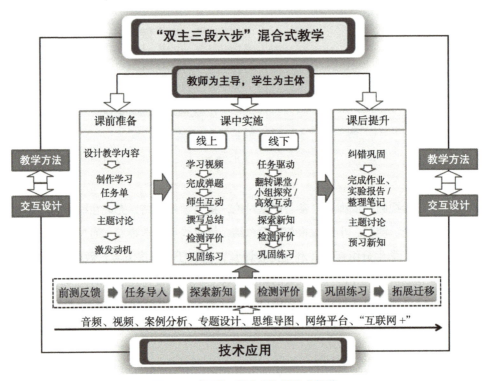

图 5-13 "双主三段六步"混合式教学

5. 科创教学融合，提升应用创新能力

将全国大学生机械创新设计大赛、机电产品创新设计竞赛等项目及横向课题等融入教学内容，依托科技创新工作室，指导学生利用课余时间参与科技创新活动与教师科研项目，促进学生的实践应用与创新能力不断提升。部分学生参加科创项目统计如表5-3所示。

表 5-3　部分学生参加科创项目统计

科技创新工作室名称	参与项目	项目类别	成果
机器人创新工作室	PLA 材料回收再造一体机	国创项目	论文、专利
智能创新工作室	高秆作物农田温室气体采集装置	国创项目	论文、专利
机电创新工作室	高楼应急逃生缓降器设计	国创项目	论文、专利
科技创新工作室	蓝领匠成——农村劳动力赋能一体包	竞赛作品	第七届山东省"互联网+"大学生创新创业大赛金奖
机器人智能装备工作室	基于 PLC 控制的自封式汉堡打包机	竞赛作品	2021 年 8 月,"西门子杯"中国智能制造挑战赛全国总决赛一等奖
智能控制工作室	基于 GPS 定位的全自动沙漠植树机器人	竞赛作品	第六届全国应用型人才综合技能大赛二等奖
3D 动力工作室	道路修补车	竞赛作品	2022 年,全国三维数字化创新设计大赛一等奖
锐创机械工作室	齿动精锻——中国"螺旋锥齿轮"精密锻造技术领军人	竞赛作品	第七届山东省"互联网+"大学生创新创业大赛银奖

6. 注重学习过程,改革评价方式

建立过程和结果相结合,知识、能力与素质考核并行的综合性考核与评价方式。提高过程考核所占比例,细化考核指标,增加专题设计与答辩汇报环节(见图 5-14),提升挑战度。对学生的个人修养、团结协作、工匠精神、创新能力等进行评价并计入过程成绩。

通过理论、实验、专题设计与创新四个维度构建评价体系(见表 5-4),与教学目标对标,通过主体评价,完成知识、能力与素质的考评。

平时（40%）
★考勤 4%
★互动交流 4%
★视频学习 8%
★章节测验 8%
★作业 8%
★期中考试 8%

设计大作业（10%）
★专题设计报告
★答辩汇报

实验（10%）
★认知实验
★创意组合设计实验
★机械传动性能综合实验
★减速器拆装

期末考试（40%）
★涵盖教学大纲所有知识体系

图 5-14　考核评价比例构成

表 5-4 四维评价体系

评价维度		评价形式	评价主体	对应课程素质
理论环节	课前学习	线上视频	泛雅平台	学习能力、个人修养
		主题讨论 学习笔记	教师	科学精神、学习能力
		签到	泛雅平台	行为习惯
		课前测验 章节测验	泛雅平台	自学能力
	课中学习	选人、抢答	教师	主动学习品格、应变能力
		翻转课堂	教师	语言表达能力、分析和解决问题的能力
		小组任务	教师、小组间	团结协作、科学思维
		主题讨论	教师	辩证思维
		随堂测验	泛雅平台	独立解决问题的能力
	课后学习	纠错作业	教师	辩证思维、解决问题的能力
		热点讨论	教师	工匠精神、文化自信、学科交叉
		思维导图	教师	分析归纳能力
实验环节		小组任务	教师、小组间	工程素养、职业素养
		综合设计	教师	科学精神、创新能力、工匠精神
		实验报告	教师	认真严谨、实事求是
专题设计环节		设计说明书	教师	科学思维、认真严谨
		答辩汇报	教师	语言表达与综合分析能力
创新环节		科创竞赛	教师	创新能力、工匠精神
		大创项目	教师	科学思维、创新精神

（三）改革成效

1. 学生综合成绩稳步提升

机械设计课程的在线学习已运行四个期次，对比分析 2017 级、2018 级和 2019 级的成绩，及格率在 98% 以上，优良率逐年提升，由 79.69% 提升至 92.69%。

2. 学生科技创新能力显著提高

近三年，学生立项机械设计类省级以上大创项目 35 项，获得实用新型专利 44 项，发表论文 53 篇，参加机械类创新设计大赛获国家级一等奖 5 项、二等奖 13 项，省级一等奖 88 项、二等奖 190 项。2017 级某学生设计的机械设计创意产品获中华职业教育创新创业大赛金奖，目前已成立"永不停转"个人工作室。

3. 课程建设取得丰硕成果

经过持续建设和完善，现已建成机械设计在线开放课程，并且在学银在线和山东省高等学校在线开放课程平台上线。学生评教与督导评价等级为优秀，课程先后被评为省级精品课、省级在线开放课、山东省一流本科课程、校级"金课"、校级"课程思政"示范课，获批校级"机械设计课程思政"项目。

4. 服务与推广作用显著

课程建设了丰富的网络教学资源，服务于全国 31 所高校，课程累计页面浏览量 81 万次以上，选课人数 936 人，互动次数 1517 次。教学模式已在全国 5 所高校推广应用，获得一致认可。团队教师积极联系企业，开展横向课题研究，将学生充实到研究团队中，年均开展课题研究 2 ~ 3 项。通过研究既为企业服务又为教学服务，真正实现理论联系实际，加深对学科前沿的认识，有利于推动教学创新与改革。部分横向课题统计如表 5-5 所示。

表 5-5　部分横向课题统计

立项时间	横向课题名称
2018 年 10 月	啤酒包装生产线整线平衡控制系统箱输送部分的设计
2019 年 7 月	煤矿井下巷道巡检机器人的研究
2019 年 10 月	一种新型多功能道路护栏清洗装置的虚拟设计
2020 年 7 月	5G 物联网模块产品生产工艺标准化研究
2020 年 10 月	动力端壳体组对焊接工艺装备设计
2020 年 10 月	管外爬管机器人设计与研究
2020 年 11 月	工字轮机械自锁死夹具
2020 年 11 月	复杂环境下永磁式爬壁作业机器人关键技术研究

5.2 电气工程及其自动化专业课程思政典型案例

案例1：电机及拖动基础——多元方法驱动，构建思政育人新体系

一、实施背景

目前，普通高等学校普遍存在学生目标不明确、学法不科学、无法将已学知识正确应用于解决实际问题、专业理论课比重较大、教学方法单一保守等现象。混合式教学可以充分发挥线上和线下两种教学模式的优势，解决在课堂教学过程中过分使用讲授形式而导致学生学习主动性不高、认知参与度不足、不同学生的学习结果差异过大等问题。以青岛黄海学院电机及拖动基础课程为例，充分挖掘课程思政元素，坚持"专业教育＋双创教育＋思政教育"融合育人理念，贯彻价值塑造、知识传授、能力培养"三位一体"的课程思政体系，以培养具有创新精神的应用型人才为主要目标，使学生增强爱国精神、工匠精神和创新意识，提高科学素养。

二、实施范围

电机及拖动基础是电气工程及其自动化专业的必修课，在电气、自动化类专业课学习中起到承前启后的作用，是衔接基础课程与专业课程的纽带。本课程在内容的选择和安排上体现应用型人才培养的需要，突出"应用为主，够用为度，联系实际"。本课程教学可以使学生掌握电机原理、结构与应用等基本概念，培养学生的逻辑思维能力，使学生通过对本课程的学习，为后续学习电气控制与PLC、运动控制系统等课程准备必要的基础知识，从而提高分析问题和解决问题的能力，也为今后从事自动化及电气工程技术等相关工作奠定基础。

三、电机及拖动基础课程特点

电机及拖动基础课程概念多、公式多且抽象，既有基础课的特点，又有专业课的性质，且与实际工程联系紧密。该课程内容围绕变压器、交直流电机、感应电机和同步电机的基本结构、工作原理和运行特性展开，要求学生分析电力拖动系统中电动机的控制方法，进行电机的选择、故障分析及电机维护。

传统的电机及拖动基础课程主要采用以课堂讲授为主的"填鸭式"授课模式，教学过程以教师为中心，注重专业知识的讲授，缺乏对学生实践能力、创新能力、

工匠精神等的培养，无法调动学生主动学习的积极性，教学效果不理想。但目前，电机及拖动基础课程采用线上线下混合式教学模式，以学生为中心，精心设计课前、课中、课后等教学环节，激发学生的学习动力，锻炼学生的学习能力，重视对学生科学素养、互动交流能力等的培养，营造更为和谐的教学氛围——"师乐教，生乐学，学有得"，不断提升教师的自我教学能力和服务意识，让学生安心学、用心学、有所学、有所获。通过观看视频、课堂讨论等形式，可巧妙地将专业教育与课程思政联系起来，于无声中培养学生的家国情怀、工匠精神及民族自豪感。教学环节呈现如图 5-15 所示。

图 5-15　教学环节呈现

四、课程思政教学总体设计思路

以立德树人为主线，将专业教育和思政教育有机融合，交叉采用线上教学平台、课堂教学和课后互动辅导三种渠道，完成变压器、交直流电机、感应电机和同步电机四大重点内容模块的教学。在教学过程中，采用典型案例法、问题探究法、思维导图法、类比对比法和互动启发法五种方法，将思政元素融入其中，在坚定理想信念、厚植爱国情怀、提升品德修养、增长知识见识、培养奋斗精神、提升综合素养上下足功夫。

（一）修订教学大纲，重构教学内容

重新修订课程教学大纲，具体如图 5-16 所示。将思政元素从教学目标、教学内容、教学方法与手段、教学评价等方面"全链条"融入。

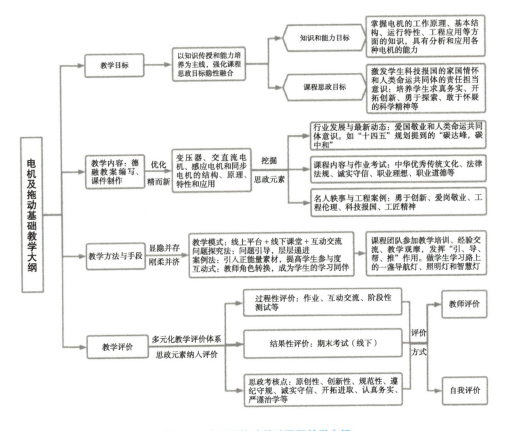

图 5-16　电机及拖动基础课程教学大纲

（二）善用网络资源，丰富思政课堂

结合知识点充分挖掘思政元素，精心设计思政内容，提前将搜集的视频、案例、文档及编辑的文案等思政资源上传到学习通，具体如图 5-17 所示。在授课过程中恰当地引入，直观地呈现，更打动人心。将电机及拖动基础课程的专业知识与思政要点相结合，使思政教育融入日常课程的讲授过程中。

通过插入电机行业的发展历程、模范人物的科学故事、攻坚克难的科研过程等案例，将爱国精神、敬业精神、工匠精神、科学精神、创新精神等思政元素，潜移默化地融入知识点的讲授过程中，使学生在学习理论知识的同时，也能感受到内容的趣味性和感染力，从而愿意接受以专业知识为载体的隐性思想政治教育。

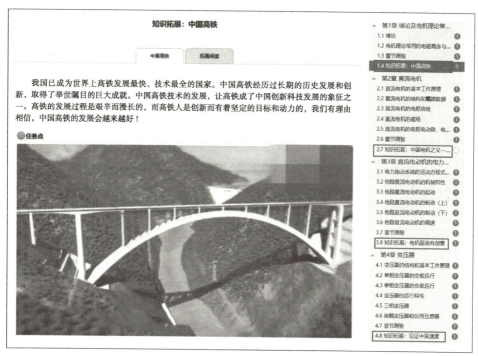

图 5-17　思政资源

五、课程思政建设情况

（一）总体实施过程与方法

根据不同的课程内容，合理选择探究法、案例法、图谱法、互动法、类比法等教学方法（见图 5-18），潜移默化地发挥专业教学的隐性育人作用。

在实施过程中，关注思政元素与电机及拖动基础课程教学内容的切入点、互洽性和匹配度，抓住时机、把握节奏、讲究策略，把思政元素"化学式"融入课程内容，如图 5-19 所示。整个过程自然而然、水到渠成，不突兀、不喧宾夺主，以达到知识传授、能力培养和价值塑造的协调统一。

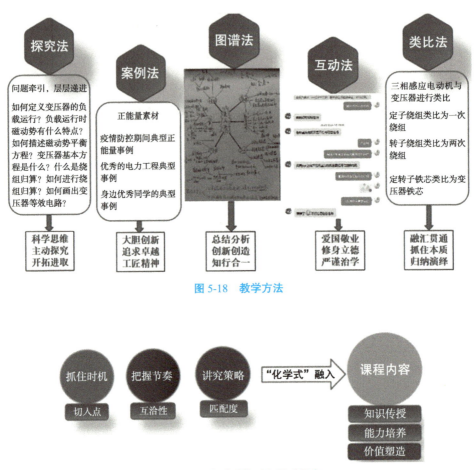

图 5-18　教学方法

图 5-19　"化学式"融入思政元素

（二）教学评价方法

采用多元化、多维度的教学评价，即过程性评价与期末评价相结合，教师评价和学生自评、互评相结合，同时将思政元素融入评价体系。基于评价结果，对教学进行反思，不断在培养学生坚定理想信念、厚植爱国情怀、提升品德修养、增长知识见识、培养奋斗精神、提升综合素养等六个方面下功夫，切实达到"以评促学""以评促教"目的，使课程思政教学取得良好效果。

为使学生注重知识的理解和应用，提高应用能力，避免"一张试卷定成绩"，课程在考核方式和成绩评价上做了改革，建立开放式评价体系。以强化过程监控为原则，强化对平时训练项目完成情况和学习过程主观表现的考核，重视对学生学习全过程的质量监控和考核。课程最终成绩为：30% 平时成绩（包括课堂互动、讨论、视频学习、作业、章节测验、小组任务等）+20% 单元测试成绩 +10% 实验考核成绩 +40% 期末成绩。

（三）创新点

课程建设模式及方法路径见图 5-20，其创新点包含以下方面。

（1）利用多种途径和平台，加强课程团队的学习与交流，不断提升团队的课程思政意识和能力。

（2）深入地、合理地挖掘课程内容所隐含的思政元素，形成具有学校特色和课程特色的课程思政教案和课件。

（3）不断改进教学手段，深入改革教学方法，精准把握思政元素融入的深度、温度和效度。

（4）持续优化教学评价，构建多元化、多维度的评价体系，将思政考核点纳入其中。

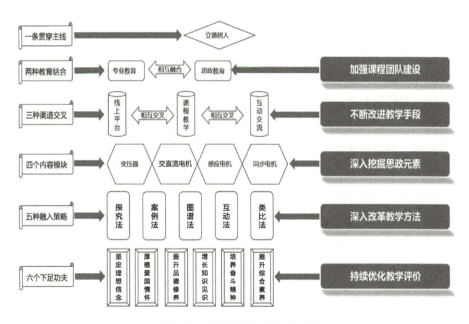

图 5-20　课程建设模式及方法路径

（四）教学效果

青岛黄海学院在理论—实验—实践的知识体系中有机融合课程思政，得到了校内外同行的赞赏和肯定，同时也得到了学生的一致好评。通过对本课程的学习，学生掌握了电机及拖动基础课程的理论知识和基本技能，具备应用电机及拖动知识解决实际问题的能力，培养了科学精神、工匠精神、团队精神、责任意识和纪律意识，增强了创新意识和民族自豪感，工程素养也得以提升。2019—2021年三年课程考核学生成绩如表5-6所示，通过计算可知，及格率和优秀率逐年上升，学生整体掌握情况较好，教学效果比较显著。

表5-6　2019—2021年三年课程考核学生成绩

班级	人数/人	<60分 人数/人	60～89分 人数/人	>90分 人数/人
2019级电气工程及其自动化1、2班	92	6	76	10
2020级电气工程及其自动化1、2、3班	111	5	91	15
2021级电气工程及其自动化1、2、3班	128	2	103	23

（五）典型经验

从教学目标和任务出发，以知识点为媒介，以科学知识形成为基础，以具有科学特点的思维能力和创新实践能力为目标，融合立德树人元素，提升学生解决实际问题的能力和科学素养，培养学生的爱国精神、创新意识和工匠精神。

问题引入：由他励直流电动机直接起动引发的严重后果，引导学生思考如何解决工业问题，增强安全生产责任意识和创新意识。

电机是一个具体的工业设备，在实际使用时必须首先考虑设备安全问题，由此引入中国工程院马伟明院士解决电机固有振荡问题的事例。通过观看短视频和学习马伟明先进事迹，鼓励学生从科学家身上汲取精神力量，学习他们刻苦钻研、自主创新、追求卓越的工作态度和矢志强军、科技报国的责任担当（见图5-21至图5-23）。

图 5-21　科研团队刻苦钻研

图 5-22　科研团队自主创新

图 5-23　使学生树立科技报国的信念

教学内容引入：由串电阻调速稳定后电动机运行效率较低，引出电动机节能是一个牵涉电动机设计与运行的重大工程问题。中船重工 712 所研制的兆瓦级高温超导电动机（见图 5-24）实现了满负载稳定运行，利用超导技术可以成倍地提升动力，让所有电能全部转化为动能。该电动机具有完全自主知识产权，达到了世界先进水平，用科技的力量推进了中国梦的实现。

电动机在工业自动化领域应用非常广泛。

根据调查，工业领域电动机年平均运行时间在 3000h 左右，耗能大。

为了节约电能，希望采用超高效率电动机。

高温超导电动机体积小、重量轻、效率高，可广泛应用于新能源、航天发射、轨道交通、民用电网等领域。

图 5-24　兆瓦级高温超导电动机

六、课程思政建设改革成效

课程团队教师的授课效果得到学校督导组及学生的一致认可，督导、学生评教结果为优秀。课程团队在教研方面取得了一系列成果：电机及拖动基础课程获批校级课程思政培育项目、校级在线开放课程、校级一流课程；撰写的"'云'相聚，'育'未来"电机及拖动基础线上授课案例，被超星集团收录到线上教学典型案例库中；"'电机及拖动基础'三相异步电动机正反转控制电路的设计"教学设计，获青岛黄海学院 2022 年度优秀教学设计；获批基于"三位一体"的工科专业课程思政改革研究——以电机及拖动基础为例等教改项目 12 项，其中市厅级 6 项；获批"基于 OBE 理念的电机及拖动基础课程改革与研究"等教育部协同育人项目 8 项；发表《课程思政背景下"电力电子技术"课程教学模式的改革与研究》等教改论文 15 篇；1 名教师获得青岛黄海学院"课程思政优秀教师"称号，3 名教师获得青岛黄海学院"教书育人"先进个人称号，3 名教师获得山东省学科竞赛"优秀指导教师"称号，1 名教师获得青岛市"科普专家"等荣誉称号。

电机及拖动基础课程通过校级一流课程建设、校级思政教学改革和校级在线开放课程建设，改进了教学模式、方法，积累了丰富的教学资源。经过对本课程的学习，近两年，学生参加各类创新竞赛活动获奖达 200 余项，获得实用新型专利 50 余项，获批省级及以上大学生创新训练计划项目 20 余项。学生参加创新协会，多次开展校内外家电义务维修服务活动，利用自己所学专业知识和技能免费维修家电，为校内师生和社区居民提供志愿服务，获得了全校师生和周边社区居民的好评。相关图片见图 5-25 至图 5-28。

图 5-25　国创项目结题证书

图 5-26　竞赛获奖

图 5-27　参赛照片

图 5-28　家电义务维修进社区

案例 2：电气控制与 PLC——模块化与项目式协同，打造思政育人新课堂

电气控制与 PLC 课程是电气工程及其自动化专业的必修课。电气控制与 PLC 是电气技术、自动化技术、可编程控制器技术三大技术发展的融合，是多种知识的综合应用，具有知识涵盖面宽、实践性和应用性强等特点。本课程在模块化和项目式教学的基础上采用线上线下相结合的教学方法，要求教师做好引导，调动学生积极参与，发挥学生的主体作用。模块化和项目式教学以学生为主体，在具体的教学实施中融入课程思政，充分体现了"以学生为本"的教学理念，注重激发学生潜能及体现教学内容的实用性，训练学生的技能，提升学生动手能力，达到使学生全面理解、系统设计的目的。

一、课程思政建设指导思想

课程思政建设是一项系统工程，如何推动高校课程思政建设，是构建社会主义和谐社会的一个重点。在 2021 年全国教育工作会议上，时任教育部党组书记、部长陈宝生强调在重点工作中要进一步落实《纲要》，探索思政课程与课程思政有机结合，加快构建高校思想政治工作体系，深化"三全育人"综合改革。当前课程思政建设面临的现实困境包括课程思政理念还未深入人心，高校三类课程之间依然"各自为政"，课程思政顶层设计和整体规划不够完善。

线上线下混合式教学要求将网络上丰富的教学资源与传统课堂教学优势结合起来，它是一种新的教学模式，是翻转课堂的基础，是高校教学模式改革的方向，促进了我国高等教育理论的创新。线上教学与线下教学各有优势，实践表明，两种教学组织形式的融合，可以在更高层次上实现课前有预习、课中有讨论、课后有延续的全方位教学，可以最大限度地吸引学生的注意、激发学生的学习兴趣，可以增加学习内容的深度，可以提高教师的教学质量和学生的学习成效，在整个教学过程中起到积极的作用。

电气控制与 PLC 是一门理论与实践紧密结合的专业课程，课程的教学目的是培养学生的动手操作能力、编程能力和思维能力。在本课程的教学过程中，应从教学内容、教学手段、实践环节、考核方式等方面，就如何做好教、学共赢进行积极探索与实践。

二、课程思政建设总体设计

电气控制与 PLC 课程任课教师、思政教师和企业导师组建课程思政开发团队，深入挖掘研究，从课程承载的岗位技能、职业素养和家国情怀出发，进行课程思政教学整体设计，其整体架构如图 5-29 所示。同时，鼓励学生参与开发设计，将思政教育元素和课程教学元素相融合，线上线下混合式教学，契合融入法和课堂拓展法相结合，课内课外拓展学习，使课程思政全方位融入学生的学习和生活。

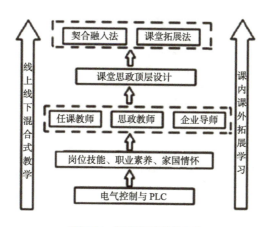

图 5-29　课程思政整体架构

（一）课程思政建设方向和重点

以电气控制与 PLC 为主线，以典型工程控制项目为载体，挖掘课程中的思政元素，将课程教学内容与创新精神、奋斗精神、工匠精神、爱国主义相结合，培养学生对工作认真负责、对国家和集体无私奉献、对同事团结协作的职业道德和社会责任感。课程思政建设方向如下。

（1）强化爱国主义教育，引导学生树立正确的国家观念，培养学生的民族情怀。

（2）通过案例分析和实践项目等，让学生认识到自身在社会发展中的责任，培养社会责任感。

（3）通过小组讨论和团队合作项目，鼓励学生培养团队合作精神，学会倾听他人意见、协作解决问题。

（4）通过实践项目和实验操作，培养学生的创新思维、实践操作能力和解决实际问题的能力。

（5）注重培养学生的职业操守和职业道德，使学生具备诚实守信、敬业奉献的职业素养。

（二）课程思政建设目标

课程思政建设目标如图 5-30 所示。通过课程内容的教学和讨论，引导学生正确理解和应用知识，培养学生的爱国主义情怀、社会责任感和团队合作意识，注重培养学生的创新精神和实践能力，使他们能够适应社会发展，为国家和社会做出贡

知识目标
（1）熟练掌握常用低压电器识别、检测和选用方法
（2）掌握电气控制系统的基本控制电路
（3）熟练掌握 PLC 的构成、外部端子的功能及连接方法、工作原理
（4）熟练掌握 PLC 的基本指令和常见的应用指令
（5）掌握 PLC 的编程方法和技巧

能力目标
（1）能识别、检测、选用常用低压电器
（2）能正确使用电工工具、仪器仪表
（3）熟悉电气控制线路国家统一的绘图原则和标准
（4）具有识读、分析、安装电动机基本控制线路的能力
（5）会 PLC 的选用、安装及接线
（6）具备设计、调试 PLC 程序的能力

素养目标
（1）树立工具、设备使用的安全意识
（2）形成良好的节约意识
（3）培养良好的思想道德修养和职业道德素养
（4）培养爱岗敬业和良好的团队合作精神
（5）形成正确的世界观和价值观

图 5-30 课程思政建设目标

献。通过思政教育的融入，帮助学生形成正确的世界观和价值观。

三、课程思政教学实施过程

（一）深入挖掘思想政治教育资源，优化课程思政内容供给

根据培养目标，以成果为导向，以思政为引领，以项目为主线，修订课程教学大纲，重构课程内容。课程思政设计思路如图 5-31 所示。

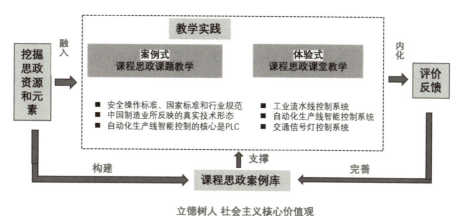

图 5-31　课程思政设计思路

（1）引入国家政策与法律法规，让学生了解行业发展的背景和相关规范。例如，在电动机基本控制电路项目中，介绍常用低压电器、电气原理图绘制等知识点时，引入安全操作标准、国家标准和行业规范等，提高学生的安全防范意识。

（2）融入社会责任与伦理问题，引导学生思考技术应用对社会和个人的影响。例如，针对目前 PLC 在中国市场上大部分是国外品牌，紧密联系中国制造业所反映的真实技术形态，分析中国企业对高科技技术人才的实际需求。

（3）引入行业案例，让学生了解电气控制与 PLC 技术在实际工程（如工业流水线控制系统、运料小车控制系统等）中的应用和社会影响，引导学生关注科技创新与可持续发展的关系，培养环保意识和可持续发展的观念。

（4）培养社会责任感和团队合作能力。课程内容项目化，通过完成电动机基本控制、工业流水线控制系统、交通信号灯控制系统等多个项目达成课程的教学目标。学生以分组的形式，完成方案设计、硬件接线、软件编程、运行调试等过程。

各任务由浅入深、循序渐进，培养学生的团队协作精神、敬业精神，以及诚信、友善等道德品质。

紧密融合价值塑造、知识传授和能力培养。在价值塑造方面，通过课程设置和教学方法，培养学生的爱国主义情怀、社会责任感和团队合作意识。在知识传授方面，关注国家发展需求和行业要求，传授实用的电气控制与 PLC 知识。在能力培养方面，通过企业实践项目、案例分析和团队合作等方式，提升学生的创新思维、问题解决能力和实践操作技能。

在电气控制与 PLC 课程教学中，遵循学生的认知规律及职业能力培养的基本规律，结合线上线下混合式教学模式的特点，以真实工作任务及其工作过程为依据，重构教学内容，融入课程思政，使教、学、做有机融合，将理论学习和实践训练贯穿在教学过程中。按照由浅入深、由简单到复杂的原则，以授课对象、学情特点和课程要点与当今智能制造领域的前沿应用情况的融合为切入点，提取实践项目和工作任务，实施项目驱动。基于工作过程，课程设计了 6 个项目和 23 项工作任务，这些项目和任务基本涵盖电气控制、PLC 的基本指令、顺序控制指令、功能指令四大模块的教学内容。

具体如表 5-7 和图 5-32 所示。

表 5-7　结合企业工程实际选取教学内容

工作领域	工作任务	职业能力	学习项目
电气控制与 PLC 控制系统设计、安装、运行与维护	小型配电盘（柜）的设计、安装、运行、维护	①能根据控制系统要求及工作环境特点，合理选择电气控制元件 ②能够根据工况实际要求，独立完成配电盘（柜）的设计与安装 ③能对继电器 – 接触器控制系统进行检修 ④具备中级维修电工岗位工作所要求的知识与能力，能够取得中级维修电工等级证书	项目 1：基本电气控制电路
	PLC 控制系统的设计、安装、运行与维护	①能正确安装和使用 PLC 编程软件，并能够熟练运用编程软件对 PLC 应用系统进行编程及在线测试	项目 2：PLC 概述
			项目 3：PLC 的基本指令及程序设计
		②能够根据 PLC 控制系统要求及工作环境特点，合理选择 PLC 及其外围电器	项目 4：顺序控制指令及其应用
		③能够根据工况实际要求，独立完成 PLC 控制系统硬件设计与安装，正确编写 PLC 控制程序，并能对 PLC 控制系统进行测试与维护	项目 5：PLC 的功能指令
		④具备可编程控制系统设计师所要求的知识与能力	项目 6：PLC 控制系统设计与应用实例

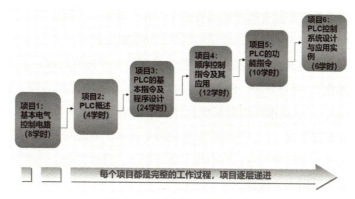

图 5-32　逐层递进式项目设计

（二）完善线上课程资源

线上教学过程中采用学习通资源。现代电气控制技术是 2022 年 7 月建设的校级精品在线课程，课程建设（包括教学内容规划、训练项目设计、任务设置和情境设置等）以工作过程为导向，贴近岗位实际，目的是激发学生的学习兴趣，培养学生的职业能力和创新能力。教师针对各项任务，制作 PPT，录制视频，让学生课后学习，完成作业；根据每项任务的重点和难点，设置讨论话题，并将一些参考资料上传到平台，供学生在线学习。针对该课程，共制作了 32 个视频，设置了 6 个线上测验。图 5-33 所示为学习通现代电气控制技术课程资源。

图 5-33　学习通现代电气控制技术课程资源

　　课程网络教学资源能有效推动高校教学内容、教学方法和教学模式的转变，更能满足行业和企业对人才数量和质量的需求，适应社会经济需求变化。与实际工程结合，实现教学内容与职业标准对接、教学过程与生产过程对接；采用工学结合、教学做"一体化"、项目导向、任务驱动等教学模式，如电动机启停、Y-△降压启动的 PLC 控制、工业流水线控制系统设计、运料小车控制系统设计、交通信号灯控制系统设计等教学项目，运用现代信息化教学技术、方法和手段，高品质服务于师生，持续提升人才培养质量；利用线上学习平台，通过讨论、分组任务进行课程思政，加强学生爱国主义教育。

（三）改进教学方法，探索创新课程思政建设模式和方法的路径

1. 丰富课程教学内容和改进教学模式

　　在电气控制与 PLC 课程中，为了解决传统教育方式单一的问题，教师需要为学生构建多样化的教育环境，进而引导学生更好地通过学习平台掌握 PLC 相关知识。首先，在线上平台增加 PLC 在实际应用中的有趣案例，进而增强学生的学习兴趣。其次，对近几届毕业生中从事 PLC 相关工作的学生进行问卷调查，收集 PLC 教学过程中的不足和需要添加的知识，使得教学紧跟就业，为学生就业打好基础。最后，整合现有资源，通过线上线下混合式教学，为学生构建全面学习及探究的良好环境，增加学生的学习积极性。

　　为了培养创新型应用人才，在日常的教学过程中要注意对学生创新意识的培养，提升学生的应用能力，结合网络教学，采用线上线下混合式教学方法。通过在日常教学过程中融入国内创新设计及国际上对 PLC 的新应用案例，培养学生的实践能力、创新意识，同时也提升学生的动手能力和资料收集能力。

　　（1）结合实际案例和行业需求，设计具有思政教育元素的课程内容。

　　（2）创新教学方法，采用项目驱动、案例分析、讨论、团队合作等方式，引导学生思考技术与社会发展的关系。

　　闭环式项目驱动教学过程如图 5-34 所示。

图 5-34 闭环式项目驱动教学过程

（3）引入社会实践和企业合作项目，让学生亲身体验社会责任与伦理问题。例如，学生参与横向课题研究，与团队成员合作，完成研究任务，并撰写研究报告或论文，使学生掌握解决实际问题的方法和技巧，提升学生的研究能力和科学素养。

（4）鼓励学生参与科技创新和社会公益活动，培养创新精神和社会责任感。通过与课程相关的学科竞赛，如参加"西门子杯"中国智能制造挑战赛，锻炼学生的创新思维、解决问题的能力、团队合作精神和实践能力，提高学生素养。

（5）建立与行业和企业的合作机制，提供实习和就业机会，促进学生的职业发展和社会融入。例如，与企业共建课堂，为学生提供与实际工作场景接触的机会，并加强学科知识与实践应用的结合。

这些创新措施可以有效地将思政教育和电气控制与 PLC 课程相结合，培养德智体美劳全面发展的高素质人才。

2. 课前预习环节设计

课前预习环节包含线上视频和线上作业两部分内容，线上视频主要包含课程的知识介绍、应用介绍、发展趋势等，线上作业包括视频中穿插的题目、视频引申的思考、讨论及布置的查找相关资料的任务等。教师可以提前准备好相关的学习任务书、微视频、相关 PPT、测试题等。通过后台数据的收集和整理，教师可以查看学生的学习情况、讨论情况、测试题完成情况等，有目的地根据学生学情调整或补充教学内容。

3. 课中教学环节设计

教师通过学生课前线上学习、归纳的问题进行课程导入，课中加以视频、实物演示来教学，以指导实施为主，引导学生进行思考、提问，让学生成为课堂的主角。学生了解每次课程的学习目的，再通过学习电路搭建原理、实施软件操作、故障排除等步骤基本掌握课程学习内容。对于学生解决不了的问题，教师及时参与讨论，引导、鼓励学生充分利用学习平台及搜索引擎查阅相关资料，给予有针对性的建议和方法，进而解决问题。通过课堂上有针对性的教学、引导，实现理论—实践—理论的知识递进，同时提高学生的学习主动性，进而实现团队协作能力的培养。

4. 课后教学环节设计

课后学生可以通过线上视频等回顾学习内容，查漏补缺，观看往届相关毕业设计，完成课后作业，以及开展 PLC 相关比赛案例分析。同时，在后续的实验课上，学生也可以在完成基本任务的同时，完成线上选做的拓展任务，为后续学习、毕业设计、就业奠定基础。

（四）考核方式的设计

考核的目的是掌握学生的学习情况，激发学生的学习热情。因此，电气控制与PLC 课程的考核应提高过程考核的比重，最终成绩包括平时成绩、阶段测试成绩、实验成绩和期末考核成绩。各项占总成绩的比例为：平时成绩 30%、阶段测试成绩 20%、实验成绩 10% 及期末考核成绩 40%。其中，平时成绩可以包括作业、课堂互动、网络教学平台学习情况、综合性题目、大作业、课外阅读、课堂笔记、课外实践、小论文、团队作业等。该考核方式加大了对学生线上线下的学习、讨论情况及实验的所占分值，意在培养学生在日常学习中发现问题、提出问题、共同解决问题的能力，增强学生团队合作的意识。

四、课程思政教学改革成效

在电气控制与 PLC 课程教学中，通过中外电气产品及 PLC 的电气控制线路等核心技术的对比，结合国家科教兴国战略，引导学生认清自己所肩负的使命，自觉投身祖国各项事业的建设之中，结合西门子 S7–200 系列 PLC 的工作原理，使学生了解我国在自动化控制方面的飞速发展历程，理解自主研发的必要性，厚植爱国情怀、增强民族自信，引导学生脚踏实地地从上好每一堂课开始提升能力，为国家做出贡献。经过该课程的学习，大部分学生可以更好地理解、践行工匠精神，增强工程素养和工程意识；在实践考核过程中，养成爱岗敬业的良好品德，并具有为祖国现代化建设服务的意识，具有严谨认真、实事求是的科学态度，具有高度的职业责任心和安全意识，规范操作。很多学生在完成电气控制与 PLC 课程学习后，积极报名参加"西门子杯"中国智能制造挑战赛、大学生创新创业大赛等，将自身所学知识与实际生产结合，践行"学习为国家、创新为人民"的社会责任。

通过实践教学，学生对本课程的兴趣和主动性得以提升。学生在学科竞赛、课程设计、毕业实习、毕业设计等实践中，获得了较好的成绩。总之，电气控制与PLC 课程教学效果显著，具有示范意义。

五、结语

线上线下混合式教学模式在电气控制与 PLC 课程中的应用，不仅可以让学生较好地掌握 PLC 相关课程，还可以增强学生实践能力、应用能力及创新能力，同时培养学生信息收集、资料查询、自主学习与创新的能力及团队合作的能力，取得良好的学习效果。

在今后的教学过程中，需进一步深度挖掘课程思政元素，设计新时代教学方法，提高学生的课堂参与度；进一步加强课程团队建设，完善教学内容开发，形成特色鲜明、优势突出、交叉互补的教学内容体系；促进教师培训和团队建设，推动教师以其研究成果反哺教学；积极申报更高层次教学项目，提升项目影响力和水平，推动课程思政取得良好效果。

案例 3：单片机原理与应用——项目驱动、学做相融，打造思政引领下的实践创新课程

单片机原理与应用作为首批省级线下一流本科课程，是电气工程及其自动化专业的一门核心基础课程，在培养目标中起承上启下的作用，具有较高的课程地位。它把数字电路、模拟电路、编程语言等知识综合在一起，具有很强的工程性和实践性，对培养学生的工程思维能力和解决问题的能力具有重要作用。同时，课程为后续专业课程提供必要的理论和实践支撑，起着重要的基石作用。为了突出应用型人才培养的特色，课程团队开展了一系列教学方法改革的探索，经过反复调整和实

践，认为阶段性的小成果是激发学生兴趣的最直接、最有效的方法，**确立了项目驱动、学做相融的教学理念**，构建了**"课程思政＋实践创新"双核驱动的教学模式**，使学生具备单片机系统设计、安装和调试的初步技能，培养学生的团队合作精神，以及动手操作和组织协调能力。同时，将家国情怀、工匠精神有机融入，实现课程与思政的有机融合。

一、案例特色与创新

（一）构建以产出为导向的课程思政教学体系

以专业知识为载体，通过设计与专业及行业相匹配、以践行社会主义核心价值观为基本要求的专业价值目标，挖掘专业知识与思政元素的有机结合点，采取全过程教学评估方式，再根据目标达成度进行持续改进，最终落实以立德树人为根本任务、以产出为导向的课程思政教学体系（见图 5-35）。

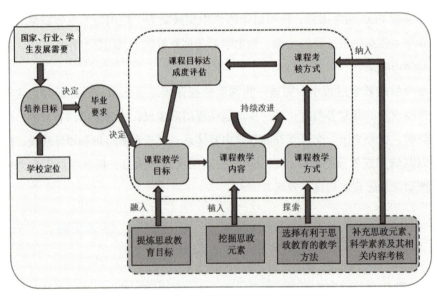

图 5-35　以产出为导向的课程思政教学体系

（二）构建团队协同机制，多点发力，打造育人合力

积极探索现代化的团队管理方式，进一步明确和发挥各育人主体在思想政治教育工作中的角色和作用，构建专业的课程思政教学团队，打造由**专业教师（含创新**

创业竞赛指导教师、企业导师、学业导师）、思政教师、辅导员协同育人的"三协同"教师团队。建立常态化教研机制，切实推进项目化教学、翻转课堂、实践教学和多媒体教学的深度融合，强化教师队伍的协同效应。充分发挥党员教师在师风师德、大学生思想政治教育方面的先锋模范作用及党支部的战斗堡垒作用。"三协同、三融入、三贯通"课程思政育人模式如图 5-36 所示。

图 5-36　"三协同、三融入、三贯通"课程思政育人模式

（三）创设"三堂合一、三段联动、三线融合"课程思政教学模式

针对单片机原理与应用课程教学实践性强的特点，基于 OBE 工程教育理念和产业需求，课程内容侧重于实际应用。围绕企业实际项目，重构知识内容体系，深入融合教学内容与课程思政内容，按照线上课堂、企业课堂和线下课堂"三堂合一"，课前、课中、课后"三段联动"，知识主线、技能主线、素养主线"三线融合"的教学模式实施教学，将育人贯穿课堂教学全过程，该模式如图 5-37 所示。

以爱国爱岗、工匠精神为思政主线，结合中国特色社会主义的伟大实践、国际国内时事、身边事，乃至单片机行业的形成背景、发展历程、现实状况、未来趋势、行业领军人物等多角度、全方位挖掘思政元素，有机融入课程教学。三种课堂融会贯通形成教学合力，推动创新课程实践，促进素质能力提升。思政案例库的构建是基于学情分析的，要先明确学生需要培养哪些能力，再结合专业特色去构建案例库。例如，在绪论部分，由互动课程导入，到中美经贸摩擦案例切入，再到中国芯案例拓展，进一步过渡到科技发展中单片机的身影和单片机的学科前沿，将知识点、案例教学、前沿思想和思政元素融合起来。又如，在数码管动态显示中引入"耳听为虚，眼见为实"俗语，通过教学让学生明白"耳听""眼见"都不一定为实，学会全面地分析和思考，提高辨识能力和增强社会责任感。课程思政案例库设计重点体现家国情怀、科学素养、合作意识、人文底蕴和社会责任感。部分课程思政教学案例如图 5-38 所示。

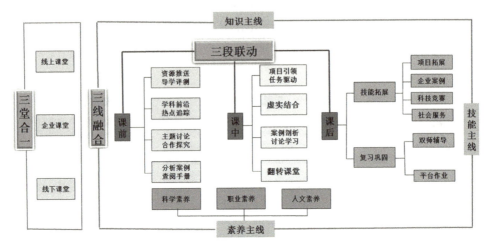

图 5-37 "三堂合一、三段联动、三线融合"课程思政教学模式

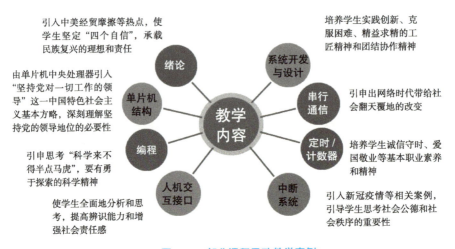

图 5-38 部分课程思政教学案例

课堂教学完全在实训室组织进行，融教、学、做于一体，让学生在动手实践中发现问题、分析问题、解决问题，并在此过程中认识问题背后所蕴含的哲学思维、方法论和价值观，使学生沉浸于思想碰撞和情感体验，实现对学生的价值引领。教

学过程中灵活运用案例式教学、任务驱动式教学、探究性教学、翻转课堂、分组讨论等方式方法,将课程思政、课程实践、前沿思想等融入教学内容,运用多种教学工具增强互动效果,让课堂"活"起来。

(四)构建专业+思政一体的"多元、多维、全程"的考核评价体系

依据 OBE 逆向设计原则,结合单片机原理与应用课程对电气专业要求指标点的支撑情况,以课程教学目标为导向设计,从评价主体、评价方法、评价指标体系等方面构建评价体系,实现评价主体多元化、评价目标多维度的全程动态考核评价体系(见图 5-39)。

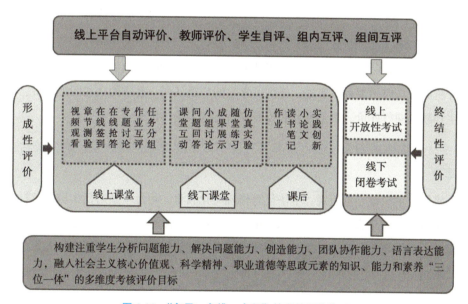

图 5-39　"多元、多维、全程"的考核评价体系

打破原有的以教师为主的评价方式,增加学生和学习平台两个评价主体,强调参与与互动、自评与他评相结合,实现评价主体多元化。构建注重学生分析问题能力、解决问题能力、创造能力、团队协作能力、语言表达能力,融入社会主义核心价值观、科学精神、职业道德等思政元素的知识、能力和素养"三位一体"的多维度考核评价目标。根据考核评价目标,创新考核评价内容与方式,加大对学生的思政素养考核力度。混合式教学模式融合线上和线下的学习,强调学习的过程性,实

施将形成性评价和终结性评价相结合的**全程动态评价**。可利用人工智能、大数据等现代信息技术探索学生学习情况全过程的纵向评价和德智体美劳全要素的横向评价等增值性评价。注重过程的形成性评价中的专题讨论、成果展示、小论文等，在考核专业知识的掌握和运用情况的同时要突出思想价值引领；终结性评价中的开放性考试和闭卷考试可设置非标准答案形式，以此考核学生的世界观、人生观和价值观及创新能力。实践能力的考核可通过设置技能熟练程度、理论指导实践的深度实现；小组讨论的话题贡献率、任务分组的配合程度和小组成果展示等用于综合考查学生的团队合作能力和大局意识；课堂出勤率、学习任务的完成质量体现敬业精神的考核；课堂纪律遵守情况、作业是否抄袭、考试是否作弊体现职业道德的考核；课后拓展的广度和深度体现自主学习的能力和社会适应能力的考核。

二、案例教学效果

"课程思政＋实践创新"双核驱动的教学模式已经在2019—2022级四届学生单片机原理与应用课程中实施，得到了学生的广泛认同。教学团队的四维评价，即学生评教、同行评价、教学督导和校外评价连续多年为优秀。

（一）构建知识、技能、素养"三位一体"的课程内容体系，学生综合素质提升

将社会主义核心价值观、中华优秀传统文化教育、习近平新时代中国特色社会主义思想的"四个自信"、大国工匠精神、科学家精神等元素，自然地融入课程教学设计、理论与实践教学、教学资源建设、考核评价等环节中，实现润物无声的育人效果。

（二）任务引领式探究答案，学生综合成绩稳步提升

基于工作分析，以工作任务为载体，重构课程内容体系和知识序列，设计与社会实践和课程目标紧密相关的学习任务，建立开放式评价体系，将教学过程与工作过程融为一体。通过教学改革，充分发挥学生学习的主动性，提高学生学习单片机相关知识的兴趣，学生创新实践能力显著提升。有些学生甚至能在做好实验的基础上，发挥想象力，设计出独特的程序，充分发挥学习主动性，对理论课的学习更得心应手，学生的综合成绩稳步提升，优良率逐年上升。

（三）教学与学科竞赛、创新创业相结合，学生科技创新能力显著提高

教学团队采用兴趣与项目双驱动的实践教学方法，在学科竞赛、科技课题、创新创业等活动中，提高学生应用知识的能力、自主学习能力、文献查阅能力，强化学生解决实际问题的应用能力和创新能力。学生在课外实践中经常用单片机设计小制作，在毕业设计中也有许多与单片机有关的课题，有些学生还协助教师做一些科研工作。科技创新成果丰富，学生受益幅面大。近年来，学生获省级、国家级各类科技创新竞赛奖 900 余项（见图 5-40），其中获"西门子杯"中国智能制造挑战赛、全国大学生电子设计竞赛等国家级奖励 51 项，参与学生 3000 余人次，获省级以上大创项目 100 余项，专利授权 85 件，发表论文 100 余篇。创新团队自发组成的小家电义务维修服务团，已持续服务学校周边社区近十年（见图 5-41），把所学的科技知识运用到服务学校周边社区，被共青团青岛市委、青岛市青年志愿者协会联合授予"青岛市优秀青年志愿服务项目"荣誉称号。

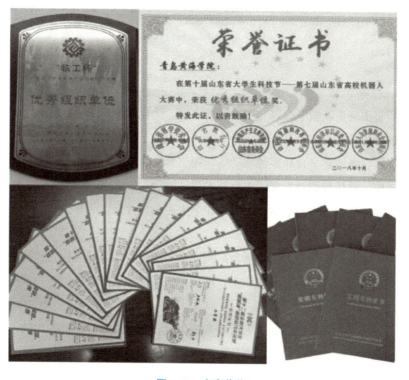

图 5-40　竞赛获奖

图 5-41　小家电义务维修服务活动

三、教学反思

今后将围绕更新教学内容、增加拓展内容、优化课堂组织、完善学生评价机制等方面进行建设。

（1）将在线教学平台和多种移动终端相结合，为学生自主学习和提升提供更多的技术支撑，将传统课堂与现代教育技术深度融合。

（2）建立创新能力教学活动案例，让学生完成与社会生活和生产实践密切相关的任务，培养其社会责任感。

（3）建立知识运用能力教学活动案例，增加跨学科知识的融合，开设难度较大的选作实训项目，进一步开放实训室，满足不同层次学生的需求，进一步提升学生的创新能力。

（4）完善学生评价机制，加大过程考核力度，降低终结性评价的比例。围绕课程培养理念与目标，以过程考核评价为导向，以激励学生自主学习为出发点，形成多层次、高维度、全方位的多元评价体系。

5.3　电子信息工程专业课程思政典型案例

案例 1：信号与系统——案例教学驱动，筑牢核心价值观根基

一、课程存在的问题

信号与系统是电子信息工程、通信工程专业的基础必修课，授课内容包括连续时间系统和离散时间系统理论及分析方法，连续时间系统的分析又包括傅里叶变换和拉普拉斯变换，离散时间系统的分析包括 Z 变换和系统的状态变量分析。掌握信号与系统理论及分析方法需要进行大量的数学推导和计算，学习过程存在一定的难度，学生容易产生抵触心理。现有的计算机信号处理软件可帮助学生解决推导和计算问题，因此在授课过程中，教师应注重基本原理和物理意义的讲解，省略课堂上的推导计算过程。思政元素的引入，能够大大增加学生对课程学习的兴趣，使学生明确学习的方向和目的。信号与系统课程的开设为后续过程控制系统、运动控制系统、智能控制系统、通信电子线路、通信原理、移动通信等课程的学习打下了坚实的理论基础。

二、课程思政教学总体设计思路

1. 建设方向和重点

电子信息工程专业本科人才培养工程特色鲜明，成果显著。结合学校办学定位、学院专业特色，信号与系统课程从慕课、课堂教学、实验教学等着手，全面落实课程思政建设与实践。课程组统一规划与建设课程慕课、思政微视频等课程资源。通过课后文献阅读、微视频观看、实践体验等融入课程思政元素，建设"慕课视频＋思政微视频＋演示教案"的立体化资源体系，采用智能技术与手段，结合自学、讨论、心得撰写等环节全面落实"三位一体"的育人目标。

2. 建设内容

课程组大力建设信号与系统课程基本原理相关教学案例，培养学生服务社会的价值观。

课程组深入挖掘信号与系统领域科学家的生平事迹，建设相关教学案例。

课程组建设以红色歌曲为载体的、生动形象展现课程内容的教学案例，将革命

271

精神通过专业知识进行传递。

课程组加强实践环节，通过开展基于问题驱动的研究性教学专题研讨，使学生具备将所学理论知识与具体工程实践相结合的思维，提升其提出问题、分析问题和解决问题的能力，同时培养学生具有良好的团结协作精神。

信号与系统课程教学目标如图 5-42 所示。

图 5-42　教学目标

三、课程思政建设情况

信号与系统是电子信息工程专业核心基础课，是后续数字信号处理、通信原理等课程的先修课程，具有重要的地位。从科技前沿、人文积淀、时事热点、专业故事、工程实例等五个角度挖掘提炼思政元素并融入教学，提升学生的创新意识和工程能力，实现对学生的价值塑造。课程以社会主义核心价值观为主线，以信号与系统教学内容为载体，将社会主义核心价值观的内容有机地融入信号与系统的教学环节。

1. 创建课程思政教学案例库

建设信号与系统课程基本原理相关教学案例，培养学生服务社会的价值观。例如，课程组建设了信号时域抽样在铁路机车信号识别中的应用案例，该教学案例在介绍课程知识点信号时域抽样如何应用于铁路机车信号识别（见图 5-43）的同时，还简要介绍我国高铁十年来的发展成绩，用我国创造的多个"世界之最"鼓励学生刻苦学习，用自己的学识将我国高铁名片"越擦越亮"，为把我国建设成交通强国做出贡献。

抽样定理工程应用

传统的车载信号系统，由于安全性及可靠性等技术的局限，仅能作为辅助信号应用，驾驶员必须瞭望地面信号机来驾驶列车。

国际公认 160km/h 以上或高密度的列车运行已不能靠驾驶员瞭望地面信号方式保证安全，而必须以车载信号作为主体信号来控制列车。

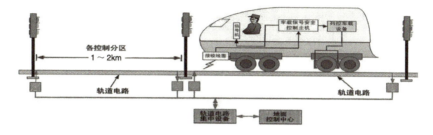

图 5-43　信号时域抽样如何应用于铁路机车信号识别

2. 课程思政开展情况

课程采用线上线下混合式教学方式：通过课前、课中、课后达成课程教学目标。课前通过慕课学习基本知识要点与思政素材；课中首先通过小测试了解知识要点与思政掌握情况，采用讨论方式巩固和加强知识点的学习，然后通过小项目仿真以及拓展阅读加强学生培养；课后通过作业、慕课深度学习以最终达成课程目标。

（1）为了加强课堂上的交流与实时互动，采用学习通、智慧教室等工具与手段，在教授课程基础知识要点的同时，结合电子信息工程专业特点举例说明本课程知识在相关领域的应用，使学生更好地理解和掌握信号与系统分析的基本理论与方法，特别是频域分析方法在工程领域的物理意义。

（2）使价值引领目标贯穿课堂，引入思政素材，注重学生职业道德、人文素养、工程伦理、科学态度、工匠精神、爱国情怀等的引领与培养，培养学生的使命感和责任感、吃苦耐劳的精神、可持续发展和工程伦理意识。

（3）课堂教学注重采用先进交互工具加强互动，使学生能积极参与教学活动，提高学习兴趣和学习效率，培养创新思维和团队意识，勤于思考，求真务实，敢实践、敢创新，全方位引导学生成为"四有"新人和合格的社会主义建设者和接班人。

创新型闭环模式教学过程如图 5-44 所示。改进教学方法如图 5-45 所示。

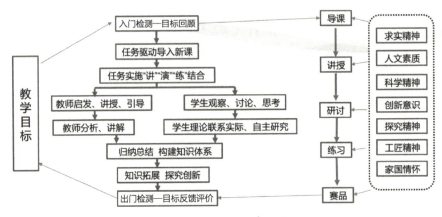

图 5-44　创新型闭环模式教学过程

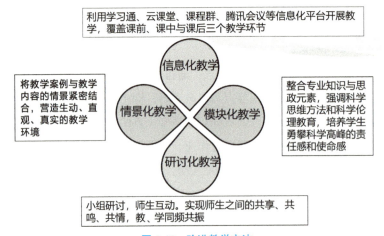

图 5-45　改进教学方法

本课程思政示范课程的实施，实现了课程思政与专业教学的互融互促，使信号与系统课程思政完整化、体系化，并通过项目实施实现立德树人的目标。

四、课程思政教学改革成效

课程思政教学改革成效如下。

（1）通过有机融入课程思政的课堂教学，提高学生学习信号与系统的兴趣，充分发挥学生学习的主动性，**使学生积极参与学科竞赛、创新活动及教师科研项目，具有主动参与创新创业的意识，**相关专业学生的整体专业技术水平得到提高。学生参赛获奖证书如图 5-46 所示。近五年来，学校对课程组成员的课堂教学评价和学生评教成绩均为优秀。

图 5-46　学生参赛获奖证书

（2）2020—2022 届学生最终考核结果显示：课程的挂科率大大降低（见图 5-47）；学生主动学习氛围越来越浓厚，利用所学知识点解决工程应用问题的能力越来越强。学生反馈，通过专题研讨，"体验到了'纸上得来终觉浅，绝知此事要躬行'""真正感受到了'1+1>2'的效果，提高了团队合作能力""培养了我们接受新思想的能力和追求卓越的学习态度"。

图 5-47　信号与系统平均分与及格率统计

（3）**实现了课程思政教学的完整性和系统性**。找到信号与系统教学内容与社会主义核心价值观内容的契合点，解决了过去课程思政教学中对教学环节、教学内容、教学方法等缺乏整体性、系统性设计的问题，实现了信号与系统课程思政有主线、有主题，且具有完整性和系统性，也实现了课程思政和专业教学的互融互促。

（4）**示范辐射**。课程团队在学银在线上建立 MOOC 资源，与省内外其他高校分享教学经验，在本校开展教学示范公开课讲演，起到了良好的辐射作用。

案例 2：模拟电子技术——五步教学，思政润心

一、课程教学背景和思政定位

模拟电子技术作为电子信息工程专业必修课，具有很强的综合性、技术性和实用性。通过本课程的学习，学生能够运用电子技术的基本知识和基本方法，提升利用工程视觉分析问题和解决问题的能力，为进一步学习应用电子技术打下基础。秉承"以学生为中心"的理念，发挥教师助学的作用，充分利用线上线下混合式教学模式，融入思政元素，可以强化学生对专业知识的认同感，激发学生的课程学习动力及爱国情怀，实现思想政治教育与知识体系教育的有机统一。

二、课程思政创新途径

本课程理论性、实践性、工程性很强，又是数字电子技术、高频电子技术、嵌入式系统原理及应用等后续课程的基础专业课。从院校目前课程教学的情况来看，学生普遍存在学习困难、考试成绩不理想、实际动手能力较弱等问题，这些问题表明当前教学情况与新工科专业的教学要求有较大差距，这是短板也是需要改革的痛点和难点。课程思政创新与教学创新并驾齐驱，"两手抓，两手都要硬"，方可在教学实践方面取得显著成效。为了能将课程思政落实到教学实践中，本课程在以下几个方面进行了课程思政创新改革，并取得了一定的成果。

（一）基于 OBE 的带思政目标的教学大纲改革

教学大纲是课程教学的纲要，传统教学大纲过于强调知识规范性，学生只是被动接收教师讲授的知识，缺乏持续改进教学大纲的措施。因此，模拟电子技术课程教学团队对课程大纲进行了改革，根据专业人才培养方案中的毕业要求要点来确定课程目标具体内容，以课程目标为核心，以学生的学习成果为导向，把专业课程所

蕴含的思想政治教育元素在教学设计、课程管理、课堂教学中呈现出来，强化学生对专业知识的认同感，激发学生的学习动力及爱国情怀，提升学生的专业能力和创新意识，培养学生自主学习和终身学习的意识。在课程中开展思政教学活动，以模拟电子技术中的思政教育资源为基础，通过系统专业的知识体系和知识背后蕴含的科学精神、家国情怀，培养学生成人成才。

（二）增设模拟电子技术课程的课程思政目标

根据《纲要》的要求，新工科专业课程要注重强化学生工程伦理教育，培养学生精益求精的大国工匠精神，激发学生科技报国的家国情怀和使命担当。因此，将本课程思政目标定位为以下几点。

（1）家国情怀：爱国奉献，自力更生，踔厉奋发。

（2）职业操守：严谨求实，守正创新，坚持不懈。

（3）科学思维：工程伦理，价值取向，工匠精神。

（三）模拟电子技术课程思政教学实践

本课程的教学组织和思政融合采用"一主线，三结合，多维度"的模式展开，具体如图 5-48 所示。在课程思政贯穿始终的主线引领下，让学生刚开始学习本课程时，明确地知悉课程的特点：数字电路实现功能，模拟电路提升性能。强化学生对本专业的认同感，激发学生的学习兴趣与动力，与"为什么学模电""培养什么人"相对应；线上教学和线下教学相结合，理论和实践相结合，知识传授和价值引领相结合，构建教学活动的框架，与"模电学什么""怎样培养人"相对应；课程

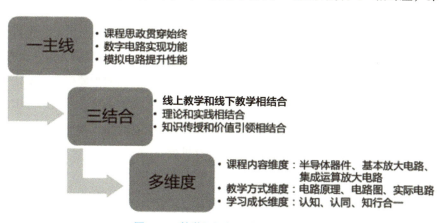

图 5-48　教学组织和思政融合模式

内容维度、教学方式维度、学习成长维度的多维度融合，使学生在学习成长过程中从认知、认同到知行合一，让学生认识正确的工程伦理，树立正确的世界观、人生观、价值观，真正培养出对国家、社会、人民有用的人才，与"如何学模电""为谁培养人"相对应。

模拟电子技术是电类相关专业的一门专业基础课，是一门理论性、实践性、工程性很强的课程。基于本课程特点，主要采取教学五步法实现知识与思政的融入。

第一步：梳理知识点、专业素养点。

准确定位，明确课程目标，注重高阶思维培养，在布卢姆教育目标分类理论指导下，精炼教学理念，概述模拟电子技术学习目标三能力，以学生为中心，将课程思政与知识体系、智慧教学、理实结合、工程概念等融合。

第二步：双师共同挖掘思政元素。

从社会主义核心价值观、劳动观、理想信念、专业素养、专业科学思维等多方面深入挖掘思政元素，从课程教学、教学团队、实践教育三方面着手，找准思想政治教育的融入点，明确教育方法和载体途径，落实教学成效，全面设计模拟电子技术课程思政方案，与专业知识相融合。

第三步：专业知识和课程思政融合。

以模拟电子技术的元器件作为切入点，从半导体器件到基本放大电路，再到集成运算放大电路，构建课程思政教学目标，将学生的学习置于更广博的学习情境中，对所学知识的体系进行全面的理解和探索，不断进行知识的积累和迭代，达成从量变到质变的目标。

第四步：构建课程思政融入载体和途径。

针对本课程特点，结合学科新发展、实践新经验、社会新需求优化课程内容，配套针对性强的课程实验和课程设计，利用电路仿真软件讲解抽象概念，依托学院产学合作协同育人项目和创新基地平台强化实践创新能力，配合超星网络教学平台教学资源，开展线上线下混合式教学，采用多种教学方法，融入大国工匠事迹、社会热点、社会关注事件，实现育才和育人的有机统一。

第五步：教学实施蕴含思政育人。

运用教学五步法，将传统单向、开环的传授转变为有反馈、闭环的学习，实现

"会看""会算""会选""会调""会用"，帮助学生将碎片化的知识进行关联，建立完整的知识系统结构，具体如图 5-49 所示。

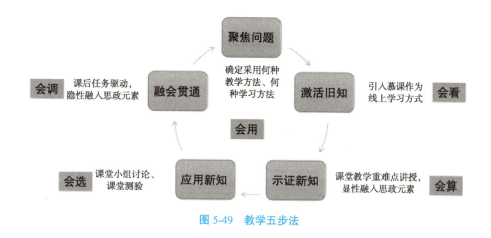

图 5-49 教学五步法

本课程目的是使学生掌握模拟电子技术方面的基本知识和基本技能，培养分析问题和解决问题的能力，初步建立系统观念、工程观念、创新观念，为以后深入学习电子技术某些领域的内容，以及为在专业中应用电子技术打好基础。教学实施过程是知识目标达成的过程，也是潜移默化的思政育人过程，其中也蕴含着思政育人的教学目标。

三、课程评价与成效

（一）教学评价及成效

本研究围绕学生发展需求和课程目标，重构了课程体系和架构，根据认知规律和接受特点设置知识点。在课程教学实施中，应强调过程性考核，综合线上线下多种测评方式，对教学效果进行多维度评价，经测评，教学效果显著提升。

（1）爱国情怀教育得以强化

从作业完成率、课堂氛围、线上任务点完成度等教学数据中发现，学生专业兴趣、积极性均得以提高。

（2）专业理论掌握度、专业思维和职业素养得以提升

通过课堂测验正确率、线上单元测验准确度、课程设计完成情况等了解到学生

专业知识掌握度提高，知识迁移、应用能力方面较以前有明显提升。

（二）示范辐射效应

课程负责人通过院级教学比赛及课程改革方式展示了知识与思政融合的教学五步法，在讲授专业知识技能的同时，使专业课程所蕴含的思想政治教育元素在教学设计、课程管理、课堂教学中呈现出来。团队教师在指导学生参加学科竞赛的过程中，也注重以学促赛，培养学生的工程伦理和价值取向及理论联系实际的能力，获得国家级、省级奖励数项，具体如图 5-50 所示。在模拟电子技术教学过程中始终秉承以学生为中心的理念，不断推进教学方式迭代改革，润物无声地融入思政元素，实现专业课知识传授与价值引领同向同行，切实提升立德树人的成效，对其他电类专业课程思政建设有很好的启发和指导作用。

图 5-50 学科竞赛奖励

案例 3：数字信号处理——多元体系融合实施，思政教育入脑入心

一、实施背景

（一）基本信息

数字信号处理课程是电子信息工程、机器人工程等专业的专业课。课程团队紧紧围绕立德树人根本任务，以教学资源建设为助力，开展线上线下混合式教学方法改革，从基于学习通、思维导图等师生互动教学模式改革入手，搭建立体化课堂，循序渐进地使学生自主参与课堂，不断改进教学评价体系，帮助学生达到多元化学习的效果。

（二）实施思路

教书育人是教学的使命。以课程教学为载体，提炼课程思政元素，探讨思政素材与课程知识体系的内在关联，融科学信心、前沿发展、价值引领于教学，用"人和事"作为思政内容的主线索，由国家到地方，由团队到个人，由历史事件到时政热点，从家国情怀、专业能力、人文素养等方面对学生进行培养，并推动数字技术与传统教育融合发展，提升课程思政建设实际效果。

二、存在的问题

（一）课程思政的准备不足

课程思政要根据教学内容和教学主体的差异性，在充分了解学生关心什么、对什么感兴趣，以及在思政方面想学习什么的基础上，采用讲授、提问、探讨等教学方法，激发学生的积极性和主动性。

（二）数字化素养需要提升

传统的课程设置与教学方式，授课效果不佳、教学反馈不良等问题影响数字信号处理课程教学质量的提升，已经不能满足现代高等教育的需要，师生数字化素养亟须协调提升。

三、对策与建议

（一）教学团队凝聚力量，强化课程思政建设顶层设计

教学团队秉承"三全育人"理念，依托课程思政重要载体，教学中精心融入思政元素，结合新时代中国特色社会主义的特点，构建数字信号处理课程思政体系，落实家国情怀、人文素养、科学精神、工匠精神、工程伦理、环保意识、法治意识等方面的思政元素，并结合科技强国、海洋强国等开展实例分析，以达成价值塑造、知识传授和能力培养的育人目标。通过教学实践强化专业素养，侧重培养学生的大国工匠精神，激发学生科技报国的责任感和使命担当。课程思政思路如图 5-51 所示。

教学团队构建基于人才培养方案分析、课程教学大纲分析、学生学情分析，融合 OBE 理念的课程思政教学体系，开展"三三课堂"——理论、实验、实践"三阶课堂"，产教、科教、专创"三融合课堂"，课前、课中、课后"三段式课堂"，建立价值引领下知识、能力并行的综合性考核与评价方式。课程思政方法如图 5-52 所示。

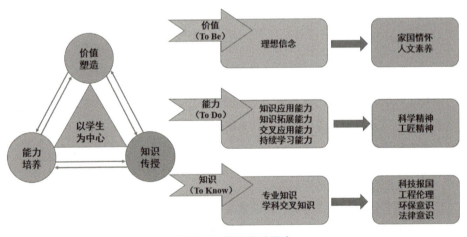

图 5-51　课程思政思路

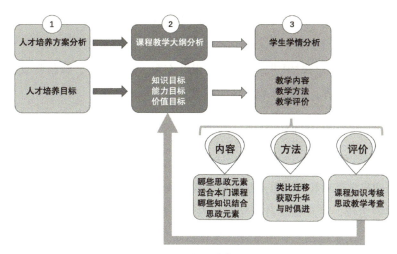

图 5-52　课程思政方法

1. 课程思政建设目标

以课程目标与特点为基点，通过有机融入思政元素，培养工科学生的科学精神、工匠精神，使学生成长为满足社会需求的、具有家国情怀和高尚品格的高素质应用型创新人才，实现知识、能力与素质的高度统一培养。

2. 课程思政建设总体设计

（1）修订教学大纲，融入思政元素

基于产业新形态发展对人才需求的现状，修订课程教学大纲，确定离散时间信号和系统时域分析、离散时间信号和系统频域分析、频谱分析和数字滤波器等知识模块，对标专业毕业要求支撑矩阵挖掘思政元素，构建家国情怀、人文素养、科学精神、工匠精神、科技报国、工程伦理、法律意识、环保意识八维度课程思政内容体系。

（2）搭建"三三课堂"，融合科产元素

基于八维度课程思政内容体系，细化思政指标与元素，有机融入理论、实验、实践三个课堂教学环节，贯穿产教、科教、专创三融合课堂，实施课前、课中、课后"三段联动"，内化导课、授课，实现全链条思政育人。

（3）优化考评体系，增加考查维度

基于课程目标，加大过程性考核力度，改革评价形式与评价主体，建立价值引

领下的知识、能力考核并行的综合性考核评价方式，优化考评体系。

（4）打造实践成果，丰富教学资源

教学大纲修订与时俱进，撰写教学设计方案、制作课件、编制典型案例，建设课程网络教学资源，打造课程思政实践成果。

（二）多元体系融合，深化思政教育

1. 关系矩阵统一教学与思政目标

明确教学目标和内容重点是推进课程思政教学实践的重要保障。依据应用型人才培养的定位，建立思政目标与章节内容关系矩阵（见表5-8），将课程目标与思政目标统一于立德树人根本任务。根据数字信号处理课程特点，确定以爱国为主线，围绕践行社会主义核心价值观和培养职业素养等重点优化课程思政内容供给。

2. "三三课堂"挖掘思政育人资源

数字信号处理课程坚持实事求是、注重实效、创新思维等原则，按照专业理论课堂、实验课堂、实践课堂教学环节，通过产教融合、科教融合案例及大学生创新创业项目案例分类推进课程思政的教学实践，思政案例设计如图5-53所示。以专业知识传授为载体，培养学生使命与责任感、奋斗与开拓精神；在实验实践项目中，培养学生精益求精的大国工匠精神；通过国家、国际时事热点挖掘思政元素，培养学生的人文素养、家国情怀，实现显性教育与隐性教育的有机结合。

图 5-53　思政案例设计（部分）

表 5-8　课程目标、教学目标与思政目标对应关系矩阵（部分）

课程目标	教学内容	教学目标	思想政治教育的融入点	思政目标
K1	第一章　时域离散信号和时域离散系统 本章教学重点： 时域离散信号、系统基础知识。 本章教学难点： 差分方程和采样定理	知识目标：了解时域离散信号和时域离散系统、线性常系数差分方程，以及求模拟信号与数字信号之间的转换。 能力目标：能够判断时域离散系统的性质，进行序列的运算和采样定理的运用。 素养目标：增强学生的国情意识，社会责任和民族自豪感，激发学生的爱国情怀	1. 通过观看我国通信科技前沿的一些展示视频，让学生了解我国通信领域的现状，尤其是 5G，以激起学生的爱国主义热情。 2. 讲解目前我国在数字信号处理方面的现状和取得的重大科技成果，如华为芯片相关事件，增强新时代青年的国情意识、社会责任和民族自豪感	S1、S3、S7
K2	实验一　信号的采样与重建 实验内容： 1. 常用序列的 MATLAB 实现； 2. 序列运算的 MATLAB 实现； 3. MATLAB 求解离散系统的差分方程	知识目标：对离散信号与系统有直观了解，对常用序列及序列运算有进一步的认识。 能力目标：掌握常用序列的 MATLAB 实现，能够使用 MATLAB 求解差分方程。 素养目标：增强学生的创新思维，以应对不同的信号处理问题，探索新的算法和方法	1. 数字信号处理中对数理知识要求高，通过直观了解信号与系统过程，使学生掌握这些概念，以利于进一步的学习应用。 2. 在实验中，做到对数据，要求真、求实，将其工匠精神、科学精神，要科合作意识，勇于创新。 3. 专业知识与国家科技发展，强国强军紧密相关，引入中国工程院院士倪光南的言论"核心技术未掌握在自己手中，才会不受制于人。"	S1、S2、S4、S5、S6

课程目标：
K1：能够用数字信号处理的基本分析方法和分析工具，设计满足要求的数字信号处理系统；
K2：能够根据数字信号处理的基本原理，对数字信号处理工程问题进行分析研究；
K3：能够对数字信号处理工程问题提出可行的实验方案设计；
K4：掌握对数字信号处理基本分析方法和分析工具，为从事通信、信息或信号处理等方面的工作打下基础；
K5：可以运用数字信号处理的基本分析方法和分析方法和相关数字信号处理设计

思政目标：
S1：家国情怀
S2：人文素养
S3：科学精神
S4：工匠精神
S5：科技项目
S6：工程伦理
S7：法律意识
S8：环保意识

3. 多维方式全链条融入思政元素

实施课前、课中、课后"三段"教学，从"学数字信号处理"变成"做数字信号处理"，教学过程以实践为主线，理论与实践紧密结合。在教学内容的延伸中，通过萃取、类比、迁移等方法融入思政元素，达到润物无声的育人效果。思政元素融入路径案例如图 5-54 所示。

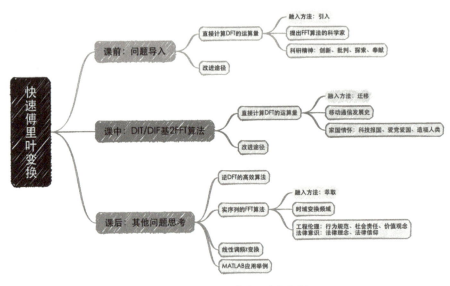

图 5-54　思政元素融入路径案例

四、课程思政建设改革成效

自数字信号处理课程实施改革以来，学生及格率稳步提升，学生将课程知识应用于科技创新，立项省级以上大创项目 12 项，参加全国大学生电子创新设计大赛、中国国际大学生创新大赛等学科竞赛并获奖 20 余项，学生参与教师企业横向课题 6 项、山东省自然科学基金项目 1 项、成果转化项目 1 项，感受到知识与实践的融合，体会到利用知识、能力服务于社会的力量。

在 2019 级、2020 级机器人工程、电子信息工程专业进行了考核方式改革，通过课程设计完成过程，分析学生知识掌握程度、个人及协同学习能力、分析和解决问题的能力，同时考核学生学习态度、思想认识等方面的成长，效果良好，并在信号与系统等课程教学改革中推广，形成具有推广价值的经验做法，实现示范辐射效应。

学生课程设计报告（部分）如图 5-55 所示；学生获奖证书如图 5-56 所示。

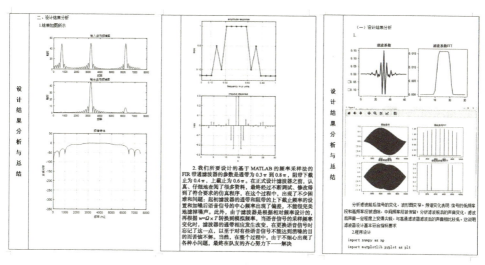

图 5-55　学生课程设计报告（部分）

图 5-56　学生获奖证书

5.4 智能制造工程专业课程思政典型案例

案例1：电工电子技术——深化课程思政，推进专创融合

一、实施背景

（一）课程基本信息

电工电子技术是工科非电类专业的一门专业基础必修课，具有较强的理论性和实践性。课程主要包括直流电路、交流电路、电机与变压器、模拟电路、数字电路等应用模块。课程主要介绍电路的基本概念、基本定律及分析方法，以及单相正弦交流电路、三相电路、半导体基础知识、晶体管及基本放大电路、集成运算放大器及应用、数字逻辑电路基础、逻辑代数与逻辑函数、组合逻辑电路、时序逻辑电路。在讲解过程中，突出基本概念、基本理论、基本原理和基本分析方法，尽量减少过于复杂的分析与计算，着重于定性分析，加强实践性和应用性。课程以知识、能力、素质全面协调发展的教育理念为先导，深化课程思政，推进专创融合，着重培养学生的工程素质、实践能力和创新能力。

通过本课程的学习，学生可以掌握电工电子技术的基本知识和基本技能，了解电工电子技术的应用和发展概况，具备分析和设计基本电路的能力，并具有将电工电子技术应用于所学专业的能力，为学习后续课程和工作奠定基础。同时，通过课程思政教育，可以培养学生的家国情怀、社会责任感和工程伦理意识，让学生成为德才兼备、全面发展的卓越人才。

（二）实施范围

青岛黄海学院机械设计制造及其自动化、车辆工程、智能制造工程、车辆工程（专升本）等本科专业均开设电工电子技术课程，其成为工科类专业教学中覆盖面较广的课程之一，该课程在每学年的第一学期开设。

二、存在的问题

（1）电工电子技术课程共48课时，包含直流电路、交流电路、电机与变压器、模拟电路、数字电路等多个模块的知识，理论性和实践性都较强，课程知识面广、概念多、原理抽象，难懂、难学。

（2）思政元素挖掘难度高。电工电子技术课程理论性、实践性较强，并且包含大量理论推导、定理定律及在各种电工、电子电路中的应用分析及计算，课程内容难度高，与高等数学、大学物理课程联系紧密，从中挖掘思政元素较为困难，容易出现生搬硬套、强行加入思政元素等问题。

三、对策建议及措施

课程建设初期在教学内容、教学方法等方面有很多不足，经过多年的建设，课程教学团队根据非电类学生的特点，制定了明确的培养目标，修订了教学大纲，对教学内容逐步进行了调整，从教学方法、教学手段、考核方式等方面积极进行教学改革，加大课程思政设计，制作了优质的教学课件、教学设计，在学习通建设了整套完备的习题、试题库等线上学习资源，拥有较为系统、丰富的教学资料。

（一）制定"三位一体"的课程教学目标

电工电子技术课程思政教学改革主要围绕知识目标、能力目标、素养目标等教学目标，以课程教学为基础，融入适当的德育内容，通过知识传授和价值引领的有机结合，制定了知识、能力、素养"三位一体"的课程教学目标（见图 5-57），并纳入教学大纲，在培养人才专业知识和专业技能的同时，引导学生树立正确的世界观、人生观和价值观。

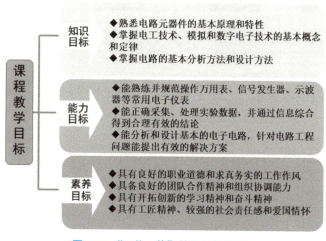

图 5-57　"三位一体"的课程教学目标

（二）构建"四位一体"的课程内容体系

教学团队把电工电子技术课程内容分为四大知识模块：①电路的基本概念、基本定律、基本元件；②直流电路的分析、正弦交流电路、变压器、安全用电；③半导体器件知识、数字电子技术基础、基本逻辑门；④基本放大电路、直流稳压电源、组合逻辑电路、时序逻辑电路和触发器。紧紧围绕如何实现"培养高素质应用型人才"这一目标，紧扣"电路的测量与调试""电路的组装与调试""电子器件的检测与调试""电子电路的分析、设计与安装"四大职业能力的培养任务，精心构建课程内容，以技术应用能力培养为主线，根据四大模块知识，做到"一知识模块、一思政主题、三思政契合点"，即每个知识模块找准一个课程思政契合主题，并找准三个课程思政契合点，教学全过程体现学生专业技能、职业能力和德育素养的培养，构建知识、能力、技能、素质"四位一体"的课程内容体系（见图5-58）。重点将社会主义核心价值观、中华优秀传统文化教育、习近平新时代中国特色社会主义思想的"四个自信"、大国工匠精神、科学家精神等元素，自然地融入课程教学设计、理论与实践教学、教学资源建设、考核评价等环节中，实现润物无声的育人效果。

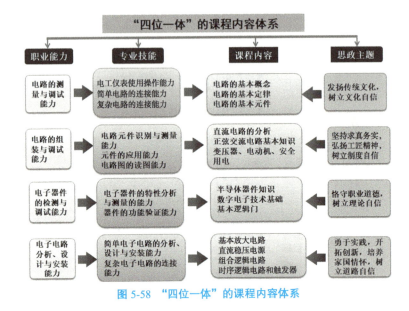

图 5-58 "四位一体"的课程内容体系

（三）建设线上课程资源

2022 年 6 月，电工电子技术课程获批了校级专创融合在线课程建设项目，教学团队进行了课程视频录制，在学习通上建立了课件、试题库、试卷库等学习资源。目前，该线上课程共分为 7 章，教学资源主要包括课件 28 个、视频 28 个、测验和作业习题 718 道、考试题 2194 道、课外学习资料 58 个。除上述资源外，每一章都设计了人民日报金句摘抄，并介绍与课堂理论知识相关的课外科学知识、科学家和大国工匠的事迹，在拓宽学生的科学视野的同时，潜移默化地影响学生的世界观、人生观和价值观。

线上教学资源建设完备，完全具备学生自学、师生互动、学习效果监控等功能，现处于第三批次运行阶段。部分线上课程资源如图 5-59 至图 5-63 所示。

图 5-59　课程门户信息

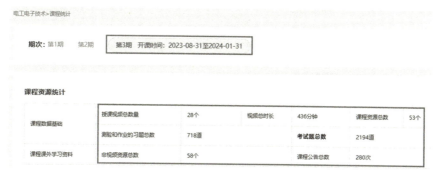

图 5-60　课程资源统计

图 5-61　课程视频学习资源

图 5-62　部分题库资源

📁 2022级机制过程性测试	...	...	宋娟
📁 2021级试卷	...	...	宋娟
☐ 阶段性测试（4）-模拟电路测试	25	易	牛海春
☐ 2023-2024-1电工电子技术期中试卷-车辆	49	中	孟秀芝
☐ 2023-2024-1电工电子技术期中试卷-智能	49	中	刘宝花
☐ 过程性测试（1）—直流电路-智能	41	中	刘宝花
☐ 2023-2024-1电工电子技术期中试卷	49	中	牛海春
☐ 过程性测试（3）-电机与变压器	26	中	牛海春
☐ 过程性测试（3）-电机与变压器	26	中	牛海春

图 5-63 部分试卷库资源

（四）采取"双主两线三段"混合式教学模式

在课程教学改革中，注重教学设计和实施，创新改革教学方法，教学过程采取"双主两线三段"混合式教学模式（见图 5-64）："双主"，即教师主导、学生主体；

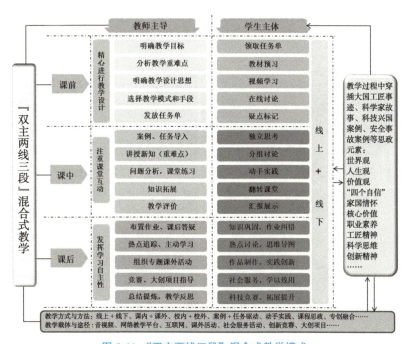

图 5-64 "双主两线三段"混合式教学模式

"两线"，即线上＋线下；"三段"即课前、课中、课后。针对课前、课后、课中三个阶段设计相应的教学活动，穿插大国工匠事迹、科学家故事、科技兴国案例、安全事故案例等思政元素，采取课内＋课外、校内＋校外、案例＋任务驱动等多种教学方式方法，通过音视频、网络教学平台、互联网、课外活动、社会服务活动、创新竞赛、大创项目等多种教学载体与途径，在课程中采用专题引入、随机渗透、实践体验、潜移默化等多种方法，使思政元素有机融入教学活动中，培养学生的世界观、人生观、价值观……

（五）对课程教学的考核评价方式进行改革

改革了课程的考核评价方式，以强化过程监控为原则，增加了学生实践动手能力和学习态度、日常课堂行为表现等评价内容，充分调动学生的积极性，对学生的知识、能力和综合素质进行综合考核。

（六）推进专创融合

教学团队引导、鼓励学生积极加入创新协会，参加家电义务维修等社会服务活动，利用自己所学电工电子技术专业知识免费维修电子产品，并参加各类创新竞赛。学生参加家电义务维修活动如图 5-65 所示，学生参加各类竞赛获奖证书如图 5-66 所示。

图 5-65　学生参加家电义务维修活动

图 5-66　学生竞赛获奖证书

通过课程思政教学改革，学生由"让我学"逐渐变为"我要学"，从"我不行"变为"只要努力我能行"，从"学会"变为"会学"，从"旁边站"到"试试看"再到"让我干"，真正做到理论联系实际，学生的综合能力和素质也得到了一定的提升，课程教学改革取得了一定成果。团队教师后续会继续努力，加大改革力度，继续提高电工电子技术课程的教学效果。

案例 2：机械制图——五方联动，实施"14366"课程思政育人

习近平总书记在全国高校思想政治工作会议上的讲话中提出，要把思想政治工作贯穿教育教学全过程，实现全程育人、全方位育人，努力开创我国高等教育事业发展新局面。为落实专业课程思政教学相关要求，机械制图专业课程团队打破了传统课程理论教学与知识培养模式，探索构建价值塑造、知识传授、能力培养"三位一体"的立体化制图课程体系，在教学过程中逐渐形成融合课程思政育人新模式，将"四育人"思想贯穿课程教学全过程，学校、学院、企业、教师、学生五方联动，开拓基于"14366"的课程思政育人新模式。

一、课程思政育人模式实施过程

（一）课程授课总体情况

针对我校应用型与创新型人才培养的定位，依据机械设计制造及其自动化专业培养目标中要求的"具有良好的科学素养、职业道德和社会责任感，具备可持续发展理念，并具有社会担当意识"等指标点，结合学生知识掌握情况及信息化时代学习特点，基于 OBE 工程教育理念和产业需求，确定机械制图课程的课程思政建设方向和目标，该课程肩负着培养工程技术人才的重任。本着知识、能力、素养、价值兼顾的原则，课程组最终确立了"双中心、双核心"的教学目标（见图 5-67）。

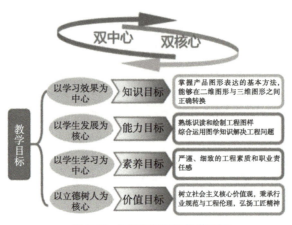

图 5-67　机械制图课程教学目标

基于 OBE 工程教育理念和产业需求，结合学生知识掌握情况及信息化时代学习特点，基于在线课程，采用翻转课堂、线上线下混合式教学模式，经过大量的教学实践，构建融合课程思政的价值塑造、知识传授、能力培养"三位一体"的立体化制图课程体系（见图 5-68）。

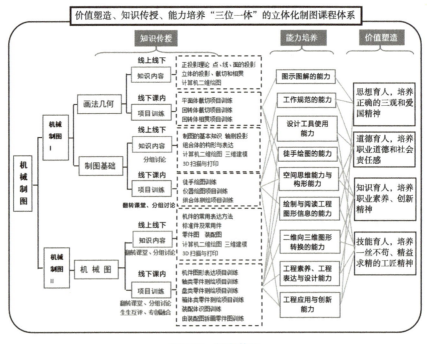

图 5-68　课程体系

（二）思政建设具体情况

基于培养目标，该课程肩负着培养工程技术人才的重任，其课程思政相关内容如下。

该课程本着做基础的育人工作的原则，融入社会主义核心价值观，引领学生树立正确的三观，形成良好的职业素养。重点是培养学生具备基础的职业道德和素养，同时确立该课程的思政建设目标：在教学过程中，积极挖掘课程思政点，有机融入课程内容教学，每节课引入 2～3 个思政点，引入典型课程思政案例，思政建设随着知识的学习，层层深入，坚持"四育人"课程思政教学全覆盖。

1. 课程思政全覆盖

秉承"先做人，后做事"的原则，将学生培养成具有基础的职业道德和素养的应用型人才。从各个方面挖掘课程思政点：国家法律法规、国家政策、课堂内外、学科竞赛、技能考证、校企合作等，形成课程思政资源库。对课程思政点进行细化，与章节内容、知识能力培养等形成一一对应关系。

2. 线上线下混合式教学设计

该课程的教学设计本着"双中心，双核心"的原则，课前、课中、课后"三步走"，课堂内容由简入难，由具体到抽象，融合二维、三维学科知识，教学设计如下。

线上：学生依据课前发布的视频进行学习及在线测验，师生通过主题讨论，融入思政点，学生测验、教师评价、师生互动交流，学生于课后完成作业。

线下：通过测验、小组汇报与教师总结，解决线上自学难点，采用任务驱动、小组探究等多种教学手段，借助翻转课堂、抢答、选人、主题讨论等手段，激发学习兴趣，每堂课设计多个思政点，形成一条贯穿课堂的主线。

3. 五方联动，构建"14366"课程思政育人模式

学校、学院、企业、教师、学生五方联动，深入挖掘典型思政载体，以实现课程内容与思政内容有机融合，最终形成"14366"课程思政育人模式（见图 5-69）。

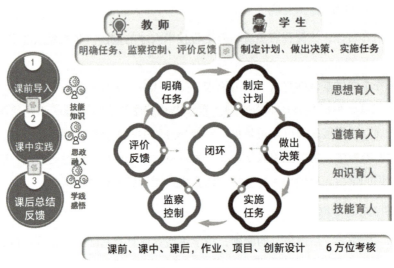

图 5-69 "14366"课程思政育人模式

1：校企共建一个课程思政教学资源库。

课程组成员充分利用多年积累的教学资源，与校外行业和企业开展合作，共建课程思政教学资源库。注重打造经验丰富、技能互补、研学并重、与时俱进的专业课程教学团队，同时依托学校、学院互联校外实践基地，配合企业导师和思政教学研讨团队，深度挖掘各类课程资源蕴含的思政元素，充分发挥人力、设备和平台等诸多优势，共同构建有广度、深度和温度的课程思政教学资源库。以此为依托，有效解决实施主体思政教育能力缺乏的问题。

4：全方位"四育人"。

思想育人，培养正确的三观和爱国精神；道德育人，培养职业道德和社会责任感；知识育人，培养职业素养、创新精神；技能育人，培养一丝不苟、精益求精的工匠精神。

3：课前、课中、课后"三步走"，无缝隙思政育人。

课前在学习通发布任务，设置思政点，课中切入思政点，课后布置任务融合思政点，切实做到无缝隙思政育人。

6：以 6 个环节打造课程思政任务互动。

教师在布置课堂任务或课堂授课过程中安排教学任务时，需要完成 6 个环节，即明确任务、制定计划、做出决策、实施任务、监察控制、评价反馈。要求教师对学生的行动进行线上线下监控，及时做出评价，调整教师布置任务及学生实施任务的整个过程。在授课过程中，融合育人思政，并加以思政考核，以此为依托，有效解决教学目标设计与实施缺乏协同性的问题，让教师更有效地把控课堂，实施课程思政育人。

6：6 方位考核——课前、课中、课后，作业、项目、创新设计。

以过程性考核与终结性考核相结合的方式，大胆进行考核方式改革，将学习全过程融入考核。考核主体为在线 App 和授课教师。

最终实现课程教学与思政教育目标的精准对接。

4. 课程教学内容及组织实施情况

为了融合多学科，防止机械制图课程与其余课程脱节，在课程内容上，进行课程体系和内容的优化，内容包括机械制图、二维绘图（AutoCAD）、三维数字化设计。

（1）课前：以学生为中心，设计主题讨论并发布至学习通，指导学生提前观看视频，参与讨论，让学生提前梳理问题，并适当引入课程思政要素。

（2）课中：聚焦科技热点，导入新课，课堂内容的设置遵循学生的认知规律，由易入难。采用实物、动画、三维模型，将抽象问题具体化，逐步提升学生的空间思维能力。在重难点问题上，采用小组讨论、学生翻转讲解、学生互评等方式，让学生充分参与课堂，教师适时进行归纳总结，强调重要性。合理利用项目探究、小组讨论、翻转课堂和测验等多种形式，促进师生、学生之间的交流互动，形成以学生为中心、以学习为主线、以学情分析和学习目标为依据的"充满对话"的课堂。开展课程思政教学设计，注重工程意识和创新能力的培养。

（3）课后：设计作业、创新题目，拓宽视野，提升学习探究能力。通过现代交流工具，进行课后辅导，打破时间和空间的距离。建立多渠道反馈机制，明确学生需求。

二、课程思政育人模式亮点

（一）坚持"双中心、双核心"的教学目标定位

双中心："以学生学习为中心"和"以学习效果为中心"，聚焦学生知识掌握与

学习成效，确保教学内容贴合学生认知特点和信息化学习习惯。

双核心："以学生发展为核心"和"以立德树人为核心"，将能力培养（如工程问题解决能力）与价值引领（如社会主义核心价值观、工程伦理）深度结合，形成知识、能力、素养、价值"四位一体"的培养体系。

（二）实现"四育人"课程思政全覆盖

课程将思政教育贯穿教学全过程，明确四类育人目标并细化到各教学环节。

思想育人：培养学生正确的"三观"和爱国精神。

道德育人：强化职业道德和社会责任感。

知识育人：提升职业素养与创新精神。

技能育人：塑造一丝不苟、精益求精的工匠精神。

通过每节课融入 2～3 个思政点，使思政教育与专业知识形成"同频共振"。

（三）构建"五方联动"的协同育人机制

整合"学校、学院、企业、教师、学生"五方资源，形成育人合力：学校与学院提供平台支持，企业参与资源开发与实践指导，教师负责课程设计与实施，学生作为主体主动参与思政实践。

各方联动挖掘思政元素（如企业案例、行业规范），解决思政教育"单主体发力不足"的问题，实现资源共享与责任共担。

（四）创新"14366"结构化育人模式，以系统化设计实现思政与教学的深度融合

"1"个资源库：校企共建课程思政教学资源库，涵盖行业案例、工匠事迹、工程伦理等素材。

"4"大育人维度：即上述"思想、道德、知识、技能"四育人。

"3"步教学流程：课前（线上预习＋思政导入）、课中（线下实践＋思政融入）、课后（任务拓展＋思政巩固），形成无缝隙育人链条。

"6"闭环任务互动：通过"明确任务—制定计划—做出决策—实施任务—监察控制—评价反馈"的闭环管理，确保思政目标落地。

"6"方位评价体系：覆盖课前、课中、课后、作业、项目、创新设计的全过程考核，融入思政素养评价（如团队合作、职业精神）。

（五）打造"三位一体"的立体化课程体系

融合"知识传授、能力培养、思政引领"三大维度，形成特色教学内容与模式。

知识传授：涵盖正投影理论、工程制图规范等核心内容。

能力培养：通过项目训练（如零件测绘、3D 建模）提升空间思维、工程实践能力。

思政引领：结合线上线下混合式教学（翻转课堂、小组讨论等），将思政元素融入具体知识点（如螺纹教学引入"螺丝钉精神"，剖视图教学关联航空航天成就）。

（六）结合学科特色挖掘典型思政载体

立足机械专业特点，选取贴近课程内容的思政案例，例如，在"剖视图"章节，结合载人飞船、《天工开物》等案例，培养民族自豪感与工匠精神；在"螺纹"知识点中，引入大国工匠李万君事迹与"螺丝钉精神"，强化爱国情怀与职业操守。

案例选取既贴合专业知识，又能引发情感共鸣，避免思政教育"空泛化"。通过以上亮点，"机械制图"课程实现了思政教育与专业教学的有机融合，既提升了学生的专业能力，又强化了其价值认同与职业素养，形成了可复制的课程思政实践范例。

三、课程思政育人模式总结

（一）课程考核方式

增加过程性考核，除了期中、期末考试，进行全过程 6 方位考核，考核内容如图 5-70 所示。提高过程性考核所占比例，增加课程项目、创新设计等，提升学生学习能力、课程学习难度，充分体现课程的高阶性。

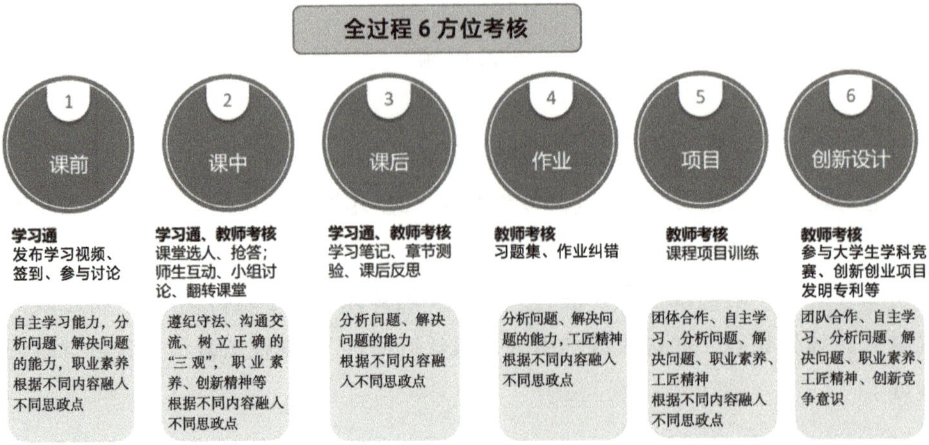

图 5-70　全过程 6 方位考核

（二）评价及成效

经过一系列建设与改革，学生评教与督导评价等级为优秀，课程先后被评为省级精品课、优质课、课程思政建设课程。自课程思政融入教学以来，学生课程平均及格率稳步上升，2020—2022 年分别为 68%、73%、85%。

（三）示范辐射

（1）课程组成员连续 4 年承办山东省大学生科技节——大学生先进成图技术与产品信息建模创新大赛。总服务 3000 余人次，服务院校 170 余所，其中院校包括山东大学、中国石油大学等。

（2）"透过疫情，看网课"典型案例被超星集团收录并推广，突出推广的部分为课程思政点。

（3）课程组成员将教学改革效果形成案例，发表课程思政相关教学改革论文15 余篇。

案例 3：数控加工技术——校企协同重构数控课程体系，四维驱动培育工匠之魂

一、实施背景

数控加工技术是智能制造工程、机械设计制造及其自动化等专业的核心课程，面向大三学生开设。随着智能制造和"工业 4.0"的发展，对掌握数控加工技术的高技能人才的需求也越来越大，对职业素养的要求也越来越高，数控加工技术的重要性日益凸显。而目前的应用型本科教育现状却是学时少，技能训练严重不足，理论与实践大幅度脱节，教学效果差。如何解决这一问题，实现真正的"以学生为中心"，大大提高学生的培养质量，是当前课程的着力点。

二、存在的问题

在课程建设过程中，不断反思、调研，通过用人单位意见收集、社会需求调查、学生反馈及教师团队反思，发现课程本身、学生主体、教学方法都存在一定的问题，主要体现在以下几个方面。

（一）重知识、轻能力，工匠价值观塑造不足，价值引领不够

教学更加重视知识的掌握，弱化能力方面的培养，影响教师的授课方式。课堂以教师讲授知识为主，学生学习也是以记忆知识为主，过于重视知识传递，而忽略了能力培养和价值引领，不能与理论学习有机结合。而课程思政重视程度不够，也使学生缺乏专业自信和职业担当，加之新一代学生对大国工匠精神理解深度不够，怕苦怕累，缺乏责任心和担当意识，不愿意从事机械加工岗位，无法承担制造强国建设的重任。

（二）内容更新慢、单一化，理论与实践脱节严重，能力提升不明显

课程知识体系繁杂，编程指令多，教材的前沿性不足，更新不及时，与企业需求有一定的脱节，而学生的层次不同，学习能力有差别，单一的教学资源无法实现个性化教学，无法体现"学生为本"，很难实现对实践能力、探究能力和挑战性学习能力的培养，导致学生在学习过程中，理论与实践脱节，又受到重视程度、理论基础等影响，阻碍解决工程问题能力的提升。

（三）教学欠科学、轻发展，学生自主和挑战意识不强

教学活动以教为主，学生处于被动地位，缺乏自主和挑战意识，缺少主动学习的动力，对课程逐渐失去兴趣，学习自主力弱，对工程难题缺少挑战动力，学习效果差。而课程考核未能及时体现应用能力评价，导致很多学生不注重平时的学习和锻炼，不能养成持续学习的习惯，仅追求期末的知识考核成绩，不利于学生综合素养的提升。

三、对策建议

（一）构建六维课程思政目标体系，实施"三课全方位"思政育人

团队坚持专业核心价值培养目标不动摇，依据专业培养目标要求的"分析和解决复杂工程问题、具备设计实践和创新能力、具备团队合作能力"等指标点，明确了培养学生成为"善创新、强能力、高素质"的智能制造工程技术人才的课程思政建设方向与重点。基于新工科建设与产业发展对人才的需求现状，重构课程内容体系，确定十个递进的教学项目，对标专业毕业要求，反向挖掘德育内涵，构建个人修养、理想信念、科学思维、创新精神、生态理念、工匠精神六维课程思政目标体系（见图5-71），并细化出思政点，融入教学大纲，贯穿课程教学各环节。

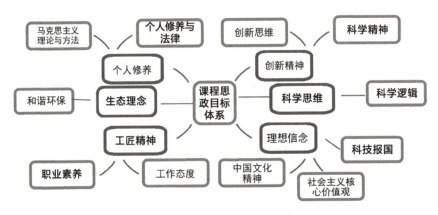

图 5-71　六维课程思政目标体系

数控加工技术是智能制造业发展的核心要素，该课程的思政目标就显得尤为重要。团队在原有的基础上进一步挖掘思政元素，从行业沿革、未来展望、科技成果等方面设计思政案例，培养学生使命感与责任感，以及爱国、奋斗与开拓精神；从

学生未来职业素养需求、中华文化与精神、时事热点等方面挖掘思政元素，培养学生的职业素养、家国情怀；从大国工匠、创新实践等方面入手，培养学生精益求精的工匠精神；采用任务驱动、分组目标、主题讨论等模式，培养学生独立思考的科学思维与科学精神。

构建并实施"三课全方位"思政育人体系（见图 5-72）：课前，通过探究学习、主题讨论等提升个人修养；课中，从学科发展的时间维度提炼思政元素，建设丰富的思政案例库，有机融入课堂教学；课后，布置专题项目实施任务、引入企业案例等，培养创新思维，提升创新能力。在教学实施过程中，通过对工匠精神的解读、精度要求的强化，岗位式体验学习，实现价值塑造、知识传授、能力培养的有机融合，充分发挥思政阵地的感染力、价值力和吸引力，做到全方位思政育人，有效解决价值引领不够的问题。

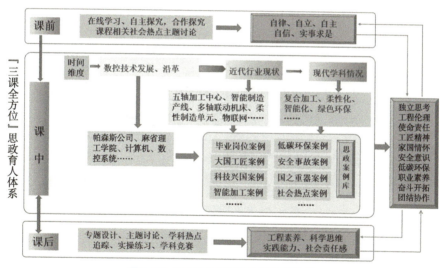

图 5-72　"三课全方位"思政育人体系

（二）校企联合融入数控行业前沿科技，课程内容项目式重构

对标智能制造领域应用型人才培养目标和毕业要求，深挖数控加工技术课程知识逻辑关系，结合课程目标和知识网络，打破原有知识体系，有机融入行业前沿知识、思政元素、企业案例及竞赛真题等，校企共研教学内容（见图 5-73），从企业真实工作案例中提炼典型工作任务，重构课程内容。以项目形式递进式安排教学内

容，其内容覆盖传统的数控加工技术的工艺和编程的所有内容，且增加了工艺要求、精度要求和装配要求，高阶、创新、富有挑战，创建出以学习任务为载体、以教师为主导、以学生为主体的"理实一体化"课程体系，内容全面，体系完备，有效解决内容陈旧、形式单一的问题，充分把握行业发展前沿（见图5-74）。

图 5-73　校企共研教学内容

图 5-74　充分把握行业发展前沿

（三）强化主动参与，实践"三课四阶递进、双线四岗融合"混合式教学模式

立足新工科，培养解决复杂工程问题的能力，服务学生职业生涯发展，创建新模式。课前、课中、课后"三课递进"，从知识—能力—素养方面层层递进、协同提升；通过"理实课堂—仿真训练—专业竞赛—岗位模拟"进行课训赛岗"四阶递进"，线上线下"双线融合"，依托虚拟工厂的各个工作岗位，创设工艺设计岗、虚拟仿真岗、实践操作岗、检验检测岗工作环境，实现"四岗融合"（见图5-75）。

在授课过程中，教学名师讲理论，高级技师练仿真，企业导师强实践，朋辈学习促综合（见图 5-76），协作完成各阶段工作，掌握各岗位所需知识和能力，有效解决能力提升不高问题。

工艺设计岗　　　　　　　　　　　　虚拟仿真岗

实践操作岗　　　　　　　　　　　　检验检测岗

图 5-75　四岗融合

图 5-76　以学生为本的朋辈互动

　　课程采用双线混合式教学，精心设计各个教学环节，做到三课递进（见图 5-77）。课前（线上）：让学生在学习通参与课程社会热点问题主题讨论，完成视频学习及在线测验，培养学生实事求是的学习态度和辩证思维。课中（线上／线下）：采用任务驱动、小组探究等多种教学手段，使课堂有趣，激发学习兴趣，将学科发展、工匠事迹、政策方针、安全教育案例等融入课堂教学，潜移默化地培养学生，对学生进行价值塑造，以及科学精神、工匠精神等的培养。课后（线上／线下）：推送学科前沿热点，拓宽学生视野，提升工程素养，让学生完成作业／实验报告，进行虚拟仿真项目跟练，绘制思维导图，参与专题设计、创新实践活动，将科技创新融入教学内容，培养学生科学思维、创新能力和社会责任感（见图5-78）。在以学生为主体的课堂内外，使学生更好地与学习内容互动、与学习同伴互动，逐步解决学习参与度和投入度不高、缺乏学习兴趣的问题，激发学习动力（见图5-79）。

图 5-77　三课递进

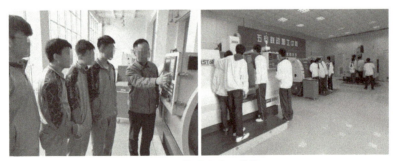

图 5-78　仿真实践一体化

图 5-78　仿真实践一体化（续）

图 5-79　丰富的教学手段使课堂有趣

（四）线上线下相互渗透，构建"同步＋异步"的学习空间

经过多年建设，课程组形成了丰富的线上线下教学资源，线上资源在学银在线和智慧树同步上线，并被作为示范教学包推广，近几年服务于全国十几所高校，仅学银在线的课程浏览量就超过 160 万次，在疫情防控期间更是被 5 所高校直接选为课程授课资源。线下创新了教学一体化工作页，融教学项目、课堂笔记、课堂练习、课后作业于一身，将知识体系进一步梳理、简化，也形成了思政元素库、企业项目案例库、竞赛真题库及其他辅助教学资源等。校内的工程实训工场、虚拟仿真

实验室、虚拟工厂实验平台和校外的实习基地更好地保障了学生能够有针对性地进行探究性学习，也可以根据自己的学习能力和学习特点，自由地选择学习进度；打造一个"同步＋异步"的学习空间，满足学生的个性化学习需求，提升其持续学习能力，增强其未来竞争力，解决发展重视不够的问题。

（五）知识、能力、素质考核并重，创建四维评价体系

提高过程性考核所占比例（见图 5-80），增加专题设计与答辩环节，提升挑战度。对学生的个人修养、团结协作、工匠精神、创新能力等进行评价并计入过程性成绩，调动学生的积极性和主动性。建立四维评价体系（见表 5-9），将理论、实验、专题设计与创新四个维度与教学目标对标，通过多元化的评价形式与评价主体实施评价，完成知识、能力与素质的综合考评。

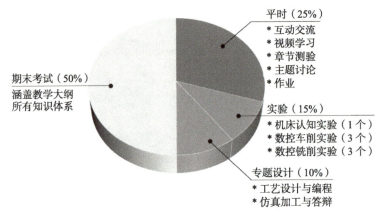

图 5-80　考核比例构成

表 5-9　四维评价体系

评价维度		评价形式	评价主体	对应课程素质
理论环节	课前学习	线上视频	泛雅平台	学习能力、个人修养
		主题讨论 学习笔记	教师	科学精神、学习能力
		在线测验	泛雅平台	自学能力

（续表）

评价维度		评价形式	评价主体	对应课程素质
理论环节	课中学习	选人、抢答	教师	主动学习品格、应变能力
		翻转课堂	教师	语言表达能力、分析和解决问题的能力
		小组任务	教师、小组间	团结协作、科学思维
		主题讨论	教师	辩证思维
		随堂测验	泛雅平台	独立解决问题的能力
	课后学习	作业纠错	教师	辩证思维、解决问题的能力
		热点讨论	教师	工匠精神、文化自信、学科交叉
		思维导图	教师	分析归纳能力
实验环节		小组任务	教师、小组间	工程素养、职业素养
		综合设计	教师	科学精神、创新能力、工匠精神
		实验报告	教师	认真严谨、实事求是
专题设计环节		工艺设计与编程	教师	科学思维、认真严谨
		仿真加工与答辩	教师	语言表达与综合操作能力
创新环节		学科竞赛	教师	创新能力、工匠精神
		大创项目	教师	科学思维、创新精神

四、教学创新成效及推广

（一）学生的学习成效显著

1. 专业认可度增加，学习投入度提升

通过调研，学生对教师的教学能力、敬业精神、教学方法等满意度接近 100%，80% 以上学生认为在学习过程中能够很好地激发自身的创新意识，课程结束时 83% 的学生对专业表示认可，毕业后从事本专业工作的意愿达到 89%，课程团队的评教成绩平均分为 92.13。同时，学生的认可度提升后，学习投入度、学习能力、探究能力明显提升，大多数学生认为自主学习、沟通和团结协作的能力得到增强，创新能力、科研能力、批判思维等均显著提升。

2. 课训赛岗递进式职业能力培养，学生综合素质显著提高

通过"课训赛岗"四阶递进式职业能力培养，学生综合素质显著提升，近五年

就业于青岛兰石重型机械设备有限公司、青岛钢铁有限公司、赛轮集团股份有限公司等的毕业生，已成长为公司技术骨干，为祖国的智能制造业发展奉献力量。学生获得中国国际大学生创新大赛和"挑战杯"中国大学生创业计划竞赛奖 10 余项，参加"西门子杯"中国智能制造挑战赛等大学生智能制造大赛，获奖 10 余项，师生发表相关论文多篇。学生部分获奖照片如图 5-81 所示。

图 5-81　学生部分获奖照片

（二）课程建设成就显著，推广和示范作用明显

经过多年的探索与实践，课程建设取得显著成效，课程先后被评为山东省精品课程、山东省线上线下混合式一流课程、校级课程思政示范课程等，该课程已经成功入选山东省高等学校在线开放课程平台，全省各高校均可自主选课，并被校外专家推广，服务于十几所高校，获得一致好评，尤其在疫情防控期间，课程教学资源作为示范教学包，被 5 所高校选作课程授课资源，受众学生达 1145 人，展现出优秀的推广和示范效果。

（三）教师教学能力提高显著，服务地方经济发展

通过进行教学改革，教师的教学能力和职业能力提高显著。教师团队中，3 位

教师为"全国高校黄大年式教师团队"核心成员，4位教师拥有高级及以上数控职业资格证，成员分别获得省教师教学比赛一等奖，省教学创新比赛二等奖、三等奖，以及"首席技师"，市级、校级"教学名师"等荣誉称号。

课程改革一直在路上，作为教育工作者，希望今后的课堂能够做到：寓教于乐，提高课程的趣味性和实用性；学思并用，促进学生思考、探索；教研相长，坚持科研引领，科研入课堂；立德树人，厚植爱国情怀，坚定理想信念。

5.5　机器人工程专业课程思政典型案例

案例1：电子技术——突破芯片技术封锁，树立科技强国志向

一、课程思政对学生思想教育的影响

课程思政是指在普通学科和专业课程中融入思想政治教育的过程，通过教育形式与课程内容的有机结合，潜移默化地影响学生的思想认识、意识形态和价值观念。以电子技术课程思政为例，这意味着在教授专业知识的同时，注重培养学生的爱国精神、民族精神、科学精神等。通过课程安排和内容设计，充分启迪学生思想，提升道德素质，健全学生的人格，使其真正实现德智体美劳全面发展。课程思政教育与专业教学相互融合，才能培养出合格的社会主义建设者和接班人，其中的辩证关系见图 5-82。

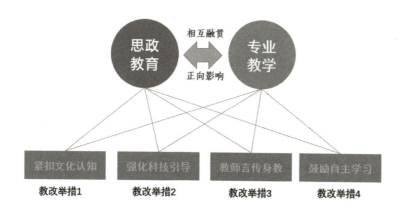

图 5-82　课程思政教育与专业教学的辩证关系

二、电子技术在现代社会中的重要性

电子技术对现代社会的发展和进步有着不可替代的作用，它不仅是通信领域重要的科技基础设施，而且涉及无数现代领域的关键技术，如医疗、食品、家电等。电子技术的发展水平也是衡量一个国家产业技术水平的重要标志，是现代工业化与信息化要求的高端技术之一。因此，电子技术对国民经济和社会发展都至关重要。

三、电子技术课程思政实践的现状与问题

目前，电子技术课程思政已经成为高等院校课程思政教育的一种常见形式。但是，在实践中还存在一些问题。首先，有的课程内容和教学方式与思政教育要求不完全契合，较为陈旧，不利于学生的思想教育。其次，一些教师的思想观念不够先进，缺乏关注学生思想成长的意识。最后，师生的交流互动不够活跃，缺少互动性、启发性和创新性，使得课程思政实践效果不佳。

四、构建电子技术课程思政的途径与方法

为了解决上述问题，构建电子技术课程思政，可遵循以下途径和方法。

（1）设计符合课程思政的内容和教学方式。在课程内结合中华优秀传统文化及现代技术实践和应用，注重思想教育，开展有针对性的讨论，通过课堂竞赛等活动激发学生的学习兴趣。

（2）引导教师积极参与课程思政的实践。加强教师的思政教育专业知识和技能培训，确保能够有效地融合思政教育的理念与方法。

（3）建立多元化交流平台。构建教学互动型课堂，注重学生与教师之间、学生与学生之间的交流，加强自主学习和思考，鼓励学生积极参加线上线下各项活动，不断提升自己的综合素质。

思政教育的目标、时间与主要内容如图 5-83 所示。

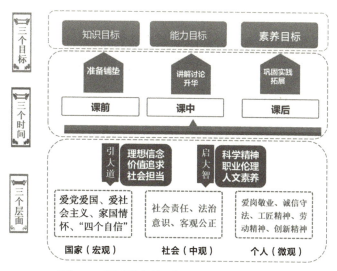

图 5-83　思政教育的目标、时间与主要内容

五、电子技术课程思政的未来发展方向

未来，电子技术课程思政需要朝着以下方向探索和发展。

（1）拓宽课程思政的内涵。进一步拓展课程思政的教育领域，注重在本土生态、社会与文化、国际背景等多个方面进行探究。

（2）注重学科融合。课程思政需要与其他学科交叉融合，以全方位提升学生的素质。

（3）创新教育形式。需要不断探索新的教育理念，更新教育方法，创新课程内容，使课程思政更具针对性、趣味性和开放性。

六、集成电路知识引入思政教育实践

（一）教学目标

使学生了解集成运算放大器的构成及特点；掌握差分放大电路的结构、工作原理。通过自主探究和合作探究教学过程，提高学生的综合分析能力；通过分组讨论和共同完成任务，培养学生的团队合作精神；通过对当前国际形势，特别是芯片限制、中美经贸摩擦等热点问题的分析探讨，使学生树立正确的世界观，弘扬爱国主义精神，做有理想、有道德、有文化、有纪律的"四有"青年。

（二）教学过程设计

科技领域的竞争日趋激烈，特别是在芯片技术等方面。这为电子技术教育提供了一个绝佳的结合点，将这些现实问题和思政教育融入课程之中，可以更好地培养学生的国际视野、爱国情怀和职业道德。

（三）引入思政内容及方式

在讲授到集成电路这一部分内容，特别是集成度时，介绍美国抛出芯片法案，联合其盟友限制高端芯片及光刻机向我国出口，试图扼杀我国电子技术的发展等事件，同时介绍我国芯片企业，如华为、中芯国际等在技术方面取得的重大突破。激发学生的爱国热情，增强学生对电子技术课程的学习兴趣，使学生树立报效祖国、振兴中华的远大志向。

（四）教学效果与反思

在科技领域的竞争日趋激烈的环境下，恰逢电子技术这部分教学内容讲到了集成运算放大器，为思政教育融入课程提供了一个结合点，将这些现实问题融入课程教学中，增强学生的爱国主义精神。

案例 2：数字图像处理与机器视觉——构建多元化教学模式，深耕思政育人沃土

一、实施背景

随着人工智能和机器人技术的飞速发展，数字图像处理与机器视觉作为核心技术之一，在智能制造、医疗健康、交通运输、安防监控等多个领域发挥着越来越重要的作用。我国政府通过"机器换人""互联网＋"等一系列政策，大力推进智能制造业的发展，进一步凸显数字图像处理技术的重要性和发展紧迫性。在此背景下，高校作为人才培养和科技创新的重要基地，需积极响应国家号召，加快数字图像处理与机器视觉领域的教学改革，培养具有创新思维、较强实践能力、社会责任感和家国情怀的高素质人才。

（一）国内外现状

当前，发达国家正大力发展人工智能和机器人技术，以取得和保持在全球产业

链中的竞争优势。我国也在积极追赶，通过政策引导和资金投入，推动相关产业快速发展。在教育领域，教育部发布的《高等学校人工智能创新行动计划》明确指出，要加快构建高校新一代人工智能领域人才培养体系和科技创新体系，推动人工智能学科建设、人才培养、理论创新、技术突破和应用示范全方位发展。

（二）课程重要性

数字图像处理与机器视觉作为机器视觉的核心技术基础，是机器人工程、计算机科学与技术、电子信息工程等多个专业的核心课程。该课程不仅包含丰富的理论知识，还要求学生具备较强的实践能力和创新思维。然而，传统的教学方法往往注重知识的传授，忽视了对学生创新能力和实践能力的培养，难以满足当前社会对高素质人才的需求。因此，通过深入挖掘课程中的思政元素，并对数字图像处理与机器视觉课程进行教学改革，可以有效提升学生的思想政治素质，培养其成为德智体美劳全面发展的社会主义建设者和接班人。

二、存在的问题

在数字图像处理与机器视觉课程的教学过程中，存在一些问题，这些问题不仅影响了教学效果，也制约了对学生创新能力和实践能力的培养，主要体现在以下几个方面。

（一）学习目标不明确

部分学生对课程的学习目标定位不合理，将学好具体的课程知识点作为最高目的，忽视了课程学习过程中对逻辑思维、分析问题和解决问题能力的培养。此外，一些学生缺乏明确的学习目标，将应付期末考试作为学习目标，考前死记硬背，考后收效甚微。

（二）思政元素挖掘不足

在数字图像处理与机器视觉课程的教学过程中，课程思政元素的融入往往停留在表面，缺乏深度和广度。教师在授课过程中，往往过于注重专业知识的传授，难以将思政元素有机地融入课程内容中，影响了课程思政的效果，导致学生在掌握专业技能时，缺乏对社会、历史、文化等方面的深刻理解。

（三）教学方法单一

传统的授课方式以讲授为主，缺乏互动性和启发性。学生在课堂上往往处于被动接收的状态，难以激发其学习兴趣和主动性。此外，实验教学内容也往往局限于基本操作技能的训练，缺乏与实际工程问题的结合，难以培养学生的创新思维和实践能力。

（四）评价体系不完善

在评价体系方面，课程仍采用单一的考试评价方式，忽视了对学生综合素质和创新能力的评价。这种评价方式不仅无法全面反映学生的学习成果，还容易导致学生过分追求分数而忽视自身能力和素质的提升。

三、实施方案

针对上述问题，提出以下实施方案，旨在通过深入挖掘数字图像处理与机器视觉课程中的思政元素，创新教学方法和评价体系，将教学改革和课程思政有机融合，提升数字图像处理与机器视觉课程的教学效果和思政效果，培养学生的创新思维、实践能力与社会责任感。

（一）明确教学目标

首先，要明确课程的教学目标。在教学内容的安排上，要注重基础性与前沿性的结合。一方面，要系统讲解数字图像处理的基本概念、基础理论和常用算法；另一方面，要关注学科前沿动态，引入最新的研究成果和应用案例，激发学生的学习兴趣和好奇心。同时，要根据学生的实际情况和学习需求，合理安排教学内容和进度，确保学生能够全面掌握课程知识。此外，除了传授数字图像处理的基础知识和基本技能，还要注重培养学生的逻辑思维、分析问题和解决问题的能力。同时，要将课程思政元素融入教学目标，通过课程教学，引导学生树立正确的世界观、人生观和价值观，培养学生的爱国情怀和社会责任感。

（二）深入挖掘思政元素

其次，要注重将思政元素有机地融入课程内容中。例如，在讲解数字图像处理技术的发展历程时，可以融入我国在该领域取得的重大成就和代表人物的故事。例如，介绍我国科学家在图像处理算法、硬件设计等方面的创新成果，以及这些成果在国防、医疗、农业等领域的应用。讲解这些案例，不仅可以激发学生的学习兴趣，还可以培养学生的民族自豪感和爱国情怀。在介绍机器视觉技术时，可以引导学生思考该技术对社会、伦理等的影响。例如，讨论自动驾驶技术可能带来的安全隐患和伦理问题；分析人脸识别技术在保护个人隐私方面可能存在的问题和解决方案。通过这些讨论，可以培养学生的社会责任感和伦理意识，使其在未来的工作中能够遵循法律法规和道德规范。

（三）创新教学方法

再次，在教学方法上，要综合运用课堂讲授、讨论、上机、实验等多种教学手段，形成多元化的教学模式。对于重点、难点内容，可以采用讲授法与实验法相结合的方式进行教学；对于相对简单的内容，可以引导学生进行讨论和交流；对于难度较大的内容，可以采用案例法和研究法进行教学。同时，加强实践教学环节的设计和实施，让学生动手操作，掌握数字图像处理的基本技能，并引导学生积极参与科研项目和实践活动，将所学知识应用于实际问题的解决中，提升学生的实践能力和创新能力。此外，还要注重师生互动和学生互动，鼓励学生积极参与教学过程，提高教学效果。

1. 互动式教学

采用互动式教学方式，鼓励学生积极参与课堂讨论和案例分析。教师可以设计一些具有挑战性的问题或案例，引导学生分组讨论并提出解决方案。通过这种方式，可以激发学生的学习兴趣和主动性，培养其分析和解决问题的能力。

2. 项目驱动教学

结合实际工程项目，设计一系列具有实践性的项目任务。学生需要在教师的指导下，分组完成项目的需求分析、方案设计、算法实现和测试验证等环节。通过这种方式，学生可以将所学知识应用于实际问题的解决中，培养其创新思维和实践能力。

3. 融合新媒体资源

利用新媒体资源，如学习通在线课程（见图 5-84）、教学视频、虚拟实验室等，丰富教学手段和教学资源。教师可以引导学生利用这些资源进行自主学习和探究性学习，提高其学习效率和自主学习能力。

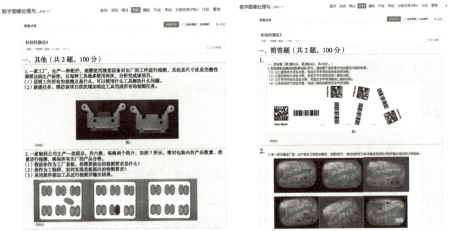

图 5-84　学习通在线课程

（四）完善评价体系

最后，要完善评价体系。 具体如下。

1. 多元化评价

建立多元化评价体系，将考试评价、作业评价、项目评价等多种评价方式相结合。通过综合考虑学生的知识掌握情况、技能应用能力、创新思维和综合素质等方面，全面反映学生的学习成果。

2. 创新能力评价

在评价体系中增加对学生创新能力的评价。教师可以根据学生的项目完成情况、创新成果等方面进行评价，并给予相应的奖励和鼓励。通过这种方式，可以激发学生的创新精神和创造力，培养其成为具有创新能力的高素质人才。

3. 综合素质评价

注重学生综合素质的评价。除了专业技能和创新能力，还应关注学生的团队协作能力、沟通能力、道德素养等方面。教师可以通过问卷调查、访谈等方式了解学生对思政元素的认知程度及其在学习过程中的感受；通过课堂观察、小组讨论、项目汇报等方式进行评价，并给予相应的指导和建议。

四、具体案例实施过程

（一）数字图像处理技术在红色文化传承中的应用

以"淮水情深，红色传承"为主题，引导学生运用数字图像处理技术创作一系列红色文化主题作品（见图 5-85 和图 5-86）。通过这些作品的创作过程，学生可以深入了解红色文化的内涵和价值，同时锻炼其图像处理技能和创新能力。此外，这些作品还可以作为思政教育的重要载体，激发学生的爱国情怀和社会责任感。

图 5-85　学生作品 1

图 5-86　学生作品 2

（二）机器视觉技术在智慧城市建设中的应用

结合智慧城市建设的实际需求，设计一系列机器视觉技术应用的实践项目。例如，将机器视觉技术用于交通流量监测、环境监测、智能家居、节能应用等方面。通过这些项目的实施，学生可以深入了解机器视觉技术的应用场景（见图 5-87）和实现方法，同时培养其解决实际问题的能力和创新精神。此外，这些项目还可以作为思政教育的重要实践平台，引导学生关注社会热点和民生问题，培养其社会责任感和公民意识。

图 5-87　机器视觉技术的应用场景

五、教学反馈与改进

通过实施上述方案，数字图像处理与机器视觉课程通过将教学改革和课程思政有机融合，不仅提升了学生的学习兴趣和参与度，也使得学生更加深入地了解我国在该领域的发展历程和成就，增强民族自豪感和爱国情怀。另外，通过引入分组讨论、项目驱动、互动式等的教学方法，课堂氛围得到了改善，学生更加积极参与课堂讨论，提高了学生的思维能力。同时，学生的实践能力也将得到显著提升，为其未来的职业发展和人生规划奠定坚实基础。

数字图像处理与机器视觉课程教学改革和课程思政的有机融合是一项具有重要意义、复杂而艰巨的工作，需要不断地进行反思和总结。在教学过程中，教师要及时总结教学经验和教训，发现存在的问题和不足，并制定相应的措施。同时，要关注学科发展趋势和社会需求变化，及时调整教学内容和教学方法，确保教学质量和效果。

案例 3：液压与气压传动——借国之重器案例，培养工匠精神

一、实施背景

（一）课程思政建设方向和重点

（1）**方向**：深入挖掘液压与气压传动课程蕴含的传统文化、哲学思想、科学精神、工程思维、民族自豪感与使命感，以及爱国主义情怀等思政教育元素，坚持知识传授与价值引领相统一，将课程思政教育元素融入课程教学大纲，并在课程教学中进行全面实践和持续改进。

（2）**重点**：落实立德树人根本任务，将思政育人融入教学全过程，做严谨又温暖的"最美课堂"，不断探索思政与教学的融合策略。

（二）课程思政建设目标

在潜移默化的教学过程中，将科学精神、团队意识等内容的思维和理念传递给学生。以专业教学内容为教学点，讲授社会主义核心价值观、传统文化、科学精神等内容的具体应用实例，鼓励学生积极思考自身的价值及人生方向，积极面对生活和学习中的挑战。

（三）课程自主内容供给

梳理我国自古至今液压与气压传动方面的发展成就和研究成果，挖掘液压与气压传动课程中蕴含的中华优秀传统文化元素，同时准确把握当今液压与气压传动学科领域前沿技术，融入"制造强国"战略内涵，构建提升学生民族自豪感、激发爱国主义情感的课程育人模块。重点阐述我国对推动液压与气压传动技术发展的伟大贡献，培养学生的民族自豪感、爱国主义情怀和为实现中华民族伟大复兴而努力学习的行动自觉。

二、课程思政教学实践情况

（一）思想政治教育资源

液压与气压传动课程教学内容系统性、逻辑性非常强，以理论为基础，以工程应用为实践，由元件到回路再到系统构成一个既相互独立又相互联系的有机体。其中，工程流体力学基础理论是液压与气压传动元件、回路及系统设计的理论和原理支撑，动力、控制、执行和辅助元件是构成液压与气压传动基本回路的最小物质单位，基本回路则是构成液压与气压传动系统的功能单元，液压与气压传动系统嵌入机械系统中发挥动力与运动传递及控制的作用。思政案例的引入见图5-88。

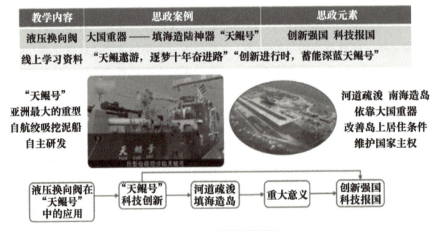

图 5-88　思政案例的引入

基于此，挖掘液压与气压传动课程所体现的马克思主义科学理论内涵，构建培养学生辩证思维、基于系统科学与工程思维的课程育人模块。阐明液压与气压传动技术与系统所蕴含的马克思主义哲学思想、科学方法论、基础理论、工程技术及实践应用等，形成完整的思维逻辑体系，使学生自觉尊重自然规律，树立正确的世界观。

（二）课程内容构建

液压与气压传动课程具有较强的应用性和实践性，在实际教学中，以技术应用能力培养为主线，教学全过程重视对学生职业能力和专业技能的培养，并根据四大模块知识，做到"一模块、一主题、三思政契合点"，即每个模块对应一个课程思政主题，每个课程思政主题找准三个课程思政契合点，完成课程思政体系的构建。

（三）教学方法

实施"三课递进"线上线下混合式理实一体化教学模式，课前、课中、课后都将线上资源与线下授课有机结合，发挥学生的主观能动性，一切以学生为中心。具体如下。

（1）理实一体化教学法。教学场地不仅包括多媒体教室，还包括液压实验室。在实验室的环境中，理论教学是"看得见、摸得着"的实物，让每个学生都有兴趣参加学习与讨论，变被动学习为主动学习。

（2）案例教学法。所选案例均为工程机械领域的实际案例，如通过起重机械支腿液压系统的液压锁讲解液控单向阀的应用，通过挖掘机工作装置液压系统讲解平衡回路。这些实际案例的理解对学生毕业后实现"零距离上岗"具有重要意义。

（3）直观教学法。采用透明元件、剖面元件，通过实物、录像、图片、视频、动画演示等方法，将复杂的原理用简单的方法展现出来。

（4）讨论交流法。在课程教学中，设置一些问题交予学生讨论，如：能作为背压阀的液压元件有哪些？使液压泵卸荷的方式有哪些？这些问题能够促使学生思考，让每个学生积极参与，给学生发表自己意见的机会。

（5）建立多种媒体构成的立体化教学载体。在学校内部建立网络课程学习网站，包括案例集、习题库、试题库、实训指导书、多媒体课件等教学辅助资料，为学生的自主学习提供丰富、有用的资源。

（四）课程思政建设模式和方法路径

运用互联网等新的手段载体，开放线上线下翻转课堂、视频公开课等，使思想政治教育工作更接地气、更有活力。

1. 优化课程教学内容

在工程流体力学基础理论部分，围绕流体静力学、运动学、动力学基本原理及工程应用，引入阿基米德、达·芬奇、伽利略、帕斯卡、牛顿、伯努利、欧拉、达朗贝尔、拉格朗日、维纳、斯托克斯、雷诺、卡门、周培源、钱学森等享誉海内外的科学家致力于流体力学研究的事迹和成果。

在液压与气压传动元件、回路、系统部分，引入发明世界上第一台液压机的约瑟夫·布拉曼、发明压力平衡式叶片泵的维克斯等科学家和工程师的事迹，以及液压与气压传动在农业、工业领域的工程应用案例。

2. 创新教学模式和方法

进行小班上课，学生分组讨论，学生与教师一起成为课堂参与者，激发学生的学习兴趣。课程充分利用互联网公众平台，如在线教学平台、微信公众平台等，建立流体传动课程讨论群组，实时发布课程信息，进行网络资源共享。对于学生的困惑、难点，教师通过互联网平台进行实时解答。同时，教师实时发布相关知识点主题讨论，使学生能够实时和教师互动，在知识点讨论中了解教学中存在的盲点及学生难以理解的知识点，形成教师与学生互动，尤其是学生和学生之间互动的良好网络教学环境，在学生互动讨论的同时加深其对课程体系的认识，同时更好地了解学生的知识掌握程度及自身教学效果，便于在传统课堂中调整教学内容。

3. 提升教师德育素养

团队教师通过业务学习、培训、教研活动等多种途径提升自身德育素养，做到以身作则，严格践行课程思政的理念，让学生在学习专业知识的同时，接受课程思政潜移默化的教育，成为真正德才兼备的应用型人才。

4. 注重实践教学

在新时代、新工科、新农科、新型工程人才培养大背景下，发挥液压与气压传动课程对"五育并举"人才培养总要求的局部支撑作用，遵循工程教育专业认证标准，以学生为中心，对标农业工程学科和机械工程学科相关专业本科人才培养目标和特色，全面深入挖掘液压与气压传动课程的思政教育元素，围绕知识、能力和素养三个层面全新设计课程目标和教学要求：在知识层面，坚持线上线下混合式、关键内容翻转式、理论应用融合式教学；在能力层面，坚持工程案例项目设计、系统性能仿真分析、虚实结合实验验证的原则；在素养层面，坚持知识传授与思政教育密切融合的原则。

5. 改革考核评价方案

重新建立课程内容、教学要求与课程目标的关系，改革教学方法和课程考核办法。全方位打造液压与气压传动课程思政示范课程，形成价值导向明确的课程建设规范，优化课程教学团队建设，编制一套系统、完整的，具有丰富思政元素的新型课程教材、授课教案、教学课件、教学案例的教学资源库。

5.6 船舶与海洋工程专业课程思政典型案例

案例 1：船舶建造工艺——虚拟教研引领船舶工艺革新，思政融合铸就大国工匠品格

针对船舶建造工艺课程思政实践过程中思政元素合理挖掘较难、实践环节思政落地不明显，以及课程思政教学评价困难等问题，建立跨学科、学部和学校边界的虚拟教研室——船舶建造工艺课程组，形成集专业课教师、思想政治课导师、企业工程师的立体化教学团队，以虚拟教研室为依托，以网络平台为载体，解决课程思政跨学院、跨地域的交流融合问题。构建思政内容模块化体系，创新课程思政教学模式，健全课程考核评价机制，提升课程思政建设效果。通过持续建设与改进，课程获批省线上线下混合式一流本科课程、省课程思政示范课程。

一、实施背景

船舶建造工艺课程是船海类专业应用型人才培养的核心课程，是能够支撑专业在船舶与海洋工程装备制造应用方面能力培养目标的核心课程，也是在专业人才培养中起到重要作用的一门课程。

课程秉承"学生中心、德能并重、多方协同、创新发展"的教育理念，形成了

"一体两翼三合"课程教学模式（见图5-89），即以实现学生应用型创新能力培养为主体，突出以学生为中心；立德和育能两翼并重；通过校企联合、虚实结合、线上线下混合，从教学内容、教学团队、教学方法、教学环境等方面创新驱动，在知识传授的同时，尤其注重能力培养和价值引领。

船舶建造工艺课程被评为省高等学校在线开放课程，截至2019年，共有9所省内外其他高校，共计1830人完成在线学习。2021年，船舶建造工艺课程被评为省一流本科课程，并于同年在学习强国平台上线运行，视频累计播放量超50万次。2022年，课程教学团队参加山东省普通高等学校教师教学创新大赛获省级二等奖，同年获批省级课程思政示范课程。课程建设改革发展历程如图5-90所示。

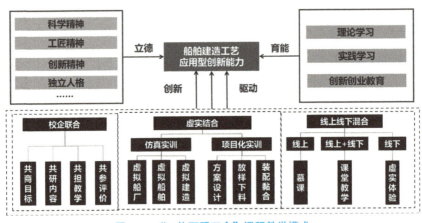

图 5-89 "一体两翼三合"课程教学模式

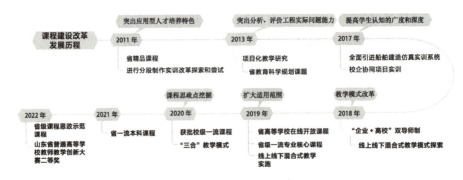

图 5-90 课程建设改革发展历程

（一）学生专业认同感不高，学习意愿不足

由于船舶建造行业的特殊性，学生在学习课程之前没有真正意义上接触船厂和船舶，对船厂、船舶结构等缺乏直观了解，因此缺乏职业兴趣，学习积极性不高。

（二）学生理论知识学习动力不足，动手实践意愿强

船舶建造工艺课程实践性非常强，涉及的学科交叉内容知识较多，且与工程实际联系紧密。学生不喜欢枯燥的理论讲解，而对生动有趣的课程内容表现出很大的参与热情，喜欢动手实践，应给学生提供更多动手实践的机会，使学生积极参与课堂互动，而不是被动地接收教师传递的知识。

（三）学生思维活跃，接受新事物能力强

学生成长于互联网飞速发展的时代，视野开阔、知识面广、思维活跃，易于接受新事物。一些热点舆情事件容易对学生的思想和行为产生冲击，需要在教学过程中进行适当引导，提升学生的思想高度，以培养既有国际视野又有爱国情怀，既有工匠素质又有创新精神的应用型创新人才。

二、存在的问题

船舶建造工艺是一门实践性非常强的综合性学科交叉课程，涉及工程、材料、人机工程和管理等多学科应用技术，理论讲授难度很大。在课程思政教学过程中存在以下教学痛点。

（一）课程思政元素的科学合理挖掘较难

船舶建造工艺课程思政元素需要在遵循学科逻辑、知识逻辑的前提下充分挖掘课程中蕴含的理想信念、人文精神、科学价值和道德情怀。但科学、合理地"应挖尽挖"课程中的思政元素对专业课教师而言极具挑战性。资源挖掘应本着思政元素与专业知识相互映衬、相互支撑的"精中选精"原则，系统梳理课程内在体系、知识要点，并将课程自身的价值追求与思政要点相匹配，进而有逻辑地、融入式地呈现，仅依靠专业课教师，受知识、能力、阅历、时间、精神等限制，难以完成。

（二）实践环节思政落地不明显

船舶建造工艺课程与工程实际联系紧密，实践环节在教学过程中起到至关重要的作用。但在以往的教学过程中，更加注重理论教学部分的课程思政融入问题，导

致实践环节的课程思政落地不明显。在实践环节中，更多关注的是项目的完成与否，而忽略了其中的育人元素。

（三）课程思政教学评价困难，缺乏系统评价

课程思政属于精神层面，对于如何落到实处和有效评价有一定困难。从授课情况来看，专业课教师对学生的评价主要通过课堂表现情况、学习态度、作业完成质量、期末成绩等进行，相对来说，评价方法较单一，没有合适的标准来衡量学生吸收课程思政内容的情况。

三、对策建议

针对船舶建造工艺课程思政实践过程中的痛点，建立跨学科、学部和学校边界的虚拟教研室——船舶建造工艺课程组，形成集专业课教师、思想政治课导师、企业工程师的立体化教学团队，以虚拟教研室为依托，以网络平台为载体，解决课程思政跨学院、跨地域的交流融合问题。

（一）目标导向，构建课程思政内容模块化体系

船舶建造工艺课程是国家级一流专业船舶与海洋工程专业的核心课程，依据学校人才的培养定位，结合工程教育认证和新工科建设要求，基于 OBE 理念进行课程教学目标的设计，通过对毕业要求支撑矩阵反向梳理，深入挖掘其中蕴含的德育内涵。根据行业发展形势和专业特点，设置课程思政目标：践行社会主义核心价值观，坚定"四个自信"，具有良好的职业素养，既要有脚踏实地、实事求是的科学、工匠精神，又要有勇于探索、大胆创新的创新精神；既要有学习国外先进技术和工艺的国际视野，又能立足我国国情，具备兴船报国、超越创新的爱国情怀；培养既有国际视野又有爱国情怀，既有工匠素质又有创新精神的应用型创新人才。

根据课程对价值目标的培养要求，依托虚拟教研室，通过专业课教师、思想政治课导师、企业工程师多方协同共商目标、共研内容，重构课程内容，将内容分为基础知识、虚拟建造、项目制作三大模块，从专业认同、"四个自信"、工匠精神、创新精神、爱国情怀等方面进行思政点挖掘，构建课程思政资源库。通过隐性渗透、案例穿插、讨论辨析等方式将思政元素自然融入各模块教学中，达到润物无声的育人效果。课程思政内容模块化体系如图 5-91 所示。

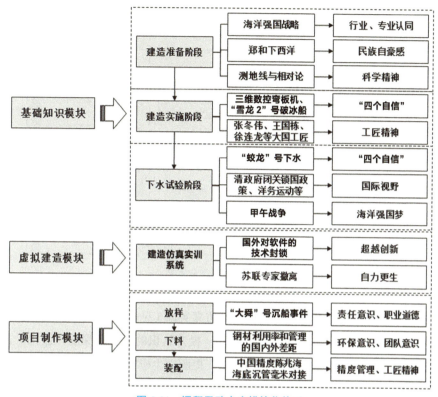

图 5-91　课程思政内容模块化体系

（二）虚实结合，创新课程思政教学模式

船舶建造涉及高危或极端环境，且建造周期长，学生认知受到时间上和空间上的双重考验。采用虚实结合的实践教学模式（见图 5-92），激发学生内驱力，提升教学效果。以船舶建造项目任务为教学载体，利用小组探究、翻转课堂等多种教学手段，有效组织问题导入、分析、实施和评价等教学内容，引导学生在做中学、做中思，培养学生的科学和批判思维。

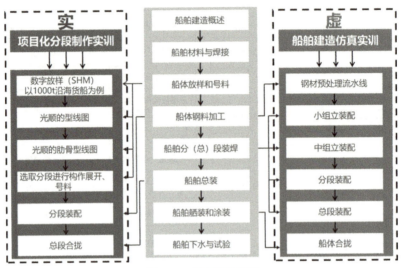

图 5-92　虚实结合教学

　　通过虚拟船厂、虚拟船模、虚拟交互仿真实训（见图5-93），助力学生突破时空限制，形成"全方位＋全过程"的认知，提升认识的广度和深度，强化工艺过程记忆。结合国外对中国的软件封锁案例，提醒学生应有责任意识，要大胆创新，提升自己的核心竞争力。课后通过企业项目化实验（见图5-94），评价装配工艺的合理性和先进性，通过分组制作，培养学生一丝不苟的工匠精神、团队合作意识和科学精神。

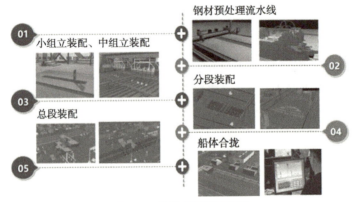

图 5-93　虚拟交互仿真实训

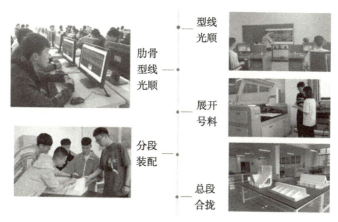

图 5-94　企业项目化实验

（三）多措并举，健全课程考核评价体系

增加课程评价的维度，加入课堂项目互评、企业导师评价，形成过程性和结果性相结合、线上和线下相结合、理论和实践相结合的多元考核评价体系。课程考核评价除体现学生对专业知识的掌握和应用能力外，还通过课堂作业、实训和期末考试等环节，从国家发展、服务社会和个人职业三个维度，设置工匠精神、爱国情怀等多个方面的思政考查点，构成课程思政评价体系（见表 5-10）。

期末非标准答案考题示例如图 5-95 所示。

表 5-10　课程思政评价体系

一级指标	权重	二级指标	权重	三级指标	权重	评价主体	思政考查点
国家发展	30%	国家情怀	50%	课前任务	30%	教师	树立迈向船舶制造强国的海洋强国梦，激发兴船报国的爱国热情
				线上线下讨论	30%	平台＋教师	
				小组 PPT 汇报展示	40%	学生＋教师	
		"四个自信"	50%	先进案例搜集	50%	教师	感受海洋工程装备大国重器，激发学生民族自豪感
				专题讨论	50%	教师	

（续表）

一级指标	权重	二级指标	权重	三级指标	权重	评价主体	思政考查点
服务社会	50%	法律法规	10%	仿真操作工序流程完成度	30%	教师	培养船舶制造安全和环保等法律意识，职业规范意识
				雕刻机操作规范性	30%	企业	
				下料切割钢材使用率	40%	企业	
		科学精神	20%	课前作业、企业行业调研	40%	平台＋教师	用科学思维思考，培养分析和解决问题的能力及科学严谨的专业素养
				课堂讨论参与度	30%	教师	
				课后作业完成度	30%	教师	
		创新精神	20%	课堂提问的创新思维	30%	教师	培养创新创业潜质、创新精神，贯彻新发展理念
				学习过程创新成果展示	30%	教师	
				航行器作品创新成果展示	40%	教师	
		团队协作	20%	小组互评	50%	学生	培养团队合作意识、大局意识、看齐意识
				团队典型分段成果展示	50%	教师	
		工匠精神	20%	板材下料精度	50%	企业	严谨细致、精益求精的精神
				模型装配精度	50%	企业	
		国际视野	10%	撰写报告	50%	教师	培养基于国际船舶市场的变化和国际造船技术与管理差异的思维体系
				撰写体会	50%	教师	
个人职业	20%	敬业精神	50%	课堂出勤率	20%	平台	爱岗敬业，树立为人民服务的意识，行业认同、专业自信
				任务完成率	20%	平台＋教师	
				讨论参与度	20%	教师	
				调查问卷	40%	学生	
		职业道德	50%	遵守课堂各项纪律	20%	教师	践行社会主义核心价值观，培养诚信理念、保密意识、契约精神，职业、工程伦理观
				涉密项目信息保密	30%	企业	
				作业、项目无抄袭	30%	企业＋教师	
				互评公正性	20%	教师	

四、论述题（每题 20 分，共 20 分。）

29. 大型船舶的生产中需要巨量的焊接构件拼接，其焊接质量直接影响整个设备的质量和使用安全。现有的焊接方式多采用手工焊接和机器人示教焊接。

针对手工焊接方式劳动强度大、焊接效率低和机器人示教焊接方式适应性不强，工件位置改变需重新示教，人工耗费成本高的缺点，基于机器视觉的焊缝自动提取和焊缝轨迹自动生成的机器人焊接技术成为比较理想的解决方法。

（1）在船舶制造领域，机器人焊接能否代替人工焊接，大家认为还有哪些方面需要突破？

（2）在国家海洋强国战略的背景下，作为新一代中国造船人，大家思考一下，除了学习本专业基础知识，我们还应该从哪些方面提升自己的能力和素质。

图 5-95　期末非标准答案考题

四、实施成效及推广

（一）教学效果突出，学生创新能力提升

　　课程教学运行的最近 2 个周期，学生平均成绩分别同比提升了近 5%，课堂学生和督导评教结果为优秀。虚实结合教学在课程中的应用，增加了学生学习的内驱力和学习的积极性。部分学生反馈情况如图 5-96 所示。

 之前在学校上课的时候总是做模型，现在造实船，感觉思路是相通的，因为当时的练习，现在<u>看起图纸来感觉接受得很快。</u>

 老师，我看咱们的建造仿真视频确实挺好，我现在北船这边工作，其实回想起来，当时的<u>虚拟船厂和交互实训对我触动很大</u>，让我能够快熟悉船厂和建造过程，和我同一批来的也有好几个，对工艺的了解我感觉不如我，问了他们大学都没听说过这个仿真平台 😊

 您之前在课上讲的物联网技术在船舶上的应用，今天在单位听报告时也听到了，感觉会是未来的一个趋势。

 老师，教师节快乐！我现在已经入职了，感谢您在建造工艺所讲的内容，当时的模型制作仿真实训让我对船舶建造有了很深的了解，让我更快地融入现在的工作，感谢老师！

 多亏了当时上学的时候您带着我们做模型，工作了以后，在用 SPD 进行结构设计时<u>上手比其他人都快。</u>

 老师，<u>建造仿真实训的那个交互系统，</u>我计算机能装吗，想抽空再练一下 😁

图 5-96　部分学生反馈情况

　　学生创新实践能力显著提升。学生立项国创项目 12 项，获得授权专利 14 项，参加全国海洋航行器设计与制作大赛等专业创新竞赛，共荣获省级及以上奖励 20

余项。部分学生获奖证书如图 5-97 所示。

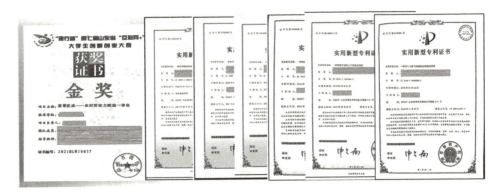

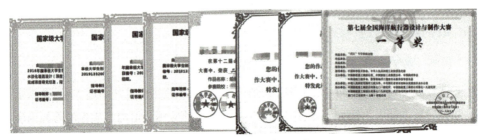

图 5-97　部分学生获奖证书

（二）课程思政落地，学生专业认可度提升

课程组通过问卷调查的形式进行效果分析，调查对象为本校船舶与海洋工程专业 2019 级本科生，总人数 58 名。通过软件计算克龙巴赫 α 系数为 0.81，证明调查结果信度较高。从思政重要性、融合是否自然、对学习兴趣的提升效果、对"三观"的影响和能否内化于行五个方面进行分析。结果显示，85% 的学生认为很重要或较重要，87% 的学生认为融合自然，82% 的学生对课程的兴趣有提升，85% 的学生觉得对"三观"有帮助，98% 的学生能够内化于行。课程思政教学效果问卷调查如表 5-11 所示。

表 5-11　课程思政教学效果问卷调查

序号	问题	调查结果
1	在船舶建造工艺教学中引入思政元素是否重要？	A. 很重要（30%）　B. 较重要（55%） C. 一般（11%）　　D. 不重要（4%）

（续表）

序号	问题	调查结果
2	教学过程中思政内容与专业理论的融合是否自然？	A. 很自然（39%）　B. 较自然（48%） C. 一般（13%）　　D. 不自然（0%）
3	通过对课程的学习，你的学习兴趣是否提升？	A. 显著提升（52%）　B. 有一定提升（30%） C. 无变化（18%）　　D. 降低（0%）
4	本课程在树立正确世界观、人生观、价值观方面是否对你有帮助？	A. 有较大帮助（15%）　B. 有一定帮助（70%） C. 帮助不大（15%）　　D. 有负面影响（0%）
5	你是否能做到将课程中体现的价值观及理念内化为自身的行动指南？	A. 一定能做到（59%）　B. 可能做到（39%） C. 难以做到（2%）　　D. 不会这样做（0%）

（三）教师教学创新和服务能力显著提高

近几年，课程组积极开展校企合作，为企业解决相关技术难题，签订横向课题 3 项，且所有项目均有学生参与，学生创新实践能力显著提高。基于船舶建造工艺课程，"一体两翼三合"教学模式创新与实践获 2022 年山东省普通高等学校教师教学创新大赛二等奖。

（四）示范辐射作用突出

课程在智慧树平台建设了丰富的线上网络教学资源，到 2019 年为止，已开展 8 个学期的线上教学，包括上海海事大学、山东交通学院等 9 所省内外高校的共计 1830 余人完成在线学习，累计互动 6637 次。教学资源和模式在山东交通学院推广应用，获得高度认可。2021 年年底，课程被学习强国平台收录，累计点击量超 50 万次。2022 年，船舶建造工艺课程获批省级课程思政示范课程。

案例 2：船体结构与制图——
虚实融合赋能船体结构创新，OBE 理念引领课程思政育人

一、实施背景

随着全球化的发展，越来越多的国家开始关注思政教育，在美国，价值观教育课程是美国大学价值观教育的核心，其德育内容主要渗透在人文和社会学科课程中，与此同时，要求学生从历史、社会、伦理三个角度学习、研究每门课程，使学生思考与课程相关的伦理道德问题，从而实现德育目标。

我国重视课程思政建设，2020年5月，教育部发布《纲要》，全面推进高校课程思政建设，提出结合专业特点分类推进，使各个专业教学院系、各位专业课教师都能在课程思政建设工作中找到自己的"角色"、干出自己的"特色"。深入学习贯彻落实习近平总书记关于高校思想政治工作的重要论述，坚持社会主义办学方向，深刻理解课程思政的价值指向，积极开展课程思政的理论与实践探索，努力培养德智体美劳全面发展的人才。

课程思政建设源于习近平总书记在全国高校思想政治工作会议、全国教育大会、学校思想政治理论课教师座谈会等一系列会议上的讲话，推进课程思政建设，是落实习近平总书记在全国高校思想政治工作会议上强调的"守好一段渠、种好责任田，使各类课程与思想政治理论课同向同行，形成协同效应"的重要举措，旨在使德育与智育相统一，推动实现全员、全过程、全方位育人，坚持把立德树人作为根本任务，把思想政治工作贯穿教育教学全过程。

结合混合式教学模式，针对船体结构与制图课程开展思政教学研究，探索课程思政与教学方式、教学内容的融合路径及方法，构建思政评价模式等，对船海类专业教师提升思政意识、优化思政教学方法、完善人才培养体系及推进教材建设具有参考价值，同时对推动专业课程的思政建设、多维度提升课程思政实效、增强知识传授与价值引领的有机融合亦能起到一定的引导作用。

二、存在的问题

课程思政是当前高校教育的重要任务之一，对于提高学生的综合素质和促进社会发展具有重要意义。然而，当前课程思政存在一些问题，尤其是专业课程，需要引起重视和得到解决。

（一）缺乏系统规划

（1）在推进课程思政工作时缺乏系统规划，没有明确的课程思政目标、完善的课程思政育人体系、与课程内容知识点对应的课程思政元素及案例，这导致课程思政工作缺乏整体性和连续性，难以达到预期的效果。

（2）课程思政的师资力量参差不齐：有的教师缺乏开展思想政治教育的经验和能力，无法有效地将思想政治教育融入课程中；有的教师缺乏对课程思政的重视和认识，没有充分发挥自身的作用；有的教师对课程思政的理解不够深入，缺乏对思想政治教育和社会主义核心价值观的系统学习和研究。

（3）课程思政与专业课程之间存在脱节现象，由于缺乏统一的规划和指导，各门课程在融入思政元素时存在重复、零散等现象，影响了教学效果的发挥，难以形成协同效应。

（二）缺乏多元化的教学方式

（1）课程思政的教学方式无法满足不同学生的需求和兴趣，需通过翻转课堂、小组讨论、案例分析、任务驱动、项目化教学等新的教学方式更好地激发学生的学习兴趣和主动性，提高他们的参与度和思考能力。

（2）课程思政的教学内容偏重理论，缺乏实践性和应用性，思政融入不自然，出现"两张皮"现象，难以实现润物无声的育人效果。

（三）评价机制不完善

课程思政的评价缺乏科学性和客观性。有的课程仅仅通过学生的考试成绩或者简单的问卷调查来评价课程思政的效果，难以全面反映学生的思想观念和道德观念的变化；同时，由于缺乏科学的评价机制，教师对思想政治教育的投入和效果也无法得到有效的激励和反馈。

三、对策建议

课程思政实施方面存在育人主体单一、思政元素匮乏、德育目标难以评测等问题，需形成多元协同的育人合力，促进课程与思政同频共振，发挥专业课程思政育人作用，弥补思政教育链中专业课程缺失的重要一环。船体结构与制图课程针对课程思政存在的问题采用了如下对策。

（一）加强系统规划和指导

船体结构与制图课程根据专业定位及人才培养目标，结合课程目标对课程思政目标、课程思政育人体系、思政元素及案例、思政评价点进行了系统的规划与设计，明确了目标、计划和措施，加强了课程思政与专业课程的协同融合。通过课程团队教师之间的交流、组织培训等方式，提高课程团队教师对思想政治教育和社会主义核心价值观的理解和研究水平。每年进行师德师风评选活动，对教师的表现进行科学评价和激励，提高教师素质，这些措施为保证课程思政效果提供了重要保障。

（二）采用多元化的教学方法

教学方法的创新是提高课程思政效果的关键。应当采用多种教学方法，如翻转课堂、小组讨论、案例分析、任务驱动、项目化教学等，让学生参与课程，这些新的教学方法可以更好地激发学生的学习兴趣和主动性，提高他们的参与度和思考能力。同时，应当借助现代信息技术手段，如网络平台、多媒体技术等，提高课程的趣味性和互动性。此外，还可以开展实践教学活动，如社会实践、志愿服务等，让学生在实际操作中进行学习和体验。

船体结构与制图课程开展了"以项目为引导，以学生为中心，以成果为导向"的教学设计，构建"两主线、三目标、五融合"思政设计（"两主线"为学思践行、知行合一，"三目标"为品格素养、专业素养、家国情怀，"五融合"为融合教学目标、融合教学内容、融合教学活动、融合教学评价、融合教学资源），制定"项目＋平台＋企业"混合式教学实施流程。同时，基于实船数据成果导向及通过"项目＋平台＋企业"混合式教学和过程性评价设计，对课程内容进行重构，构建"实船数据，虚实孪生，数智融合"教学模式，通过实船数据船体结构及图样知识的相互转换，融合知识内容；通过混合式教学，优化教学方法，提升教学环境；通过平台支撑，完成实船数据孪生的船体模型或某分段模型虚实建模，激发学习兴趣；通过评价导向，实现课程建设持续改进，推动人才培养。

（三）建立健全的评价机制

完善的评价机制是促进课程思政发展的重要手段。建立科学的评价机制，包括学生思想观念和道德观念的变化、教师教学水平和效果的评价等，同时应当采用多种评价方式和方法，如问卷调查、观察法、访谈法等，对学生的学习情况和教师的教学情况进行全面了解和分析，从而为改进教学提供有价值的反馈和建议，促进课程的持续改进。

课程思政的教学评价指标与评价内容相对抽象。首先需要根据明确的评价机制确保教学评价的有效落实；其次需要从课程培养目标出发，结合思政培养目标，设计评价内容及评价标准，按照"及时反馈、重在激励"的原则进行评价点的设计。

船体结构与制图课程建立了知识、能力与素质考核并行的综合性考核与评价方式，课程成绩由过程性考核 50%（课堂表现、线上学习、平时作业、章节测验、项目实施）＋实验考核 5%＋期末考核 45% 三部分构成。构建理论、实验、专题设计、创新四个维度的评价体系，对学生的个人修养、团结协作、工匠精神、创新能力等进行评价并计入过程性成绩。

四、具体做法

船体结构与制图课程按照以上对策，通过课程内容的研究及课程思政目标的确立，结合混合式教学模式，制定课程思政主题，收集课程思政案例，针对课前、课中、课后三阶段进行思政教学设计，实施"线上＋线下""理论＋实践"的思政教学，实现"三段联动"课程思政的教学研究。

1. 课程思政育人体系设计

根据课程思政基本设计思路，结合混合式教学模式，在课前、课中、课后三个阶段联合实施思政教育，针对不同教学阶段及教学内容，确立思政元素、融入形式及思政育人预期成效。课程思政育人体系如图 5-98 所示。

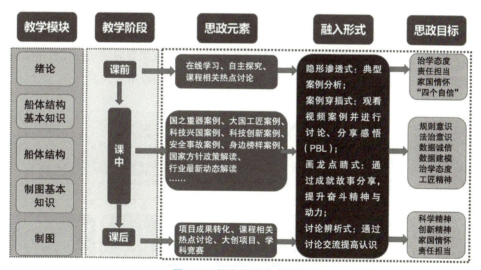

图 5-98　课程思政育人体系

2. 融入思政教育的混合式教学流程设计

在实施混合式教学时，合理设计"线上＋线下""理论＋实践"教学内容及教学方式，根据教学内容融入思政元素，培养学生自主学习能力及创新能力。混合式教学流程如图 5-99 所示。

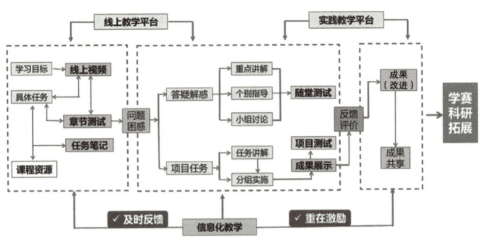

图 5-99　混合式教学流程

3. 课程思政教学实施路径与方法设计

将课程内容划分为绪论、船体结构基本知识、船体结构、制图基本知识、制图五大模块，以 1000t 沿海货船为例，制定基于实船数据成果导向的项目化教学实施方案并组织实施。课程思政教学实施路径与方法如图 5-100 所示。

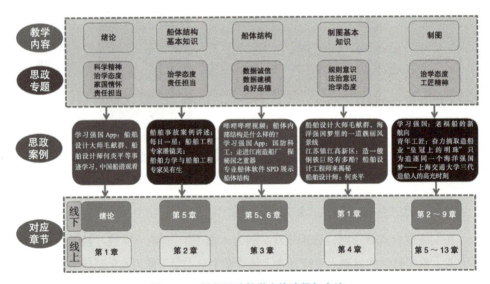

图 5-100　课程思政教学实施路径与方法

按照课程内容划分的五大模块，根据课程思政建设目标，挖掘思政元素，融合教学内容，提炼五大思政专题。培养学生的科学精神、治学态度、家国情怀及责任担当，强化学生的规则意识和法治意识，培养数据建模意识及数据诚信意识，培养学生精益求精、追求卓越的工匠精神。

设计思政案例：根据五大思政专题，基于学习强国设计思政案例，实现课程思政与教学内容的有机融合。

课程思政案例融合方法如图 5-101 所示。

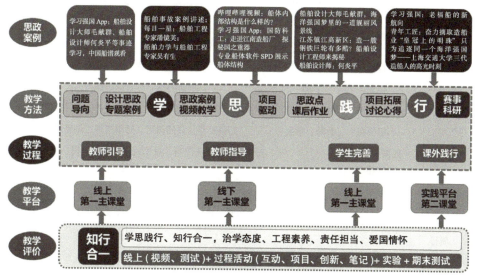

图 5-101　课程思政案例融合方法

4. 思政评价体系设计

建立知识、能力与素质考核并行的综合性考核与评价方式，构建理论、实验、项目、创新四个维度的评价体系。通过一级、二级指标的主体评价构建课程思政评价体系，具体如表 5-12 所示。

表 5-12　课程思政评价体系

一级指标	二级指标		评价主体	对应思政目标
理论	课前	线上视频	泛雅平台	治学态度
		章节测验	泛雅平台	学习能力
		学习笔记	教师	治学态度、科学精神、学习能力
		主题讨论	教师	责任担当、家国情怀、"四个自信"
	课中	随堂测验	泛雅平台	学习能力、创新思维
		选人、抢答	教师	治学态度、学习能力
		小组任务	教师、学生	团结协作、创新精神、创新能力
		主题讨论	教师	规则意识、法治意识 数据诚信、数据建模、治学态度、工匠精神
		翻转课堂	教师、学生	表达能力、分析和解决问题的能力
	课后	作业	教师	创新思维、综合应用能力
		项目拓展	教师、企业	科学精神、创新精神、家国情怀、责任担当
实验		小组任务	教师、学生	工程素养、责任担当、科学精神、创新精神
		数据识读及数据建模	学生	工程素养、责任担当、数据诚信、数据建模、治学态度、工匠精神
		实验报告	教师	表达能力、治学态度
项目		项目设计	教师、企业	工程素养、责任担当、数据诚信、数据建模、治学态度、工匠精神
		项目成果	教师、企业、学生	工程素养、创新精神、治学态度、工匠精神
创新		大创项目	教师	科学精神、创新精神、工匠精神
		科创竞赛	教师	科学思维、创新精神、工匠精神

五、实施案例

以课程第 2 章——船体型线图绘制为例进行思政教学的实施阐述。

1. 教学设计

开展"思政元素多元渗透、专业知识精准融合"教学设计，将思政元素基因式植入教学各个环节。型线图绘制的讲解，依托在线课程资源，采取混合式项目化教学，其教学设计流程如图 5-102 所示。

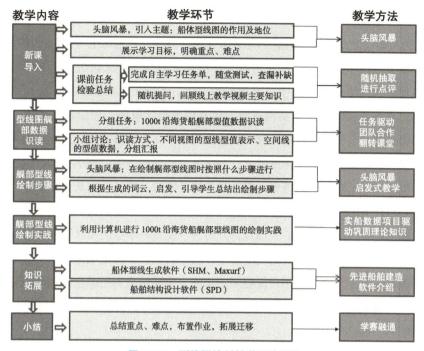

图 5-102　型线图绘制教学设计流程

在教学设计基础上，设计思政案例融入点及方法。型线图绘制思政案例融入路径如图 5-103 所示。

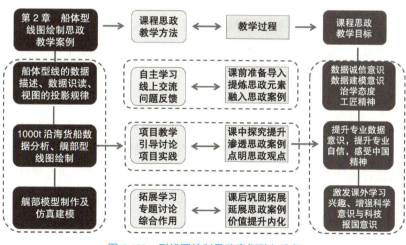

图 5-103　型线图绘制思政案例融入路径

2. 教学过程

通过整合、重构线上专业课程思政资源库，健全、规范线上考评标准体系，打造线上线下双向学习互动交流平台等，开展线上与线下"双轨道"全方位思政育人。在现有的网络教学平台中，增加船舶文化、大国工匠典型事迹、科技兴国案例、国之重器案例等视频、文档资源，丰富思政教学资源；理论教学采用任务驱动、案例研讨、小组探究等多种教学手段实施教学，将学科发展、工匠事迹、政策方针、安全教育案例等融入课堂教学，潜移默化地影响学生，对学生进行价值塑造及科学精神、工匠精神等的培养；实践教学设计实验、项目、创新三个环节，对于实验与项目环节，针对实验内容及项目任务，设计思政元素融入点，强化系统概念及大工程观意识，培养学生的大局观，同时进一步提升学生的团队合作、分析和解决问题、知识运用等能力，针对创新环节，将学科竞赛、国创项目及横向课题等融入教学内容，依托实践教学平台及创新工作室，指导学生利用课余时间参与科技创新活动与教师科研项目，培养学生的实践应用能力与创新能力，实现理论与实践"双场域"全方位思政育人。

根据构建的课前、课中及课后"三段联动"全过程课程思政育人体系，全面发动课程团队作用，形成合力，将立德树人的思想充分融入教学"三课"环节中，从教学的全过程实现思政育人的目标。下面以船体结构与制图课程中的第2章——船体型线图绘制为例讲述具体实施过程。

（1）课前

教师在学习平台布置任务，引导学生观看在线视频及查询资料，完成型线图基本知识的学习。课程思政通过"老福船的新航向"视频，培养学生家国情怀，责任担当，具体如图 5-104 所示。

（2）课中

课堂上首先进行线上学习效果的测试；其次教师布置项目任务，讲述项目任务完成流程，通过讨论、答辩、测试等形式指导学生确定任务的绘制数据及绘制步骤；再次进行项目任务实训，验证、完善项目任务的理论成果。通过项目的实施，培养学生团队协作、问题沟通、语言表达等能力。课中教学活动如图 5-105 所示。

图 5-104　课前教学

图 5-105　课中教学活动

授课过程中还通过船模制作视频，强调型线数据的作用，培养学生数据诚信意识、数据建模意识，强调绘图的重要性及工匠精神（见图 5-106）。通过软件绘制型线图，虚拟建模、制作物理模型，培养创新精神，拓展课程知识应用，最后总结型线图绘制中的问题，组织学生进行课后的提升。

➤ 型线图绘制：以学生为中心，线上线下混合式教学——课堂教学知识拓展

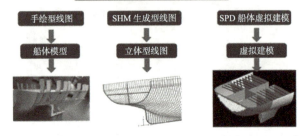

➤ 型线图绘制：以学生为中心，线上线下混合式教学——思政案例

图 5-106　思政教学

（3）课后

教师通过布置作业进行项目的延伸、提升，让学生完成对型线图的修改、完善，并通过船体软件 SHM、SPD 进行型线图生成及结构建模（仿真），拓展课程知识，培养学生的双创能力，具体如图 5-107 所示。

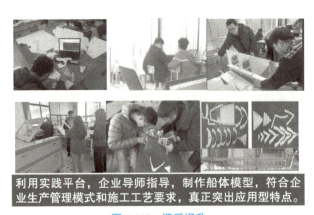

图 5-107　课后提升

六、取得的成果

课程通过思政建设，获评校级课程思政示范课程、课程思政示范课堂，获得山东省高等学校课程联盟优秀教学案例三等奖，团队教师获山东省普通高等学校教师教学创新大赛三等奖。

学生成绩稳步提升，近两届及格率分别为 83%、96%，部分学生荣获省"优秀学生干部""校优秀学生干部""雷锋式个人"等荣誉称号，获全国海洋航行器设计与制作大赛一等奖等。

七、推广应用效果

通过课程思政的融入，学生在学习专业知识的同时，也接受了职业道德、职业操守等方面的教育，提升了职业素养，增强了社会责任感。课程思政中的中国梦、"海洋梦"等元素，引导学生关注国家发展、关注海洋强国建设，增强了学生的爱国情怀。在实船数据项目化教学中融入课程思政元素，让学生体悟船舶制造业的工匠精神，从而培养自己的工匠精神，为未来的职业生涯打下坚实的基础。

船体结构与制图课程思政的推广应用，可以为其他工科专业课程思政体系建设提供有益的借鉴和参考，推动高校课程思政工作深入开展。相关学校借鉴了课程的部分做法及经验，加强了课程、专业之间的交流，部分企业也对其培养的学生高度认同。

总之，船体结构与制图课程思政的推广应用效果显著，有助于培养学生的职业素养和爱国情怀及工匠精神，同时也有助于促进专业课程思政体系建设。

案例 3：船舶结构力学——
建立"12345"课程思政育人体系，打造多维学习生态

一、实施背景

课程立足青岛黄海学院应用型人才培养思路，依托国家级一流本科专业的建设，对接智慧海洋和海洋工程装备高端智能制造业，围绕培养船舶与海洋工程装备应用型创新人才的目标，结合工程教育认证和新工科建设要求，基于 OBE 理念进行课程教学目标的设计，坚持以学生为中心、育人为本、夯实基础、提高能力、启发创新的教学理念，设置价值引领、知识传授与能力培养有机融合的课程教学目标

（见图 5-108 ）。

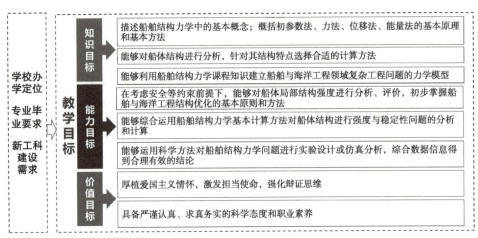

图 5-108　课程教学目标

"12345"课程思政育人体系（见图 5-109）含义如下。

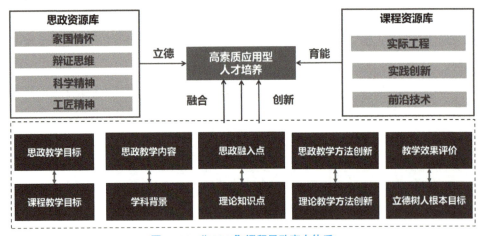

图 5-109　"12345"课程思政育人体系

1个中心，即以培养有较强专业背景知识、工程实践能力且能满足行业发展需求的新工科高素质应用型人才为中心。

2个资源，即构建课程资源库与思政资源库。

3个联系，即在教育过程中，联系实际工程、实践创新、前沿技术。

4 个专题,即从家国情怀、辩证思维、科学精神、工匠精神 4 个专题角度深挖课程思政资源。

5 个结合,即将思政教学目标与课程教学目标结合,思政教学内容与学科背景结合,思政融入点与理论知识点结合,思政教学方法创新与理论教学方法创新结合,教学效果评价与立德树人根本目标结合。

通过课程思政建设,厚植家国情怀,激发担当使命;强化辩证思维,提升职业素养;培养科学精神,锻造创新人才,为学生打造具有吸引力的多维学习生态。

二、课程思政教学实践情况

在课程教学过程中,教学团队确立课程思政的整体规划方案,建立课程思政育人体系,积极探索融入路径,完善教学设计,开发课程思政资源体系,建立课程思政素材资源库,将课程思政融入教学的各个环节,实现立德树人的润物无声。

1. 将思政教学目标与课程教学目标结合

根据课程对价值目标的培养要求,从家国情怀、辩证思维、科学精神、工匠精神四个方面进行思政挖掘,将正确的价值追求、理想信念和家国情怀有效传递给学生。

例如:在家国情怀目标方面,通过讲解国产航母、载人潜水器的自主化设计之路,激发学生的爱国主义情感,树立强国有我的理想抱负;在辩证思维方面,基于辩证唯物主义思想,从船舶结构力学的设计理念、工程思想、继承发展方面开展课程思政教育,培养基于实践的船舶强度设计理念,树立全面的观点,强调综合分析的重要性,学会在各种错综复杂的关系下理出头绪,发现解决办法;在科学精神方面,通过植入殷瓦钢、光刻机等高精密科技的结构力学探索思想,引导学生立志解决"卡脖子"问题,培养勇于探索、发现新知的创新意识;在工匠精神方面,通过剖析"蛟龙"号、国产大飞机 C919 和港珠澳大桥等大国工程中的结构力学问题,培养学生的工匠精神和敬业精神。

2. 将思政教学内容与学科背景结合

在思政案例构建上,主要选择与学科背景和专业贴近的内容,如甲午战争、"蛟龙"号载人潜水器、我国军用智能水下机器人的开创者邓三瑞教授事迹等。除了课堂的理论教学和思政案例融入,从团队科研项目中提炼出贴近课程知识点、符合思政育人目标的科研内容,鼓励学有余力的学生参与一线的科研项目,在对学生进行价值塑造的同时，丰富学生学科背景和科研经历，全方位实现育人目标。

3. 将思政融入点与理论知识点结合

在教学中，通过深度挖掘思政融入点和理论知识点的内在关联，让价值引导成分在理论教学中自然融入，实现理论教学和思政教育的合理过渡，达到润物无声的育人效果。例如，在讲解力法的原理时，根据连续梁的中间支座为刚性支座或弹性支座的不同，需要进行三弯矩方程和五弯矩方程的推导，在课堂上导入问题，引导学生理解其中的内涵，在课后安排学生通过实践探究，进行自我思维建构，最后通过教师讲授，进行知识的归纳巩固，培养以问题为导引的自我学习的能力。课程思政融入点如表 5-13 所示。

表 5-13　课程思政融入点

教学模块	教学项目	课程知识点	思政元素	思政融入点	预期效果
船舶结构力学计算模型	船舶结构力学计算模型的建立	船舶结构力学研究内容	工匠精神、职业素养	船舶系列海难事故情况分析	培养学生求实严谨、安全管理、危机意识，不断提高专业与技能，树立正确的"三观"
		船舶结构力学的建立	家国情怀、使命担当	海洋强国战略	树立海洋强国信念，增强科学探索兴趣
		船舶结构力学计算模型的建立	职业素养	实船结构力学建模	培养学生解决实际工程问题的能力
舰船结构弯曲问题	单跨梁的横向弯曲	虚功原理	辩证思维	运动不灭原理	使哲学上运动不灭原理以及运动形式相互转化原理内化于心、外化于行
		梁弯曲理论	工匠精神、职业素养	魁北克大桥建设典型案例	使"生命至上"理念内化于心、外化于行
		单跨梁的弯曲计算	科学精神、创新精神	海洋石油 981	培养学生理论联系实际、联想学习的能力
	连续梁	超静定结构	辩证思维	超静定结构的受力比静定结构更加均匀	了解庄子："人皆知有用之用，而莫知无用之用也"
		力法的基本原理	科学精神、创新精神	清水河特大桥建造理念	探讨工程伦理问题，体会人与自然的和谐共生
		连续梁的求解	科学精神、创新精神	三弯矩方程和五弯矩方程的推导	进行自我思维建构，培养以问题为导引的自我学习的能力

（续表）

教学模块	教学项目	课程知识点	思政元素	思政融入点	预期效果
舰船结构弯曲问题	平面刚架	刚架结构特点	工匠精神	船舶制造行业中杰出人物事迹	向大国工匠学习，激励学生学习、创新
		平面刚架的承载特点	辩证思维	重视部分的作用	树立全局观念，重视个人贡献，践行社会主义核心价值观
		位移法原理	辩证思维	对比力法和位移法的优劣	培养学生解决问题的工程思维和科学方法
	平面板架	力法、位移法求解板架结构	辩证思维	力法、位移法求解方法思路	力法、位移法，一根同源，相互联系，联系哲学中世间万物是相互联系的思想
		平面板架的计算	科学精神、创新精神	我国著名科学家钱伟长弃文从理的故事	勇于面对学习过程中的困难，志存高远，开拓创新
		有限元法	工匠精神、创新精神	运用有限元分析软件解决相关工程问题	培养学生解决实际问题的能力
	薄板的弯曲	板的筒形弯曲	工匠精神、创新精神	我国老一辈力学科学家为国而学的精神	启发强国有我的理想抱负，培养吃苦耐劳、乐于奉献的精神
		矩形板的弯曲	科学精神、创新精神	LNG船殷瓦钢焊接、光刻机等	引导学生立志解决"卡脖子"问题，培养勇于探索、发现新知的创新意识
		圣维南原理	辩证思维	科学研究的方法论——抓大放小法	分清主次，抓住主要矛盾，搞好宏观控制
舰船结构稳定性问题	舰船结构的稳定性	单跨压杆的欧拉力	科学精神、创新精神	欧拉生平事迹	通过欧拉的生平事迹，学生可以了解科学工作者严谨治学的态度
		多跨压杆的稳定性	工匠精神、职业素养	港珠澳大桥等大国工程	培养学生工匠精神和敬业精神
		板的稳定性	家国情怀、使命担当	载人潜水器的自主化设计之路	弘扬创新精神，树立为国家、为国防奉献的人生理想

4. 将思政教学方法创新与理论教学方法创新结合

基于 CDIO 工程教育模式，由以教师为主导的教学向以学生为中心的参与式教学模式转变，与企业联合设计教学项目，基于项目化教学内容，开展以学生为主体、以教师为主导的项目导入、任务分析、先修知识检测、夯实理论、任务实施、总结拓展的**"双主六环"**的教学设计。激发学生的学习兴趣，提高课程的高阶性、创新性和挑战度。在船舶结构力学基本计算方法的学习中，开展实践性教学，引入力学分析软件，通过实际科研项目、工程项目，指导学生查阅文献、开展调研等，开展有针对性的研究，最终通过课堂汇报的方式展示研究成果。采用课外实践加课堂翻转的教学方法，既提升了学生课堂参与度，培养了其合作精神，锻炼了其分析和解决问题的能力，又生动地展示了理论知识与实际工程问题、科研工作相辅相成的关系。教学组织策略如图 5-110 所示。

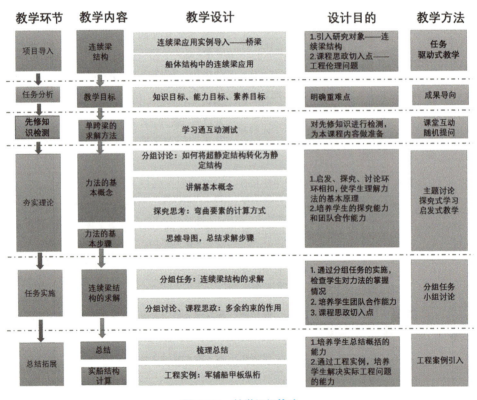

图 5-110　教学组织策略

5. 将教学效果评价与立德树人根本目标结合

增加课程评价的维度，形成**过程性和结果性相结合、线上和线下相结合、理论和实践相结合、知识与素养相结合**的多元考核评价体系。课程考核评价除体现学生对专业知识的掌握和应用能力外，通过课堂表现、作业、实验和期末考试等环节，评价学生的学习态度、家国情怀、思考与批判能力、表达与沟通协作能力等。课程考核评价方式如图 5-111 所示。

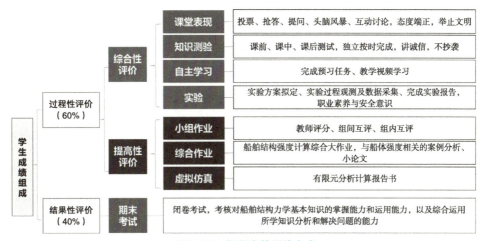

图 5-111　课程考核评价方式

三、课程评价与成效

1. 课程考核评价的方法机制

课程成绩评定关注学生全过程（课上、课下）学习状态，构建了理论与实践相结合、过程性与结果性相结合、知识与素养相结合、线上与线下相结合的多维度考试评价方式。根据课堂表现、作业、实验和期末考试等环节评价学生的学习态度、家国情怀、思考与批判能力、表达与沟通协作能力等。通过考试评价获得直接反馈，通过学生座谈、同行听课、专家督导、毕业生反馈等建立间接反馈，实现多渠道教学质量跟踪反馈，推动课程建设持续改进。

2. 课程思政教学成效

课程教学运行的最近 2 个周期，学生平均成绩有所提高，课堂学生和督导评教结果为优秀。通过课程教学改革，增加了学生学习的内驱力，学生学习的积极性普遍较高，学生的专业认同感提升。

学生创新实践能力显著提升。2023 年参加全国海洋航行器设计与制作大赛等专业创新竞赛，共荣获省级及以上奖励 17 项，其中国家级一等奖 1 项、二等奖 2 项。

通过建设与改革，课程先后被评为在线开放课、校级优质课程、校级一流课程。

改革后教学相长，团队负责人先后主持教科研项目 8 项，其中思政教改项目 2 项，获山东省普通高等学校教师教学创新大赛二等奖 1 项；团队教师在教学比赛中获"教学标兵""教学能手"等称号，发表论文 10 余篇，获得授权发明专利 1 项。

3. 课程思政教学改革示范、辐射

课程学习人数累计 590 名，课程教学改革可以有效提升学生的工程实践能力，激发学生创新潜能，为新工科建设提供人才支持。

5.7 智能交互设计专业课程思政典型案例

案例 1：产品专题设计——
设计赋能育创新实践力，思政涵育塑德技匠心魂

一、实施背景

产品专题设计课程是智能交互设计专业的主干课程，是一门实践性很强的课程，强调在实际的竞赛设计项目中体验各个知识点的重要作用和实际意义、在综合设计框架下深刻理解各学科的内涵和精髓，以此为基础进一步引导学生形成技术、艺术、风格与市场融为一体时所达到的设计理念。通过该课程的学习，学生可以了解产品设计的基本理论，掌握产品设计的基本方法、评价标准，树立比较全面、完整的设计理念，逐渐培养学生综合思维能力、平衡协调能力、分析和解决问题的能力，不断提高学生的设计素质，为从事产品设计工作打下坚实的基础。

二、存在的问题

产品专题设计课程作为设计类专业的重要课程，对学生的设计能力和创新思维起着至关重要的作用。然而，目前课程教学存在一些问题。首先，教学内容滞后于市场需求和行业发展。其次，教学方法单一，缺乏实践性教学环节，导致学生缺乏实际操作能力。

三、课程思政建设理念与特色

产品专题设计作为专业课程体系中一门重要的基础必修课，结合应用型与创新型人才培养定位，课程组围绕国家战略及山东新旧动能转换战略，践行立德树人、知行合一的发展理念，制定了以"新工科＋跨学科"为特色的专业人才培养方案，确定"面向岗位、以岗定课"的项目式课程人才培养体系，落实全员参与、全方位和全过程育人的课程思政实施方案（见图 5-112）。

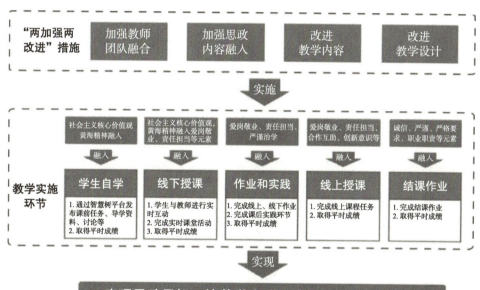

图 5-112　全员参与、全方位和全过程育人的课程思政实施方案

依据专业培养目标要求的分析和解决复杂工程问题、具备设计实践和创新能力、具备团队合作能力等指标点，课程立足"大思政"，基于"设计赋能，思政浸润，专业打造"理念，以培养德技兼备的高素质应用型交互设计人才为目标，从构

建课程思政的底层逻辑与创新教学内容、方法两方面着手，通过创新设计将思想政治教育融入课程，实现知识传授、思政教育、素质教育和能力培养的紧密融合。通过对课程框架、教学内容的梳理，确定以专业认知为主的能力教学，以爱国敬业、团队协作、社会责任感、设计师的伦理道德为思政教育建设重点，以培养学生"四价值一精神两意识"为思政目标（见图5-113），精选思政元素、优化课程内容，实现对学生的全方位培养，设立"一主体、三维度、五目标"的课程思政育人路径，构建"三时段四步骤，四方主体，两课两线"的评价机制。

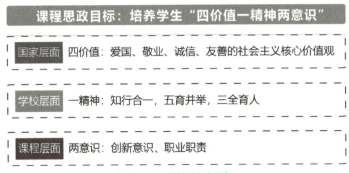

图 5-113 课程思政目标

思政元素拆解矩阵见图5-114。

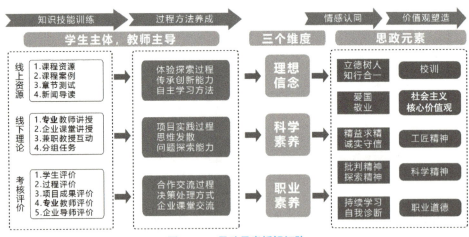

图 5-114 思政元素拆解矩阵

具体实践过程、方法如下。

1. 加强教学团队融合，打造一流师资队伍

形成**"专业教师＋兼职教授＋企业导师"**的多方参与、协同育人的教师团队。专业教师完成思政元素的挖掘与提取，专业教师与兼职教授共同将思政元素与学习内容融为一体，企业导师在企业课堂中融入思政元素，提升学生的职业素养。

2. 改进课程内容，打造精品课程

（1）从原有课程内容中提炼和挖掘与思政相关的内容， 梳理国家智能层面交互设计发展现状、黄海精神等相关内容，与导论专业知识内容有机融合，修订相关课件和教学设计，既培养学生的辩证思维和严谨治学的态度，又培养其设计技能，为培养社会主义建设者和接班人打下跨学科课程融合基础。

（2）增强知识的前沿性和思想性。 一方面邀请企业一线设计师讲授设计新趋势及前沿设计理论，另一方面将课程思政从显性教育转变为隐性教育，巧妙地将我国抗疫胜利、自主研发高铁复兴号等内容，合理地嵌入课程教学内容中，使学生践行爱国、敬业、诚信、友善等社会主义核心价值观，引导学生加强创新意识、责任担当意识。

3. 改进教学方法和教学手段，打造思政"金课"

（1）改进教学方法。 教师团队定期组织研讨，以立德树人、知行合一为中心，调动全员参与课程设计。根据课程内容安排问题创设、案例导入等多种教学栏目，营造团结、诚信、友善的氛围，促进师生之间、学生之间的交流互动、资源共享和知识生成，使之更加符合成人的学习和思维习惯，达成专业学习和思政输入双向目标。

（2）改进教学手段。 依托智能交互设计专业导论课程平台，分门别类建设"专业＋德育"的课程思政教学案例库，将思政元素融入在线课程。

（3）完善学习支持服务。 教师团队定期安排答疑，通过学习通等工具及时解决学生的各类问题，在解决问题的过程中培养学生创新意识。

四、课程考核评价方法建设情况

融入"学生中心、产出导向、持续改进"的工程教育理念，构建"三时段四步骤，四方主体，两课两线"的评价机制。针对素质目标难量化、难评价、难考核等

情况，从平台、教师、学生、企业导师四方主体，从课内、课外、线上、线下四个维度，从教师教、学生学、日常德、企业行等多个视角，从学习态度、学习习惯、参与意识、团队协作、沟通表达、知识掌握等多个方面对课程进行评价。通过问卷分析、小组活动、课后感悟等方式评价素质目标达成情况，并将结果纳入总成绩。线上评价通过学习通展开过程性评价，重在考查学生的素养。教师通过学生学习数据实时掌握学生学习情况，进而动态调整教学策略，及时对落后的学生给予提醒和帮扶。课程思政内容体系矩阵如表 5-14 所示。

表 5-14 课程思政内容体系矩阵

评价维度		评价形式	评价主体	对应课程素质
理论环节	课前学习	线上视频	智慧树	学习能力、个人修养
		主题讨论 学习笔记	教师	科学精神、学习能力
		签到	智慧树	行为习惯
		课前测验 章节测验	智慧树	自学能力
	课中学习	选人、抢答	教师	主动学习品格、应变能力
		翻转课堂	教师	语言表达能力，分析和解决问题的能力
		小组任务	教师、小组间	团结协作、科学思维
		主题讨论	教师	辩证思维
		随堂测验	智慧树	独立解决问题的能力
	课后学习	纠错作业	教师	辩证思维、解决问题的能力
		热点讨论	教师	工匠精神、文化自信、学科交叉
		思维导图	教师	分析归纳能力
专题设计环节		设计说明书	教师	科学思维、认真严谨
		答辩汇报	教师	语言表达与综合分析能力
创新环节		科创竞赛	教师	创新能力、工匠精神
		大创项目	教师	科学思维、创新精神

五、课程思政建设特色及创新点

（1）构建设计导论类课程思政体系，"五育并举""三全育人"

探索建立学校、课堂、企业课程思政全员参与的协作育人机制，探索建立线上与线下相结合、理论与实践相结合、校园学习与社会实践相结合的全方位课程思政育人模式。

（2）发挥导论类课程思政特色，精准育人

将黄海精神、时事热点和优秀华人设计师事迹等与课程内容有机融合，引导学生传承黄海精神，践行社会主义核心价值观，增强立足岗位的创新意识与责任担当意识。

（3）挖掘导论类课程思政元素，无声育人

将真人真事真案例贯穿教学始终，使思政教育"入脑入心入行动"，如将海尔智家、华为 P60 等融入课堂，激发学生的职业期待与向往，让学生认识到技能宝贵、劳动光荣。将专业知识与思政内容通过不同的教学方法有机结合，避免说教和生搬硬套，使学生能够感受和自觉接受正确的价值观和理念。

六、课程思政教学成效

坚持"学生中心、产出导向、持续改进"理念，促进学生个性化、多元化发展。产品专题设计课程是智能交互设计专业的核心课程，通过讲解不同类型产品的设计内涵和方法及项目式教学完成产品的设计实践。

自课程思政融入教学以来，学生平均及格率稳步上升，学生对专业认可度逐步提高，累计参军学生 1 人次，学生累计获奖 20 余次。部分学生获奖证书如图 5-115 所示。团队教师教研相长，获得"教学标兵""教学能手""大赛优秀指导教师"等荣誉称号。

图 5-115　部分学生获奖证书

产品专题设计在线开放课已上线运营一学期，累计页面浏览量49 271次，累计选课人数49人，累计互动311次。

团队教师累计开展标兵示范课9次，听课新教师20余人，受到广大教师的一致好评。部分教师评价反馈如图5-116所示。

赵鑫鑫	逻辑清晰，方便学生理解和掌握，积极引导学生毕业方向，就业教师有热情	多让学生讨论，深刻理解视频，让学生融入课堂，多注意专业用词使用
	课件制作精美，很具有吸引力，也有逻辑性和侧重点。授课过程中采用播放短视频的讲解方式，能够充分调动学生的积极性。课堂中设置分组讨论环节，互动性强	授课中可采用播放视频的方式配合讲解，让学生更直观地感受抽象的理论知识。根据课程内容多设置分组讨论环节，提高课堂的互动性。课件的侧重点应更加突出
	在讲解概念的时候能够利用大量案例主动去引导学生，学生们配合程度较好，而不是通过点名形式。PPT展示了一分钟设计视频，展示效果很好。善于提出生活中常见的问题，问题贴近学生日常生活学习，能够激发学生发散思维，积极思考。提前预留小组讨论时间，教师经常走动来发现学生讨论情况，积极地给予引导	在专业课的讲解时，举出的大量案例要贴近学生们能够在日常接触到的内容，这样既有利于学生理解，也有利于学生实现共鸣并记忆。今后授课过程中，要增加小组讨论的应用，增强学生们在课堂上的参与度、表现度。教师在这个过程中不仅是知识的传输者，更要成为学生们发现问题、解决问题的引导者。PPT展示的内容较为简洁，对于理论性内容通过举例丰富了课堂教学效果

图5-116　部分教师评价反馈

案例2：计算机辅助二维设计——
二维设计融贯传统现代，文化自信拓展国际视野

一、实施背景

（一）二维设计中"一体两翼"课程思政模式设计

二维设计即平面设计，旨在培养学生的创意和技能。本课程致力于以马克思主义和习近平新时代中国特色社会主义思想为指导，构建课程思政内容供给体系，强调培养学生的人文情怀、审美情趣、文化自信和国际视野。采用"一体两翼"的设计模式，"一体"是文化自信，"两翼"是传统文化和国际视野，以此突出课程的独特特色，具体如图5-117所示。培养学生传统与现代相结合的设计思维，本土与国际并重的设计视野，以及对中国文化的深刻理解，以确保学生的创作深深植根于中

华优秀传统文化的土壤中。

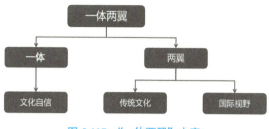

图 5-117 "一体两翼"内容

1. 一体

计算机辅助二维设计课程思政以文化自信为主体,用视觉化语言传递信息、表达情感、塑造形象,可以超越语言、文化,通过视觉化设计引起人们思想共通、情感共鸣。因此,平面海报是讲述中国故事、传递中国声音、展现中国特色、营造中国形象的有效载体。

2. 两翼

计算机辅助二维设计课程思政的"两翼"是指传统文化和国际视野。坚持传统文化的涵养,是因为传统文化里藏着中国人认识世界和改造世界的精神密码,是因为中华优秀传统文化植根于国人内心,潜移默化影响着国人的思维方式和行为方式。将传统文化融入课程教学,一方面可以较好地弥补智能交互设计专业学生艺术性和人文性方面的不足,另一方面也可以让学生在二维设计中吸收传统文化的精髓,古为今用。当然,弘扬传统文化也并不割裂现代文明,不囿于传统、不拘泥于创新,艺术创作同样需要国际视野的支撑。

(二)智能交互设计专业二维设计课程特点

智能交互设计专业主要关注优化人与系统之间的交互方式,确保用户界面既直观又易于使用。计算机辅助二维设计作为智能交互设计专业的必修课,既是一门设计类的实验课程,又是一门具备探索性质的设计类课程。授课对象为智能交互设计专业大一学生。大一学生处于设计的萌芽时期,在计算机辅助二维设计课程中通过PS(Adobe Photoshop)、AI(Adobe Illustrator)软件进行二维设计。通过引入中国传统文化的选题，结合国内外案例，提炼其中元素，挖掘背后价值，做海报、网页或插画形式的设计，培养学生的设计感知力和创造力，为之后学习高级用户体验设计、交互界面设计等课程打下坚实的基础。此外，这种方法还有助于学生形成独特的设计语言和文化认同感，为将来在设计领域独树一帜做好准备。

二、具体做法

（一）二维设计教学特点与"一体两翼"课程模式融合

在课程设计中，将思政切入点分解成四类（见表5-15），分别为传统文化故事、设计案例、关键语句、重大事件，分阶段展开海报设计，使学生在掌握软件基础操作的同时，也能够接触并思考传统文化、社会热点等多方面的问题。

表 5-15　四类思政切入点

类别	分类	作用
传统文化故事	节日与习俗	积累传统文化知识，传承与创新并行
	非物质文化遗产	
	民俗文化传说	
设计案例	平面比赛获奖案例	拓宽视野，提升设计感知力，探索未来
	国内外经典设计案例	
关键语句	中国古诗词	感悟事理，启发思想，净化心灵
	名言警句	
	美文佳作	
重大事件	历史事件	了解国家大事，关注时事热点
	国内外时事热点	

在课堂中，通过教师"导"引导学生"悟"再到自己"行"的路径，即引导学生以主题项目式设计实践为载体，通过创作新时代平面海报的成果形式，践行"讲好中国故事"的理念。因此，学生在设计制作过程中，在选题阶段关注社会问题，承担社会责任；在设计分析阶段做好专业设计，运用专业知识；在设计制作阶段做好精彩设计，追求精益求精；在设计整合阶段做好多元化设计，运用跨专业知识探索创新。可以发现，设计实践的过程既是对学生专业知识、技术与能力的体现，又是对思政育人效果的直观显现。

1. 理论与实践的结合与思政理论融合

在课程设置中，将马克思主义和习近平新时代中国特色社会主义思想作为课程理论基础，与设计理论相结合，指导学生理论学习并加强实践应用。

通过项目设计、案例分析等形式，引入思政理论内容，如通过分析传统文化设计元素，让学生认识到传统文化的价值与意义，从而培养学生的文化自信和民族精神。

2. 创意与审美的培养与文化自信融合

在设计教学中，注重培养学生的创意思维和审美能力，强调传统文化对设计创意的启发作用。

鼓励学生结合中国传统文化的美学理念，提炼传统文化中的审美价值，融入设计实践，培养学生对中国传统文化的深刻理解和文化自信。

3. 项目设计实践导向与社会责任融合

项目设计应该关注社会现实问题，引导学生通过设计实践解决社会问题，体现社会责任感。

通过项目设计的实践，引导学生思考设计作品对社会的影响，培养学生的社会责任感和使命感，弘扬社会主义核心价值观。

4. 跨学科融合与国际视野融合

教学内容应该涵盖多个学科领域，包括艺术、设计、文化等，拓宽学生的视野，提高跨文化交流能力。

引导学生关注国际设计潮流，借鉴国际先进设计理念和技术，使学生具有开放的国际视野。

5. 个性化指导及评价与个人发展融合

针对学生的个性化特点和设计目标，提供个性化的指导和评价，促进学生个人发展与社会需求对接。

通过个性化的指导和评价，引导学生树立正确的人生观和价值观，将个人发展与社会责任有机结合。

"一体两翼"课程模式融合内容如图 5-118 所示。

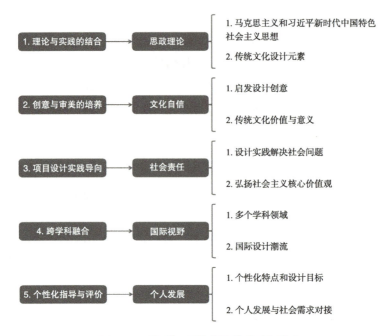

图 5-118 "一体两翼"课程模式融合内容

（二）分阶段项目设计

将项目分解为多个阶段，并逐步增加难度和复杂性。在每个阶段结束后，进行及时的评估和反馈，帮助学生逐步掌握理论和技能知识，减轻他们的学习压力。以中秋节海报为例，分阶段项目设计如图 5-119 所示。

第一阶段——"导"。通过观看视频、小组讨论和小组代表分享，导入中秋节的文化背景和意义及民间故事，培养学生的创意和想象力。

第二阶段——"悟"。学生通过头脑风暴、提炼中秋元素和绘制草图，自主感悟文化的内涵，形成初步想法。在这个阶段，通过个性化指导和提出修改意见，有助于培养学生的观察与分析能力。

第三阶段——"行"。学生将想法实际应用到海报制作中，巩固操作技能，通过色彩搭配和字体选择，培养视觉美感。完成后，学生需要汇报对背景故事的理解、元素的提取和创意的应用，有助于提升学生的技术技能和表达能力。

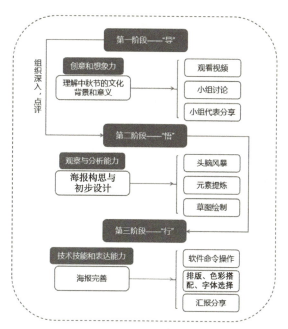

图 5-119　分阶段项目设计

三、存在的问题

计算机辅助二维设计是一门综合性软件类课程，旨在培养学生运用 PS、AI、CAD 软件进行二维设计的能力。传统的教学模式通常采用"理论＋实践"的方式，让学生通过理论知识和实践操作来掌握整个二维设计流程。然而，在二维设计课程中，学生面临着一系列挑战。关键在于他们能否熟悉并理解软件的操作命令，从设计主题、排版格式、色彩搭配到最终成品输出等环节，逐步积累经验和掌握技能。在教学过程中，教师需要认识到这些挑战，并积极应对，以确保学生能够有效地掌握二维设计中的核心理念和实践技能。在与"一体两翼"课程思政模式融合时存在以下问题。

（一）创意与审美匮乏

智能交互设计专业的学生与艺术类专业相比，可能在创意表达和审美方面缺乏足够的训练和理解，导致设计作品缺乏独特性和艺术性，难以满足课程思政要求中对创新、文化传承和审美情趣的要求。学生可能更倾向于追求技术层面的完成，而忽视了作品背后的思想内涵和社会意义，这与思政教育的初衷不符。

（二）项目实践难度较大

计算机辅助二维设计课程开设在智能交互设计专业学习的大一下学期，学生可能刚刚接触到相关的理论和技术知识，对于实践项目的要求和挑战可能感到有些吃力。特别是涉及复杂软件命令或者社会现实问题的项目，可能需要学生具备较强的动手能力和创新思维，这对刚刚开始学习的学生来说可能是一项较大的挑战。这可能导致项目进展缓慢或者无法达成预期目标，影响学生对思政内容的理解和实践应用。

（三）容易忽视学生间的个体差异

在二维设计教学中，融合"一体两翼"课程思政模式时可能会忽视学生间的个体差异。因为学生在个人设计基础能力、审美水平及学习习惯等方面存在不同，所以对所学知识的理解和把握程度也存在较大差异。仅仅依靠课堂授课和课后作业，难以全面了解每个学生的学习状况，容易忽略他们各自擅长的领域。

四、对策建议

（一）创意与审美的培养

为了解决上述问题，教师可以增加一些启发性的教学内容，如在课堂上增加艺术鉴赏、创意思维训练等，推荐学生参与各种类型的创意活动，如设计比赛、展览等，让学生课后自行参观，或者参观线上的展览，丰富其课余生活，激发学生的创造力和审美感受。

（1）启发性教学内容。在设计课程内容时，引入艺术鉴赏、设计思维、创意激发等启发性教学内容。通过案例分析、名家作品解读等方式，激发学生的创造力和审美感受，加深他们对设计背后思想内涵的理解。

（2）跨学科融合。设计跨学科项目，引导学生从不同领域获取灵感，如文学、历史、哲学等。通过跨界融合，拓宽学生的视野，让他们从多元的角度思考设计作品的意义和社会影响。

（3）实践与反思结合。要求学生在完成作品的同时，深入思考作品背后的意义和社会价值。鼓励学生在设计过程中进行反思和讨论，帮助他们理解设计与社会、文化的关系，培养其审美情趣和社会责任感。

这样的课程融合可以促进学生对创意和审美的全面理解，从而更好地满足"一体两翼"课程思政要求。

（二）充分利用"互联网+"教学资源

让学生充分利用课余时间在中国大学 MOOC、超星、哔哩哔哩等平台观看相关软件技术课程视频，发挥线上学习平台的作用，针对部分学生软件掌握不熟练的现象进行查漏补缺。其中，中国大学 MOOC 软件课程如图 5-120 所示。

图 5-120　中国大学 MOOC 软件课程

（三）加强课后答疑工作以延长教学战线

做好课后答疑工作可以进一步延长教学战线，给学生提供更多的支持和指导。

首先，以超星班级群组作为在线学习平台，让学生可以在课后进行提问和讨论并获得解答。同时，教师定期查看并回答学生的问题，促进交流和学习。这种形式的答疑工作不仅方便学生随时提问，还能够使学生相互讨论和分享经验，延长学习战线。

其次，设定固定的线上答疑时间，以确保学生能够在特定时间段内得到及时的解答。教师可以通过视频会议、聊天工具等与学生进行实时交流，提供个性化指导和反馈。这样学生可以更直接地与教师互动，解决疑问，加深理解。

此外，鼓励学生互助合作，长期成立合作小组，提升学生的团队合作能力，定期推荐线上学习课程及图书。同时，定期回顾课程内容，总结学生经常遇到的问题，并提供详细的解答和说明。

案例3：计算机辅助三维设计——

技以载道·艺以润心——艺技融合项目式教学的思政育人逻辑与实践

一、课程基本情况

计算机辅助三维设计课程是智能交互设计专业的一门重要的实践类课程，涉及学科竞赛、课程设计、毕业设计及就业等，在专业人才培养过程中起到非常重要的作用。针对课程应用性强、十分重要的特点，在教学过程中必须创新教学方法，改革教学模式，落实立德树人根本任务，提升人才培养质量。本课程采用案例式及线上线下混合式教学方法，建成了三维造型与3D打印校级在线开放课程，建立了丰富的教学资源，引导学生充分利用网络教学资源，小组合作实现自学、探究，课程考核注重过程性评价，突出主动性、积极性、实践性、创新性及学习效果等方面的评价。以综合案例作为教学任务，巧妙地将课程思政点贯穿于整个案例教学中，达到润物无声的育人效果。同时，遵循学生的认知规律，由单一到综合，通过基于实际操作问题的互动式、启发式与合作探究式教学，不断激发学生的学习兴趣与潜能，提高课堂参与度，达到理论知识、操作技能与综合素质协同培养的效果。

二、软件类课程项目化教学的可行性研究

（一）教学方法的问题研究

应用型本科高校作为培养实践型、应用型人才的教学机构，在培育实用型新型人才方面发挥着重要的作用。但是，当前国内部分院校仍然使用传统的教学方法，在课堂上，主要以教师讲授知识为主，学生通常被动地学习，这种教学方法会抑制学生对课程学习的兴趣。在课堂上，部分教师讲述的专业知识比较零散，学生不能够建立一个完整的专业知识体系，进而无法灵活地将包装技术知识和专业理论应用到实际的工作中，学生实操能力薄弱。在国内部分院校的设计类专业课堂上，教师大多讲述一些理论知识，然后给学生布置一些课后习题，让学生去主动思考并动手去设计。然而，这种教学方法与市场及社会企业的需求存在脱节。尤其在印刷制作

方面，部分学生对平面设计的制作流程缺乏深入了解，对印制的具体加工操作也知之甚少，这直接导致他们设计出来的产品难以快速地投入市场，市场反响自然较为平淡。

（二）项目化教学的优点研究

院校的教师通过在课堂上给学生开展项目化教学，来模拟真实的项目运作场景，并且在项目化教学过程中，给学生安排一些工作任务，以项目为整个课堂教学的主线。同时，将学生作为项目化教学的核心，教师作为引导者、监督者，推动学生自主开展项目化教学及项目操作，这样就转变了传统的教学模式，来促使学生主动地参与教学活动。在开展项目的教学时，教师应用不同的教学方法，让学生在项目中组建团队，以团队合作方式来相互协商。同时，与外部的企业建立合作关系，可以与企业建立实践平台，让学生到企业内部参与项目的设计，以便学生在项目中了解设计技术及整个设计的工作流程，学到更多实践型、应用型的理论知识。此外，国内的院校还需要让学生在参加企业的项目时应用自己所学到的市场营销知识、心理学知识、材料工艺知识和印刷知识等，来促进学生理论与实践的融合，进而快速地提升学生的包装技术专业水平及其他专业能力，发挥"产、融、教"结合的教学模式的效果。

三、软件类课程的项目化教学策略

在开展设计专业的项目化教学时，教师应结合教学课程的具体内容来设计项目，对教学大纲进行深入的分析，结合企业的设计案例，来开展课程的设计。

（一）项目设计的方式研究

通过在学校内部建立校企合作平台，与外部的企业建立战略合作关系。同时，设计公司可以与学校教师联系，将企业的部分设计项目案例作为教学课堂的项目内容；设计公司的设计人员可以来校开展企业课堂（见图 5-121），与教师共同开展联合指导、联合教学，帮助学生更好地学习技术。

图 5-121　企业课堂

（二）应用两个融合的教学方式

在开展设计专业的项目化教学时，教师应采用艺术与技术相融合、生产与教学相融合的教学方式，来推动项目化教学的开展。学生必须掌握设计的专业理论知识，同时，也需要学习一些艺术设计技术。并且，教师要将专业的教学与企业的生产相融合，建立新型的教学方式。在课堂上，教师应适时地引入企业项目案例，并以具体设计类比赛为依托，使竞赛主题进课堂。课程在线开放课如图 5-122 所示。

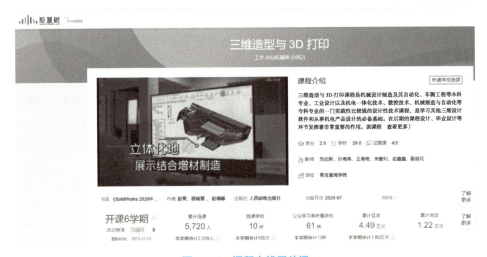

图 5-122　课程在线开放课

（三）项目化教学的效果

教师在开展项目化教学时，按照企业项目运作的模式，在班级内部组建项目设计小组，然后根据企业的项目设计流程，从包装项目市场调研开始，确定项目的设计定位和项目整体构思之后，再开展项目设计制作，以及后期的修改和印刷。教师要监督学生的各个项目作业环节，并提出严格的考核目标，建立考核评价机制。

教师在应用项目化教学时，转变了传统教学课堂上"教师只讲、学生只听"的状态。在项目化教学背景下，教师提高了学生的学习主体地位，要求学生积极地参与项目工作，以构建起学生和教师之间的互动关系，以及增强学生与教师之间的交流、沟通。因此，在项目化教学环节，教师不仅要具备较强的专业理论素养，还要具备一定的项目设计能力，这对专业的教师提出了较高的要求。

在项目化教学中，教师通过引入项目案例式教学，将班内的学生分组，然后组织各小组的学生去自主地学习二维设计的专业技术，以及自主地搜集与项目有关的各类技术资料和背景资料，完成教师所安排的项目工作任务。此时，学生就会主动地去参与项目工作、学习技术知识，在课堂上就自己所参与的项目工作发言，总结自己在项目工作中获得的经验等。这种教学方式的应用，会帮助学生获得大量的知识，也会让学生将理论应用于实践，获益更多。项目化教学打破了传统的知识灌输式的教学方式，为学生带来了新型的学习理念。

在开展项目化教学时，教师在项目中考查学生应用知识的状况，注重考查学生的知识应用能力。因此，项目化教学与传统的考试方式有较大的差别。项目化教学更注重考查学生是否完成了项目任务，并由教师对完成的项目任务结果进行评价。此时，教师以学生在整个项目中的表现作为考核的主要内容、项目成果作为考核的辅助内容。教师可以设置三个考核项目，项目一、项目二在整个课程考核成绩中共占 30%，项目三占总成绩的 30%，期末考试成绩占总成绩的 40%。教师先组织项目小组成员开展自评与互评，再结合这些评价对各成员进行考量，将所得分数纳入考核体系；同时，还需着重从工程技能、专业素质等方面进行考量评价。

下面以绘制国旗为例，阐述项目教学法的组织与实施。

（1）布置案例，明确学习目标

将课前准备好的案例（电子图纸）、完成案例所要达到的要求、教学目标一并发送给学生，要求按图纸尺寸完成三维实体造型。该案例以加强学生爱国主义教育为基础，主要运用"拉伸""旋转""圆角"等特征命令，通过创建实体模型，使学生掌握相关命令的功能、操作方法及应用。划分学习小组（6人一组），让学生以小组为单位进行讨论、学习，直至完成任务。

（2）分析案例，创建三维实体

以小组为单位，让学生分析实体的结构特点，灵活运用所学知识，拟定实体的创建方法和步骤，引导学生采用多种方法创建实体，并比较各种方法的优劣势，得出最佳创建方法。比如，国旗旗面是平面体（采用"拉伸"命令创建），旗杆部分是回转体（采用"旋转"或"拉伸"命令创建）。在完成案例的过程中，最关键的一环是小组讨论。教师引导学生在厚植爱国情怀的基础上，围绕案例展开学习、讨论，从案例分析、创建方法和步骤拟定，到完成实体创建，都要经过充分讨论。通过讨论，学生能及时发现问题，并寻求解决问题的方法和途径，培养学生的分析、判断能力，使学生掌握相关知识和技能。

（3）案例评价

让学生经过独立思考和小组合作完成实体创建后，以小组为单位进行自我评价，然后教师对整个案例实施过程和结果进行总结、评价。总结时，对一些好的设计方案及一些独到的见解进行肯定，并对案例讨论不够深入的问题加以分析，强调重点，最后对实体创建情况按学习小组进行评价。

获奖证书如图 5-123 所示。

图 5-123　获奖证书

四、结语

在应用型本科院校开展项目化教学有利于提高设计专业学生的实践操作能力，为企业培养高质量、实践型、应用型的设计类人才。学校应与企业建立合作平台，引导学生走进企业实习、实践，在真实项目场景中学习企业项目的设计流程、工作模式与协作方法，将课堂所学理论与岗位实际需求紧密衔接。

第6章

课程思政教学评价与质量保障

6.1 课程思政教学效果的多维评价体系

课程思政作为落实立德树人根本任务的战略举措，其教学效果评价需突破传统知识本位的评价范式。本节基于布卢姆教育目标分类理论、第四代教育评价理论和"三位一体"育人理念，构建涵盖知识、能力、素养三个维度的综合评价体系，为新时代课程思政建设提供科学量尺。

6.1.1 理论基础与建构逻辑

（1）理论溯源

课程思政教学效果评价体系的构建需以科学教育理论为根基，融合新时代育人要求，形成独特的建构逻辑。

在理论溯源层面，布卢姆教育目标分类理论为价值观发展评价提供了经典框架。布卢姆教育目标分类理论通过认知、情感、动作技能三大领域的划分，为教育目标的可观测化提供了基础范式。在课程思政评价中，认知领域（安德森修订版）的六层次结构（记忆、理解、应用、分析、评价、创造）为知识体系的建构与迁移能力评价奠定基础，而克拉斯沃尔情感领域目标分类的深化应用更具突破性意义。情感目标分类的四个递进层级——接受反应、价值评价、组织内化、性格化，揭示了价值观内化的动态过程。接受反应体现为学生对课程思政元素的注意力和敏感性，可通过课堂互动频率、资源关注度等外显行为观测；价值评价表现为对社会主义核心价值观的理性认同，需结合批判性思维测量工具捕捉其价值判断的深度；组织内化反映个体价值体系的建构过程，涉及价值观冲突时的决策逻辑与价值排序；性格化标志稳定价值取向的形成，需通过长期追踪观测行为模式的稳定性与一致性。这一理论框架不仅解决了价值观教育目标模糊化的难题，更通过层级划分实现了从"知"到"行"的转化路径可视化。

第四代教育评价理论的引入则突破了传统评价范式。该理论基于古贝和林肯提出的"响应式建构主义评价"范式，强调评价过程应实现三大转变。首先，评价主体从单一教师主导转向多元利益相关者共同参与，涵盖教师、学生、教学管理者及社会机构的协同评价；其次，评价标准通过协商共识动态生成，而非采用固定僵化的统一标尺；最后，在方法论层面倡导质性和量化混合研究，通过课堂观察、深度访谈、文本分析等多维数据交叉验证评价结果。这种评价模式有效破解了传统评价中价值判断单一化、静态化的困境，尤其在处理课程思政这种涉及价值内隐特征的教育活动时，展现出更强的解释力和适应性。第四代教育评价理论颠覆了传统评价的主客二分模式，其建构主义内核体现在三大核心主张中。首先，主体间性评价观主张打破评价者与被评价者的单向关系，构建教师、学生、教学管理者、社会机构等多元主体参与的对话空间，通过协商共识形成动态评价标准。这一特性完美契合课程思政教育中价值共识形成的本质要求。其次，情境化认知逻辑主张评价必须置于真实教育情境中，关注教学过程中价值观渗透的隐蔽性与生成性。例如，通过课堂话语分析技术捕捉教师价值引导的即时性策略。最后，方法论融合创新主张质性研究与量化研究的辩证统一，既采用心理测量学方法构建标准化量表，又运用现象学方法解读学生的价值体验叙事，这种混合方法论有效解决了价值观评价中显性表现与隐性特质的矛盾。

《纲要》提出的"三位一体"育人理念，即知识传授、能力培养、价值塑造"三位一体"理念的本质，是马克思主义认识论在教育领域的具象化表达，在实践中需要转化为可操作的评价维度。知识维度聚焦马克思主义理论认知水平，包括对基本原理的掌握深度、中国特色社会主义理论体系的认知广度；能力维度侧重价值辨析与实践能力，涵盖在专业情境中运用马克思主义立场分析问题的能力；素养维度则指向社会责任与家国情怀的养成程度，通过社会实践参与、价值行为选择等外显表现进行观测。这三个维度形成相互支撑的"铁三角"，既体现知识传授、能力培养、价值塑造的有机统一，又为评价指标设计提供了清晰的逻辑框架。三个维度构成"认知—实践—认同"的螺旋上升结构，为评价指标设计提供了本体论依据。

（2）建构原则

在建构原则层面，课程思政要有一定的导向性、系统性和可操作性。导向性原则确保评价体系的政治方向性。通过建立评价指标与社会主义核心价值观的映射关系，设置政治认同、文化自信、法治意识等核心观测点，如将"能准确阐释新发展理念的科学内涵"作为政治认同的二级指标。系统性原则要求构建三级指标体系：宏观层对接人才培养总体成效，中观层衡量课程目标达成度，微观层聚焦课堂教学行为有效性，形成从战略到战术的完整观测链。可操作性原则要求开发并落实课程思政教学评价实施指南，该指南应包含标准化课程思政评价体系、典型课程案例库，以及访谈提纲、反思日志模板等评价工具包，确保理论框架向实践应用的顺畅转化。

6.1.2 三维评价指标体系构建

课程思政教学效果的多维评价体系以知识、能力、素养三者的辩证统一为核心逻辑，基于教育目标分类理论、价值观形成理论及行为科学理论，构建起层次分明、结构严谨的指标体系，实现价值观教育从认知建构到行为外化的全过程观测。

课程思政评价体系的理论基础源于教育目标分类理论、价值观形成理论与行为科学理论的交叉融合。布卢姆教育目标分类理论为知识、能力、素养的分层评价提供了方法论框架，科尔伯格的道德认知发展理论揭示了价值观形成的阶段性特征，班杜拉的社会认知理论则为行为观测提供了理论依据。三者的结合形成了认知—能力—行为的完整评价逻辑链，既遵循价值观形成的基本规律，又体现课程思政教育的特殊要求。

（1）知识维度：价值观认知水平测量

知识维度的评价以马克思主义认识论为哲学根基，聚焦理论认知的系统性与结构性。评价内容涵盖三大核心领域：首先是马克思主义基本原理掌握度，通过概念网络分析技术，检测学生对唯物史观、剩余价值理论等核心理论的体系化理解程度，重点观测理论要点的逻辑关联性而非碎片化记忆；其次是中国特色社会主义理论体系认知深度，运用认知层次模型（Cognitive Level Model），区分基础识记、关联理解、批判反思三个认知水平，构建概念—命题—论证三级认知结构评价框架；最后是专业领域伦理规范知晓率，基于领域特定性理论，评价学生将普适性价值原则转化为专业伦理准则的迁移能力。

（2）能力维度：价值判断能力评估

能力维度的评价以批判性思维理论为指导，构建价值识别—分析判断—行为选择的三级能力模型，反映价值观从认知到实践的转化效能。首先是价值识别能力，基于情境认知理论，测量学生在专业实践中发现伦理问题的敏感性，通过眼动追踪技术捕捉其对隐性价值冲突的注意分配模式；其次是分析判断能力，依据辩证思维理论，构建包含矛盾识别、本质剖析、规律把握的分析框架，采用论证网络分析技术量化学生运用马克思主义方法论解构问题的深度；最后是行为选择能力，遵循实践理性理论，通过决策树模型分析学生在模拟情境中的行为路径，计算其选择方案与核心价值观的契合指数。

（3）素养维度：家国情怀外显行为观测

素养维度的评价以行为科学理论为框架，通过多场域行为观测揭示价值观内化的外显特征。在课堂场域行为分析方面，基于课堂话语分析理论，构建包含参与频度、发言深度、价值立场明确性等维度的观测矩阵，通过话语标记分析技术识别价值认同强度；在实践场域行为评估方面，依据活动理论，设计包含目标导向性、社会贡献度、价值一致性三要素的行为评价模型，采用社会网络分析技术测量实践行为的辐射效应；在网络场域行为监测方面，基于数字足迹理论，建立社交媒体言论的价值导向分析算法，通过情感计算与语义网络分析技术，动态追踪网络行为的价值取向演化轨迹。

该三维评价指标体系通过认知、能力、素养的协同观测，构建起理论掌握—思维发展—行为践行的完整评价链条，既遵循价值观形成的基本规律，又体现课程思政教育的特殊要求，为科学评估育人成效提供结构化解决方案。

6.2　学生价值观塑造的多元评估体系

学生价值观塑造的评估体系构建是教育评价改革的核心命题，其理论建构需突破传统单一评价模式的局限，在多维理论框架支撑下构建具有系统性、发展性和情境性的多元评估体系。本节基于教育评价理论、发展心理学理论及社会建构主义理论，从评估主体协同性、评估方法整合性、评估反馈系统性三个层面，构建学生价值观塑造的多元评估体系。

6.2.1　评估主体协同性：构建"五维联动"的多元主体参与机制

传统价值观评估的局限性在于评价主体单一化，多以教师为主导，忽视学生自我反思、同伴互评及社会参与的作用。现代教育评价理论强调，评估主体的多元化是提升评价科学性和全面性的核心路径。基于社会建构主义理论，个体价值观的形成是主体间互动的产物，因此评估需构建多主体协同机制。本研究提出"五维联动"主体参与模型，包括学生自评、教师导评、同伴互评、家长参评、社会助评五个维度，形成评估的立体网络。

（1）学生自评的主体性建构

学生自评是自我反思与价值内化的起点，符合社会建构主义理论中"学习者主动参与意义生成"的核心原则。依据元认知理论，学生通过价值观成长档案进行周期性自省，运用关键事件分析法识别自身价值观的变化轨迹。在具体操作中，可设计核心素养自评量表，包含政治素养、道德素养等维度，采用利克特量表与开放式反思相结合的方式，促进学生对价值认知的元监控。这种自评机制不仅可以增强价值判断的自主性，也有助于通过自我对话实现价值观的内化。

（2）教师导评的专业引领机制

教师导评是专业引领与动态观测的结合。基于增值评价理论，教师应关注学生价值观的阶段性进步而非静态结果，通过行为观察法和成长性访谈捕捉隐性价值倾向，从"结果评判者"转向"过程引导者"。例如，采用课堂评价编码系统（Classroom Assessment Scoring System，CLASS）分析师生对话中的价值导向，运用 Q 方法论（Q Methodology）量化分析学生的价值偏好结构。这种动态评估机制可突破传统结果性评价的局限，实现对价值观发展轨迹的精准追踪。

（3）多主体协同的社会化验证

同伴互评与社会助评构成群体互动与社会化验证的双重维度：同伴互评基于社会比较理论，通过结构化的评价量表（如同伴提名法）激发学生的价值反思；社会助评则依托真实性评估理论，由社区、公益组织等社会主体在真实情境中进行行为观察。例如，采用 360 度反馈法整合多源评价数据，运用结构方程模型检验不同主体评价的一致性与差异性。这种多主体协同机制可有效提高价值观评估的生态效度。

6.2.2 评估方法整合性：混合研究范式的理论创新

价值观的抽象性与内隐性要求评估方法兼顾客观测量与深层解读。基于混合方法研究范式，本研究构建过程 – 结果、量化 – 质性"双轴整合"的评估模型，实现从行为观测到意义阐释的全链条覆盖。

（1）过程性评估的动态追踪机制

过程性评估聚焦价值观形成的阶段性特征，采用成长记录袋与时间序列分析记录行为轨迹。依据发展心理学理论的毕生发展观，建立学生价值观发展的纵向数据库，运用马尔可夫链模型预测演变趋势。例如，通过学生核心素养发展报告册按月采集"诚信""责任感"等行为数据，结合多项式增长曲线模型分析发展速率与模式。这种动态追踪机制可以为早期干预提供预警信号。

（2）量化评估的结构方程建模

量化评估构建基于结构方程模型（SEM）的多维度指标体系，将价值观分解为可观测变量（如志愿服务频率）与潜在变量（如社会责任感），通过验证性因素分析（CFA）检验理论模型的适配度，采用层次分析法（AHP）确定维度权重，如政治素养（20%）、道德素养（30%）等，并通过主成分分析（PCA）提炼核心影响因素。这种量化模型为群体比较与发展水平分析提供了科学工具。

（3）质性评估的意义阐释框架

质性评估侧重价值观的深层解读，运用扎根理论对反思日志、访谈文本进行编码分析。例如，采用 NVivo 软件对"集体利益与个人利益冲突"的开放式回答进行主题聚类，识别"功利导向""责任优先"等价值取向类型。通过叙事探究追溯价值观形成的关键事件，构建个体价值认知的意义网络。这种质性分析为理解价值观的个体差异提供了微观视角。

6.2.3 评估反馈系统性：控制论导向的闭环机制

评估的终极目标在于通过反馈促进学生价值观的持续优化。基于控制论与系统动力学理论，构建监测—反馈—迭代的闭环系统，实现数据驱动的动态改进。

（1）多源数据整合与智能诊断

利用教育数据挖掘（EDM）技术整合多源数据，通过数据仪表盘实现动态可视化。例如，将法治意识、诚信行为等指标以雷达图呈现，运用异常检测算法识别群体价值观偏差。基于自然语言处理（NLP）技术对反思文本进行情感分析，构建价值倾向的语义网络模型。这种智能诊断系统为精准干预提供了依据。

（2）差异化反馈与个性化干预

基于聚类分析将学生划分为价值认知清晰型、价值冲突型、价值模糊型等类别，设计差异化干预策略。例如，对价值冲突型学生采用道德两难讨论法（科尔伯格于 1984 年提出）促进价值澄清，对价值模糊型学生通过角色扮演增强价值体验。运用社会认知理论（SCT）设计情境化学习方案，通过虚拟现实技术模拟复杂价值场景，观测行为选择并即时反馈。

（3）系统迭代与长效机制建设

建立 PDCA（计划—实施—检查—处理）循环，定期修订评估指标与方法。结合社会转型中的新兴价值议题（如人工智能伦理），运用德尔菲法组织多轮专家论证，动态增补评价维度。通过结构方程模型检验新增指标的效度，确保评估体系的时代适应性。这种持续改进机制可以使评估体系保持开放性与创新性。

本节构建的多元评估体系突破了传统评估的平面化局限，通过理论框架的多维整合、评估维度的立体建构与方法路径的系统创新，为价值观教育提供了科学的评价工具。未来研究需进一步深化跨学科理论融合，加强评估工具的本土化开发，探索人工智能技术在价值观评估中的创新应用，推动教育评价体系向更具解释力、预测力和发展性的方向演进。

6.3　课程思政质量保障的闭环改进机制

课程思政质量保障的闭环改进机制是落实立德树人根本任务的系统性解决方案，其理论建构需整合质量管理理论、教育评价理论与复杂系统理论。基于 PDCA 循环、CIPP（背景—输入—过程—成果）评价模式与教育质量文化理论，本节构建质量标准、动态监测、持续改进的三维理论框架，系统阐述具有自组织特征的闭环改进机制。

6.3.1 理论框架：多学科理论的协同整合

课程思政质量保障机制的理论基础源于质量管理理论与教育评价理论的交叉融合。PDCA 循环理论为质量改进提供了方法论框架，强调通过计划（Plan）、实施（Do）、检查（Check）、处理（Act）的螺旋上升路径实现持续优化；CIPP 评价模式则构建了覆盖背景（Context）、输入（Input）、过程（Process）、成果（Product）的全流程质量监控体系，二者的结合形成了目标设定—过程监控—效果评估—反馈改进的完整逻辑链。

教育质量文化理论为闭环机制提供了价值内核，强调通过制度规范与文化浸润的双重作用，使质量标准内化为教师的职业自觉。复杂系统理论进一步揭示了课程思政质量保障的非线性特征，要求运用系统动力学方法分析各要素间的动态关系。这些理论的协同整合，为构建具有适应性、创新性和可持续性的课程思政质量保障的闭环改进机制奠定了坚实基础。

6.3.2 质量保障体系：CIPP 评价模式的立体化应用

基于 CIPP 评价模式构建的质量保障体系包含标准系统、监控系统与反馈系统三个子系统，形成目标—过程—结果的完整闭环。

（1）标准系统：多维质量基准的动态建构

标准系统是质量保障的逻辑起点，需建立国家—学科—课程三级指标体系。国家层面依据《纲要》确定核心素养框架，学科层面运用德尔菲法与层次分析法构建差异化评价指标，课程层面通过 OBE 理念将抽象价值观转化为可观测的行为目标。例如，将文化自信解构为传统知识掌握度、文化创新实践能力等二级指标，并赋予差异化权重。

标准系统的动态性特征要求建立双循环调整机制：外部循环响应国家政策与社会需求变化，内部循环通过教学评估数据驱动指标优化。这种动态调整机制既保持了标准的稳定性，又增强了适应性，确保课程思政始终与时代同频共振。

（2）监控系统：多主体协同的智能监测网络

监控系统整合督导专家、教师、学生等多元主体，构建多主体协同的智能监测网络。督导专家运用模糊综合评价法进行教学规范性评估，教师采用跨学科视角进行课程设计逻辑性分析，学生通过情感计算技术捕捉价值认同的隐性变化。教育数据挖掘技术的应用实现了多源数据的深度融合，构建起包含课堂表现、在线行为、社会实践的学生价值观发展画像。

智能监测网络的核心是建立质量风险预警模型。基于逻辑回归算法，系统可实时分析教学过程数据，当某课程的价值观测评分偏离阈值时，将自动触发预警机制。这种预防性监控策略有效提升了质量保障的前瞻性与精准性。

（3）反馈系统：数据驱动的质量诊断机制

反馈系统是连接质量评估与改进的枢纽，其核心功能是将评估数据转化为改进方案。利用自然语言处理技术对评教文本进行情感分析与主题聚类，生成包含问题分布、改进建议的智能诊断报告。例如，针对"价值引领与专业知识脱节"问题，系统可推荐案例库更新方案或教学策略优化路径。

反馈机制的创新在于构建院系—教研室—教师三级响应体系。院系层面侧重政策调整与资源配置，教研室聚焦课程群协同优化，教师个体通过反思性实践改进教学设计。这种分层反馈机制既能保证宏观政策的落实，又能赋予基层创新空间。

6.3.3　持续改进机制：PDCA 循环的系统动力学建模

持续改进机制是闭环系统的核心动力源，其运行逻辑遵循问题分析—方案设计—效果验证的螺旋上升路径。

（1）问题溯源的系统分析

质量改进始于精准的问题归因。运用鱼骨图法将影响因素归纳为教师能力、课程设计、学生特质、管理机制四大维度，结合社会网络分析（SNA）识别关键影响节点。例如，某课程组教学效果滞后可能源于团队内部缺乏跨学科协作，通过社会网络分析可定位协作网络中的结构洞，为改进提供依据。

（2）改进方案的循证设计

改进方案需基于科学论证与成本效益分析。德尔菲法用于凝聚专家共识，确定思政案例更新频率、实践教学占比等关键参数。ROI（投资收益率）模型用于评估改进措施的资源投入与预期效益，如虚拟仿真平台的建设需权衡硬件成本与学生沉浸式体验收益。这种基于证据的决策机制有效避免了经验主义偏差。

（3）改进效果的追踪验证

改进效果验证采用量化与质性相结合的混合研究方法。具体而言，借助 A/B 测试法，通过双重差分法（DID）量化分析改进措施的短期效果；同时，运用纵向追踪研究，并结合潜变量增长模型（LGM），揭示价值观发展的长期轨迹。这种多维度验证机制确保了改进的实效性与可持续性。

系统动力学模型的引入使改进机制更具预测性。通过构建包含反馈延迟、非线性特征的因果回路图，可模拟不同干预措施的连锁效应。例如，增加教师培训投入可能在短期内提升教学能力，但长期效果受限于激励机制的配套程度，模型可帮助识别系统瓶颈，优化改进效果。

6.3.4　文化赋能：教育质量文化的生态构建

教育质量文化是闭环机制可持续运行的深层动力，其构建需从制度文化、符号文化、行为文化三个层面协同推进。

（1）制度文化的规范性建构

制度层面将课程思政质量纳入教师评价体系，建立教学、科研、社会服务"三位一体"的考核标准。职称评聘实行思政质量"一票否决制"，教学奖励设立课程思政专项基金。这种制度设计将质量要求转化为刚性约束，可助力形成"人人重视思政"的制度环境。

（2）符号文化的价值引领

符号系统通过荣誉体系塑造质量标杆。设立"课程思政教学名师""示范金课"等荣誉称号，通过颁奖仪式、经验分享会等形式强化价值认同。开发课程思政数字徽章系统，记录教师专业发展轨迹，形成可视化的职业成就图谱。

（3）行为文化的实践养成

行为层面通过工作坊、案例大赛等活动培养反思、改进习惯。课例研究促进跨学科教学策略共享，质量改进案例库建设推动最佳实践传播。教师发展中心提供反思性实践工具包，帮助教师建立个人质量改进档案，形成计划—行动—反思的良性循环。

社会技术系统理论的应用表明，教育质量文化建设需实现技术工具与社会结构的协同演进。数据分析平台的建设需同步优化教师协作网络，虚拟教研室的运行需配备相应的激励机制。这种协同演进机制确保了技术创新与组织变革的动态平衡。

　　本节构建的课程思政质量保障闭环改进机制突破了传统质量保障的线性思维，通过 CIPP 评价模式实现全流程监控，借助 PDCA 循环推动持续改进，依托教育质量文化夯实发展根基。未来需进一步深化复杂系统理论在教育管理中的应用，探索人工智能技术支持的大规模个性化改进策略，推动课程思政从标准化建设向高质量发展跃迁。课程思政质量保障闭环改进机制的完善将为新时代教育评价改革提供重要理论参考与实践范式。

第7章

课程思政的未来发展与展望

7.1 智能时代课程思政的挑战与机遇

人工智能作为融合计算机科学、神经生理学、认知科学等多学科理论的交叉技术体系，其发展可追溯至 20 世纪中叶的数理逻辑突破与人工神经网络研究。在教育领域，人工智能与课程思政的融合发展，既是落实《纲要》的战略选择，也是构建新时代"三全育人"格局的必然要求。根据《新一代人工智能发展规划》（国发〔2017〕35 号），智能时代是指以人工智能技术为核心驱动力，深度融合物联网、大数据、区块链等新一代信息技术，推动社会生产方式、生活方式和治理方式发生系统性变革的历史阶段，其典型特征包括：技术群体性突破（机器学习、自然语言处理、计算机视觉等）、跨界融合性发展（人工智能与教育、医疗、制造等领域深度融合）、数据要素价值化（数据成为核心生产要素）、人机协同智能化（人机协作成为创新范式）、治理体系现代化（算法治理与伦理规范体系逐步完善）。

作为推动新一轮科技和产业变革的重要驱动力，人工智能正在深刻改变人类的生产、生活和学习方式。为全面推进高校课程思政建设，《纲要》明确提出："要创新课堂教学模式，推进现代信息技术在课程思政教学中的应用，激发学生学习兴趣，引导学生深入思考。"当前，迅猛发展的人工智能已成为推动我国建设高质量教育体系的新引擎，不断赋能高校系统性变革与发展。2018 年，教育部印发的《高等学校人工智能创新行动计划》指出："不断推动人工智能与教育深度融合、为教育变革提供新方式……"2024 年全国两会《政府工作报告》中提及"人工智能+"，标志着党和国家及社会对该技术未来应用的高度期望。在高校课程思政教学中，人工智能的应用不仅为教学理念的转变、教学方法和教学环境的创新提供了新的可能性，也对教学效果的提升产生了重要影响。

人工智能技术正处于快速发展阶段，其应用仍面临多重风险，尤其体现在数据理性与情感价值的有机融合面临的困境上。在推进人工智能与高校课程思政建设的深度融合中，亟待有效应对以下四个维度的现实挑战。

（1）技术主导与教师角色冲突

教师角色从"知识权威"向"价值锚点"转变，面临"技术替代"与"人文不可替代"的辩证统一。学生认知从"被动接受"向"主动建构"转型，存在"虚拟体验"与"现实认同"的转化障碍。教学场景从"物理空间"向"数字孪生"延伸，产生"情感在场"与"技术在场"的冲突。

（2）数据治理与伦理风险

过度依赖学生行为数据（如在线学习、课堂互动）制定教学策略，忽视情感、价值观等非量化因素，导致德育目标趋于表面化、功利化。算法偏见与数据噪声干扰，形成同质化"信息茧房"和"过滤气泡"，限制学生接触多元观点，阻碍全面价值判断能力培养。学生多维信息（行为、心理、社交等）被无序收集、存储和传输，缺乏法规约束与安全保障，易遭黑客攻击或非法利用，威胁个人隐私。数据滥用可能引发歧视性评估，强化个体差异偏见，损害教育公平性。

（3）情感价值与技术理性的失衡

人工智能难以精准识别学生情绪与思想动态，导致师生情感交流表层化，育人过程缺乏人文关怀与情感共鸣。在技术理性主导的教学场域中，学生陷入"智能魅力陷阱"，精神世界同质化发展，削弱思政教育的情感内化功能。技术工具替代教师部分职能，削弱其自我价值感与教学热情，加剧职业倦怠。教师需额外适应智能技术环境，工作负担加重，可能陷入"技术牢笼"，影响职业稳定性。

（4）师生群体数字能力与制度保障缺位

部分教师对人工智能工具存在认知滞后与技术陌生感，难以有效整合海量教学资源，导致技术赋能效果受限。学生缺乏信息甄别与数字工具应用能力，难以满足智能环境下的自主学习要求。数据收集、存储与使用的法律法规尚未完善，缺乏明确的伦理边界与行业标准，导致技术应用风险升高。高校技术应用培训体系与隐私保护机制不健全，未能形成技术赋能与人文关怀的协同框架。

人工智能作为技术革新的重要驱动力，在赋能高校思政课教学过程中呈现出显著的双刃剑效应。尽管其技术理性与教育规律间的张力引发多重挑战，但更应关注其在重构教学模式、深化育人方面的战略机遇，主要涵盖以下四个维度的创新潜能。

（1）教学模式智能化重构，推动教育范式革新

人工智能通过自然语言处理、深度学习算法及虚拟现实 / 增强现实技术，重构传统教学模式。依托智能教学系统，实现全周期教学活动覆盖（如智能考勤、学习进度追踪），并借助虚拟现实 / 增强现实技术构建沉浸式教学场景（如历史事件还原、伦理困境模拟），将抽象价值观转化为身临其境的体验。此外，人机协作平台（如智能助教、在线互动工具）支持师生高效沟通，促进教学资源动态生成与个性化适配，推动教育范式从"单向灌输"向"多维交互"转型。

（2）教学资源全域化整合，构建协同育人生态

人工智能通过知识图谱与多模态服务平台，整合跨校、跨学科的思政资源（如电子教材、案例库、虚拟实验室），构建结构化、动态更新的思政知识网络。区块链技术实现教学资源版权追溯与质量认证，保障资源共享的安全性。同时，智能系统支持高校党委、教师党支部、专业课教师及辅导员的多层级协同（如教学画像分析、合作模式设计），形成校际联动、部门协同、全员参与的育人格局，提升思政教育的系统性与实效性。

（3）学情诊断精准化升级，赋能个性化育人实践

基于多模态数据（学习行为、表情识别、语音情感）与机器学习技术，人工智能可构建认知、情感、行为三维学情画像，精准识别学生个体差异。深度学习算法能预测思想动态（如负面倾向），动态降低教学内容难度与推荐更优路径，实现"靶向施教"。例如，通过个性化数据库与边缘计算技术，实时分析学生认知模式与兴趣偏好，生成定制化学习方案，促进批判性思维与创新能力培养，推动思政教育从"普适化"迈向"精准化"。

（4）育人场景沉浸化拓展，增强价值内化体验

人工智能通过全息空间与增强现实技术，突破传统课堂时空限制，构建虚实融合的育人场景。例如，虚拟实践课程模拟社会热点事件，引导学生通过角色扮演体验价值冲突；增强现实技术将抽象理论转化为可交互的立体模型（如文化遗址虚拟重建），增强学生的情感共鸣与价值认同。此外，智能情感计算技术辅助教师设计更具感染力的教学互动，通过"情感互动"拉近师生距离，使思政教育从"知识传递"升维为"情感浸润"。

7.2 课程思政与新工科建设的深度融合

新工科建设是响应"数字中国""双碳"目标等国家战略的核心教育举措，旨在培养具备核心技术攻关能力的创新型工程人才。教育部数据显示，截至 2023 年，全国已有 600 余所高校增设人工智能、智能制造等新工科专业，年招生规模超 50 万人，但其人才培养普遍面临"重技能轻价值"的问题。中国工程院 2021 年发布的《新工科人才培养质量报告》指出，仅 38.5% 的工科学生对"技术伦理"有系统性认知。清华大学教育学院 2022 年针对 10 所"双一流"高校的调研显示，65% 的新工科课程未明确嵌入社会责任教育模块。美国国家工程院（NAE）2020 年调查发现，MIT（麻省理工学院）、斯坦福等顶尖工科院校中，仅 40% 的毕业生能在工程实践中主动考虑社会影响，印证了技术教育中价值引领的普遍缺失。与此同时，课程思政作为落实立德树人根本任务的战略抓手，通过将家国情怀、工程伦理、工匠精神等价值观融入专业教育，直击"为谁创新"的根本问题。课程思政与新工科深度融合的逻辑在于：新工科提供"技术突破"的实践载体，课程思政锚定"科技向善"的价值坐标。以 MIT 新工程教育转型（NEET）计划为例，其社会技术系统课程通过分析自动驾驶伦理、能源政策等案例，将技术能力与社会责任深度融合，使毕业生在谷歌、特斯拉等企业的技术决策中更关注社会效益，印证了价值引领对创新能力的关键驱动作用。这一模式表明，只有将思政基因植入新工科教育，才能降低工具理性膨胀风险，真正实现培养心怀"国之大者"卓越工程师目标。新工科人才培养体系以思想政治教育为引领，以课程思政为创新突破，统整教学体系、教材体系、管理体系和实践体系等，通过加强思想政治工作体系建设，培养出具有时代内涵和中国特色的新工科人才，其中课程思政既是造就高水平人才培养体系的重要内容，也是培养合格、可靠的可担当时代大任的社会主义建设者和接班人的重要保障。课程思政与新工科建设的关系主要体现在以下三个方面。

（1）时代命题：课程思政锚定新工科建设的战略方位

党的十八大以来，以习近平同志为核心的党中央高度重视高校思想政治工作，形成了"1+N"政策体系。《关于深化新时代学校思想政治理论课改革创新的若干意见》（2019）明确提出"使各类课程与思政课同向同行"的战略部署，《纲要》（2020）则指出"专业课程是课程思政建设的基本载体"。这些政策文件共同构成了新工科专业课程思政建设的"四梁八柱"，为破解"钱学森之问"提供了制度保障。根据教育部统计数据，截至 2023 年 6 月，全国高校已立项建设新工科研究与实践项目 2374 项，其中 78% 的项目明确将课程思政纳入建设指标体系。以哈尔滨工业大学"航天强国"课程群为例，通过将载人航天精神融入飞行器设计专业教学，实现专业教育与"两弹一星"精神的深度耦合。这种教学改革既响应了《关于深化教育教学改革全面提高义务教育质量的意见》（2019）中"强化价值引领"的要求，也印证了习近平总书记在十九届五中全会上提出的"把科技自立自强作为国家发展的战略支撑"的重要指示。

面对全球新一轮科技革命，《中国教育现代化 2035》提出"开创教育对外开放新格局，全面提升国际交流合作水平"的战略目标。习近平总书记在中央人才工作会议上指出："要培养大批卓越工程师，努力建设一支爱党报国、敬业奉献、具有突出技术创新能力、善于解决复杂工程问题的工程师队伍。"这一重要论述为新工科专业课程思政指明了价值方向，要求将家国情怀、科技伦理等思政元素融入工程教育全链条。在此背景下，北京航空航天大学"月宫一号"团队将探月工程精神融入空间生命保障课程，通过"4 人 370 天密闭舱实验"真实案例，培养学生的科学精神与使命担当。该项目不仅获得国家重点研发计划支持，更形成了"工程实践 +思政教育"的创新范式，为解决"卡脖子"技术攻关问题提供人才储备。

《新时代的中国青年》白皮书强调，"新时代中国青年既有家国情怀，也有人类关怀，秉承中华文化崇尚的四海一家、天下为公理念，积极学习借鉴各国有益经验和文明成果，与世界各国青年共同推动构建人类命运共同体，共同弘扬和平、发展、公平、正义、民主、自由的全人类共同价值，携手创造人类更加美好的未来。"面对国际科技竞争白热化态势，新工科专业课程思政必须强化"四个自信"教育。《关于加强新时代高校科技伦理治理的意见》（2022）指出，将科技伦理教育作为相关专业学科本专科生、研究生教育的重要内容，鼓励高等学校开设科技伦理教育相关课程，教育青年学生树立正确的科技伦理意识，遵守科技伦理要求。这既是落实《国务院办公厅关于深化产教融合的若干意见》的具体举措，也是应对"卡脖子"技术攻关问题的人才储备战略。

（2）内在要求：课程思政重构新工科育人体系

《高校思想政治工作质量提升工程实施纲要》提出"十大育人体系"建设要求。

新工科专业课程思政应建立价值塑造、知识传授、能力培养三维目标体系，如天津大学"新工科＋课程思政"改革方案，将"智能制造伦理"作为必修课模块。根据《新时代高校教师职业行为十项准则》，专业课教师需强化"课程思政首责"意识，如哈尔滨工业大学实施的"课程思政导师制"，要求教授团队在科研项目中融入家国情怀教育。依据《纲要》，专业课程是课程思政建设的基本载体。要深入梳理专业课教学内容，结合不同课程特点、思维方法和价值理念，深入挖掘课程思政元素，有机融入课程教学，达到润物无声的育人效果。例如，东南大学在集成电路专业课程中，通过"芯片设计中的自主创新精神""半导体产业发展中的国家战略"等专题，实现知识传授与价值引领的有机统一。在实践教学环节，参照《纲要》，专业实验实践课程，要注重学思结合、知行统一，增强学生勇于探索的创新精神、善于解决问题的实践能力。例如，华中科技大学在机器人工程实训中设置"智能装备服务乡村振兴"项目，培养学生社会责任感。

《深化新时代教育评价改革总体方案》明确要求"突出思想政治教育"。新工科专业课程思政评价应构建"双循环"机制：内部建立"课程思政 KPI 体系"，包括思政元素融入度、学生价值认同度等量化指标；外部引入《普通高等学校本科教育教学审核评估实施方案（2021—2025 年）》，将课程思政成效作为专业认证核心指标。例如，浙江大学实施的"课程思政成效第三方评估"，通过毕业生跟踪调查、用人单位反馈等多维度检验育人效果。

（3）实践路径：课程思政破解新工科发展困境

针对"重技能轻价值"的倾向，《教育部等八部门关于加快构建高校思想政治工作体系的意见》提出建立完善全员、全程、全方位育人体制机制。新工科院校应建立"课程思政工作坊"制度，如上海交通大学"工科专业课程思政教学创新中心"，通过案例库建设、教学竞赛等方式提升教师思政意识。参考《关于深化高等学校教师职称制度改革的指导意见》，将课程思政能力纳入教师职称评审指标体系，如西安电子科技大学实施的"课程思政教学成果等同科研成果"认定办法。

针对"两张皮"现象，《纲要》提出要"加强示范引领，面向不同层次高校、不同学科专业、不同类型课程，持续深入抓典型、树标杆、推经验，形成规模、形成范式、形成体系"。例如，北京航空航天大学在飞行器设计课程中，通过"大飞机研制中的报国精神""航空安全中的责任意识"等案例，实现思政元素与专业知识的深度融合。在产教融合层面，参照《现代产业学院建设指南（试行）》，可建立"产业教授思政导师制"，如华为与高校共建的 ICT 学院，将企业文化中的"以客户为中心"价值观融入教学实践。

在《关于深化新工科研究与实践的若干意见》指引下，课程思政已成为新工科建设的"灵魂工程"。通过构建价值塑造、知识传授、能力培养"三位一体"的育人模式，我国高等工程教育正在实现从"规模发展"到"质量跃升"的战略转型。面对新一轮科技革命，高校需要持续深化课程思政改革，培养出更多既掌握尖端技术，又具有家国情怀的新工科人才，为实现第二个百年奋斗目标提供坚实支撑。

7.3　全球视野下中国工科教育的文化自信

在"全球化 4.0"的浪潮中，技术革新与文明交融以前所未有的深度重塑世界格局。中国工科教育正处于由"工程大国"向"工程强国"转型的历史关口，面临着文明对话需求与技术霸权挑战的双重压力。如何在全球化进程中既保持文化主体性，又实现与国际标准的深度接轨，这一核心问题的解答，不仅关乎中国高等教育的未来走向，更将为构建人类命运共同体贡献教育领域的中国智慧。

1. "全球化 4.0"：文明对话与技术霸权的双重变奏

霍夫斯泰德文化维度理论揭示，全球化的本质是不同文化价值观在技术、经济、教育等领域的碰撞与融合。当前，以人工智能、量子计算为代表的第四次工业革命，正推动全球化进入"文明对话"的新阶段。这种对话不仅体现为技术标准的竞争，更体现为文化价值观的博弈。西方主导的技术霸权通过三种方式冲击着发展中国家的文化认同：其一，国际工程教育认证体系（如《华盛顿协议》）隐含的"个人主义"价值观，与中国"集体主义"文化基因之间存在内在张力；其二，跨国企业通过技术垄断形成"知识殖民"，导致本土创新生态失衡；其三，国际学术评价体系（如 QS 世界大学排名）的"西方中心主义"倾向，扭曲了发展中国家的教育资源配置。以半导体领域为例，美国对华技术封锁不仅限制了中国获取先进芯片制造技术，更迫使国内高校重新审视集成电路专业课程体系。这种技术霸权的冲击，实质是文化话语权的争夺。中国若不能在工科教育中建立文化自信，将面临

"技术追赶"与"文化依附"的双重风险。

2. 中国工科教育的文化转型诉求：从工具理性到价值理性的跨越

中国从"工程大国"到"工程强国"的转型，本质是文化软实力的升级。这种转型诉求体现在以下三个维度。

（1）战略需求维度

当前，我国工科教育规模已居全球首位，但在高端制造、战略性新兴产业领域仍面临人才结构性短缺的问题，尤其是缺乏兼具技术创新能力与文化自觉的复合型人才。当我们将视角从单纯的技能培养提升至文明对话的高度时，会发现工科教育正承担着培育新时代"技术人文主义者"的历史使命。如何将"中国制造"的技术突破与文化自信深度融合，成为新时代工科教育改革的关键命题。这要求工科教育不仅要培养技术人才，更要培育具有文化自觉的"文明使者"。例如，在"一带一路"建设中，中国高铁技术输出不仅是标准的推广，更是"和合共生"文化理念的传播。德国"工业4.0"强调技术精专与规则意识，通过双元制教育培养高技能产业工人；美国新工程教育转型计划则注重跨学科创新与社会问题解决能力。中国工科教育在这些基础上，进一步强调家国情怀与文化传承，形成"技术能力 + 文化自觉"的独特优势。

（2）文化基因维度

费孝通先生的"文化自觉"理论指出，文化自信源于对自身文化的深刻理解与创造性转化，以及在多元文化中的自主适应能力。在工科教育领域，文化自觉体现为三个维度：其一，对中华优秀传统文化的传承与创新，如古代工程智慧中的工匠精神与现代技术伦理的结合；其二，对全球工业文明的批判性吸收，在技术引进中保持文化主体性；其三，对工程实践中人文价值的主动融入，如绿色发展理念、社会责任意识等。这种文化自觉不仅是应对全球化竞争的软实力，更是推动"中国制造"向"中国智造"转型的精神内核。中国工程传统中蕴含着"天人合一"的生态智慧，都江堰水利工程历经两千两百多年仍焕发生机，展现了尊重自然规律的技术伦理；故宫建筑群通过斗拱结构实现抗震功能，彰显了"以柔克刚"的东方哲学。这些文明密码正在被现代科技重新诠释：新竹材质的抗震建筑技术、仿生学驱动的绿色制造工艺，无不体现着传统智慧的现代转化，为现代生态工程教育提供了独特的哲学基础。这种文化基因的激活，有助于构建具有中国特色的工程伦理体系。工科教育需要建立文化解码机制，培养学生从传统营造技艺、手工制造典籍中提取创新要素的能力。德国"工业 4.0"的文化根基是严谨的技术传承与规则意识，而美国工程教育更强调实用主义与市场导向。中国则通过"文化解码"将传统智慧转化为现代技术创新的灵感，如从《考工记》中汲取材料工艺智慧，在高铁设计中融入"材有美"的文化理念。

（3）技术哲学维度

习近平总书记在"国家工程师奖"首次评选表彰之际作出重要指示，指出"工程师是推动工程科技造福人类、创造未来的重要力量，是国家战略人才力量的重要组成部分"，强调要"加快建设规模宏大的卓越工程师队伍"。这些政策导向表明，中国工程教育正从单纯的技术训练转向技术创新与人文价值的融合。西方"工具理性"主导的工程教育，导致技术发展与人文关怀的割裂，中国"知行合一"的教育哲学，强调技术创新与社会责任的统一，二者形成鲜明对比。

马克斯·韦伯预言的"理性铁笼"在当代工程领域显现：在波音 737 MAX 设计过程中，成本控制算法完全主导安全冗余设计，暴露工具理性僭越价值判断的危机。这种将效率奉为圭臬的工程哲学，导致技术系统日益脱离人类社会的真实需求。美国硅谷"有效利他主义"思潮的兴起，本质是对技术工具化的被动回应。工程师沦为算法意志的执行者，技术发展陷入"手段吞噬目的"的怪圈，这种现象印证了海德格尔的警示：现代技术已从解蔽真理的工具，异化为支配人类的"座架"。在国内，王阳明"知行合一"思想在当代工程伦理中焕发新生：在港珠澳大桥建设中，工程师创造性地将中华白海豚保护方案纳入工程设计规范，形成"动态环保工法"。这种实践不是简单的技术妥协，而是将"天人合一"的东方智慧转化为可量化的工程参数，实现技术理性与生态价值的辩证统一。中国中车集团工程师培养体系中独特的"技术家谱"制度，要求每位工程师在进行技术攻关时，必须追溯该技术领域的中华文明源流。这种古今对话机制，使技术创新成为文明传承的当代实践。东南大学创设"技术哲学双螺旋"课程体系，要求学生在学习机械设计原理的同时，必须完成《考工记》的技术哲学阐释报告。这种培养模式打破笛卡儿式的主客二分思维，使学生在学习热力学第二定律的过程中，同步理解"生生之谓易"的东方技术观。与德国"工业 4.0"强调技术深耕不同，中国通过"知行合一"将技术创新与社会责任有机结合；相较于美国工程教育的实用主义导向，中国更注重技术发展的伦理约束与文化传承。

当工具理性遭遇"知行合一"的价值统合、技术标准融合"道法自然"的生态智慧时，中国正在为全球工程文明贡献新的范式。这种转变不仅将工程师从"技术囚徒"的困境中解放，更在数字文明时代重构人类与技术的关系——不再是征服与被征服的对抗，而是"参赞化育"的共生演进。在《关于加强科技伦理治理的意见》文件中，鼓励高等学校开设科技伦理教育相关课程，教育青年学生树立正确的科技伦理意识，遵守科技伦理要求。这种制度设计背后，是"道器合一"的传统造物哲学在当代的创造性转化。据相关统计数据，实施该标准的高校毕业生在职业发展中，其技术决策与社会效益呈现正相关关系。

3. 核心问题的解构：全球化与本土化的辩证统一

在全球技术文明加速融合的今天，中国工科教育的文化自信绝非简单的文化坚守，而是在解构西方现代化话语体系的过程中，重构技术教育的价值坐标。面对全球化与本土化的深层张力，制造强国战略指向了一条"文明基因解码—全球标准重构—教育范式创新"的突围路径。

（1）教育目标的辩证统一

西方"个人创新"模式与中国"集体效能"模式的碰撞，本质是技术哲学层面的文明对话。美国斯坦福大学通过风险投资催生特斯拉等颠覆性创新，而中国华中科技大学"光谷模式"则依托国家实验室培育出全球最大光纤产业集群。看似对立的两极，在深圳鹏城实验室的"双螺旋培养体系"中实现融合：学生前两年在硅谷企业实践个人创新，后两年回国参与重大科技专项攻关。这种"个体－集体"动态平衡的培养模式，使毕业生既具备原始创新能力，又深谙国家战略需求。《新工科建设指南》提出的多学科交叉融合的工程人才培养模式，正是这种辩证思维的制度化体现。美国新工程教育转型计划强调个体创新与社会问题解决，德国"工业4.0"注重集体技能传承，而中国通过"双螺旋培养"实现个体创新与国家战略的有机结合，形成独特的人才培养优势。

（2）认证标准的博弈

《华盛顿协议》框架下的工程教育认证，曾长期被西方技术价值观主导。中国高铁技术的出海实践揭示了破局之道：在雅万高铁建设中，工程师将《考工记》"因地制宜"理念转化为轨道坡度算法，通过气候适应系数、地震带补偿值等参数重构，形成具有文化适配性的"爪哇版"技术标准。这种将本土智慧编码为国际通用技术语言的实践，使中国工程教育认证标准获得东盟工程与技术科学院认可。同济大学"轨道交通文化适配实验室"已积累 127 项本土化技术转化案例，为国际工程认证体系注入东方智慧。德国"工业 4.0"通过双元制教育输出技术标准，美国则依托企业主导全球技术规则。中国通过文化适配性改造，将传统智慧融入国际标准，如在东南亚推广高铁技术时兼顾当地生态与文化需求，形成差异化竞争优势。

（3）评价体系的困境

某 985 高校"教材本土化指数"研究揭示的危机，实质是技术教育话语权的隐性争夺。对此，某高校开创的技术文明双轨评价体系提供解决方案：在保持 63% 国际前沿课程占比的同时，增设"文明技术史""工程典籍精读"等特色模块。学生需用有限元分析软件模拟《天工开物》中的机械结构，并通过数字孪生技术验证《水经注》记载的水利工程原理。这种"以今释古、以技载道"的评价改革成效显著：参与项目的学生在国际工程赛事中提交的文化融合型方案占比从 12% 跃升至 39%，5 项创新成果被纳入 IEEE（电气电子工程师学会）文化多样性技术白皮书。相较于欧美工程教育侧重技术指标的评价体系，中国通过"双轨评价"将文化传承纳入考核，如要求学生运用现代技术验证传统工程智慧，强化文化自信与技术创新的结合。

4. 学术价值的突破：构建人类命运共同体的教育路径

在全球技术文明面临价值重构的转折点上，中国工科教育的文化自信正从实践探索升华为理论自觉。党的二十届三中全会提出"探索文化和科技融合的有效机制，加快发展新型文化业态"，明确将科技赋能文化作为建设文化强国的重要路径，为全球工程教育贡献中国智慧。

（1）理论创新

西方工程教育受霍夫斯泰德"个人主义 / 集体主义"维度影响，长期侧重个体创新。中国"和合共生"哲学强调"天人合一"的整体思维，为工程教育提供了独特的文化视角。基于此，提出"工程教育文化维度模型"。

（2）方法论突破

基于 CDI（文化距离指数）构建的量化分析框架，开创技术教育研究的全新范式：MIT 的智能制造系统课程与清华大学的考工记与数字孪生课程对比显示，学生在技术原理掌握度相近的情况下，文化参数识别能力差异达 32%。华为、慕尼黑工业大学联合培养项目通过"文化技术参数转换器"，将这种差异转化为创新势能，使跨文化技术方案采纳率提升 47%。在非洲某国光伏电站建设项目中，运用 CDI 模型对 32 项技术标准进行文化适配改造，使并网效率从 78% 提升至 91%。

（3）全球治理贡献

在全球技术治理体系面临重构的当下，中国工科教育的文化自信正通过"一带一路"工程教育国际联盟转化为新型全球公共产品。这种贡献超越了单纯的技术输出，在《推进共建"一带一路"教育行动》《中国教育现代化 2035》等政策文件的指引下，构建起标准互鉴、知识共享、人才共育"三位一体"的全球治理新模式，为发展中国家探索自主发展道路提供范式支撑。

通过与德国"工业 4.0"和美国新工程教育转型计划的对比，中国工科教育在文化自信维度展现出独特优势：以"文化自觉"为根基，将传统智慧与现代技术融合；以"知行合一"为路径，平衡技术创新与社会责任；以"文明对话"为目标，推动全球工程教育治理体系的多元化发展。这种模式不仅为中国从"工程大国"迈向"工程强国"提供了人才支撑，更为全球工程教育提供了兼顾技术卓越与文化多样性的"中国方案"。